普通高等教育土木工程专业“十四五”规划教材

土木工程施工组织

（第2版）

主　编　董　颇　董佳宁　李　兵
副主编　张正寅　刘　云　王付洲

武汉理工大学出版社
·武　汉·

图书在版编目(CIP)数据

土木工程施工组织/董颇,董佳宁,李兵主编.—2版.—武汉:武汉理工大学出版社,2023.2
ISBN 978-7-5629-6792-7

Ⅰ.①土… Ⅱ.①董… ②董… ③李… Ⅲ.①土木工程-施工组织-高等学校-教材 Ⅳ.①TU721

中国国家版本馆CIP数据核字(2023)第038213号

Tumu Gongcheng Shigong Zuzhi
土木工程施工组织

项目负责人:高 英 汪浪涛 戴皓华
责 任 编 辑:高 英
责 任 校 对:丁 冲
排 版 设 计:芳华时代
出 版 发 行:武汉理工大学出版社
社 址:武汉市洪山区珞狮路122号
邮 编:430070
网 址:http://www.wutp.com.cn
经 销:各地新华书店
印 刷:武汉中远印务有限公司
开 本:787×1092 1/16
印 张:17
字 数:435千字
版 次:2023年2月第2版
印 次:2023年2月第1次印刷
定 价:40.00元

第2版前言

本书主要根据高等学校土木工程专业本科教育中的“土木工程施工组织”课程教学大纲编写的。在所涵盖的专业范围内，力求综合运用有关学科的基本理论和知识，来解决土木工程施工过程中的施工组织问题，全书注重理论联系实际，使现代与传统相结合，深度与广度相平衡；使各专业知识系统地融合在一起，形成了新的专业知识体系。

本书的主要特点如下：

1.包含土木工程专业培养目标所需完成的全部教学任务内容并满足相应要求，涵盖了《工程教育专业认证》和《高等学校土木工程本科指导性专业规范》中关于施工组织的所有核心知识点；

2.结合装配式混凝土建筑的制作与施工现状，结合国内外先进的装配式混凝土建筑成熟制作与施工经验，服务于当前我国装配式混凝土建筑制作与施工的人才需求和高等院校土木工程专业的人才培养要求，并专门编写了装配式混凝土建筑的施工组织设计工程实例；

3.本书将理论知识与工程实践的实例（校企联合编写）结合，突出了工程的实用性，强化了施工管理、实践能力的训练，具有内容翔实、深浅适度、可操作性强、适用面广等特点；

4.在编写上严格遵守国家现行建筑工程施工及验收规范；

5.满足了课程思政的要求。

本书可作为高等院校土木工程专业、工程管理专业、建筑工程技术专业等其他相关专业的教材，也可作为继续教育、注册类考试的培训教材，还可供从事建筑施工的工程技术人员作为参考用书。

全书共分6章，第1章、第6章6.4节由湖北文理学院刘云编写；第2章、附录由河南城建学院董颇编写；第3章由湖北工程学院李兵编写；第4章由南阳理工学院王付洲编写；第5章由扬州大学张正寅编写；第6章第6.1节、6.2节、6.3节由河南五建建设集团有限公司董佳宁编写。本书由董颇、董佳宁、李兵任主编；张正寅、刘云、王付洲任副主编，全书由董颇整理定稿。由于编者水平有限，书中不当之处敬请指正。

在此对所有为本书出版给予支持和帮助的单位和个人表示衷心的感谢！

编　者

2022年10月

目　录

1　施工组织概论 …… 1
1.1　建筑产品生产的特点与程序 …… 1
1.1.1　建筑产品及其特点 …… 1
1.1.2　建筑产品生产的特点 …… 1
1.1.3　基本建设程序 …… 2
1.1.4　工程施工程序 …… 5
1.2　施工准备工作 …… 6
1.2.1　施工准备工作的意义 …… 6
1.2.2　施工准备工作的分类 …… 6
1.2.3　施工准备工作的内容 …… 6
1.3　施工组织设计的任务、作用、分类与内容 …… 6
1.3.1　施工组织设计的任务 …… 6
1.3.2　施工组织设计的作用 …… 7
1.3.3　施工组织设计的分类 …… 7
1.3.4　施工组织设计的内容 …… 8
1.4　施工组织设计的编制和实施 …… 9
1.4.1　施工组织设计的编制原则 …… 9
1.4.2　施工组织设计的编制方法 …… 10
1.4.3　施工组织设计的实施 …… 10
2　流水施工原理 …… 12
2.1　流水施工的基本概念 …… 12
2.1.1　组织施工的基本方式 …… 12
2.1.2　组织流水施工的经济效果 …… 13
2.1.3　组织流水施工的条件 …… 15
2.1.4　流水施工的分级和表达方式 …… 15
2.2　流水施工主要参数 …… 17
2.2.1　工艺参数 …… 17
2.2.2　空间参数 …… 18
2.2.3　时间参数 …… 22
2.3　组织流水施工的基本方式 …… 24
2.3.1　全等节拍流水施工 …… 24
2.3.2　成倍节拍流水施工 …… 27
2.3.3　异节拍流水施工 …… 28

2.3.4 非节奏流水施工 …… 30
2.4 流水施工应用实例(框架结构房屋的流水施工实例) …… 32
2.4.1 基础工程 …… 33
2.4.2 主体工程 …… 34
2.4.3 屋面工程 …… 35
2.4.4 装饰工程 …… 35
3 网络计划 …… 39
3.1 网络计划的基本概念 …… 39
3.1.1 网络计划 …… 39
3.1.2 网络计划的原理 …… 39
3.1.3 网络计划的特点 …… 39
3.2 双代号网络图 …… 39
3.2.1 双代号网络图的构成 …… 39
3.2.2 双代号网络图的绘制方法 …… 41
3.2.3 双代号网络图的时间参数的计算 …… 47
3.3 双代号时标网络计划 …… 53
3.3.1 双代号时标网络计划的概念与特点 …… 53
3.3.2 双代号时标网络计划的绘制 …… 54
3.3.3 关键线路和时间参数的确定 …… 58
3.4 单代号网络图 …… 59
3.4.1 单代号网络图的构成 …… 59
3.4.2 组成单代号网络图的基本要素 …… 59
3.4.3 单代号网络图的绘制方法 …… 59
3.4.4 单代号网络图时间参数的计算 …… 63
3.5 网络计划的优化 …… 68
3.5.1 工期优化 …… 68
3.5.2 费用优化 …… 72
3.5.3 资源优化 …… 78
4 单位工程施工组织设计 …… 90
4.1 概述 …… 90
4.1.1 编制意义与作用 …… 90
4.1.2 编制依据 …… 91
4.1.3 编制内容 …… 92
4.1.4 编制程序 …… 93
4.2 工程概况 …… 97
4.2.1 编制目的 …… 97

4.2.2　编制内容 …… 97
4.3　施工方案 …… 98
4.3.1　确定施工程序 …… 98
4.3.2　确定施工起点流程 …… 100
4.3.3　确定分部(项)工程施工顺序 …… 101
4.3.4　确定施工方法 …… 111
4.3.5　施工机械的选择 …… 113
4.3.6　施工方案的评价 …… 113
4.4　单位工程施工计划 …… 115
4.4.1　施工进度计划 …… 115
4.4.2　施工准备工作计划 …… 123
4.4.3　资源需要量计划 …… 124
4.5　单位工程施工平面图设计 …… 126
4.5.1　设计依据 …… 126
4.5.2　设计内容 …… 126
4.5.3　设计原则 …… 127
4.5.4　设计步骤与要求 …… 127
4.6　单位工程施工组织设计的措施与技术经济指标 …… 132
4.6.1　质量保证措施 …… 132
4.6.2　安全保证措施 …… 133
4.6.3　文明施工和环境保护措施 …… 134
4.6.4　降低成本措施 …… 136
4.6.5　技术经济指标 …… 136
5　施工组织总设计 …… 139
5.1　概述 …… 139
5.1.1　施工组织总设计的作用 …… 139
5.1.2　施工组织总设计的编制依据 …… 139
5.1.3　施工组织总设计的内容 …… 140
5.1.4　施工组织总设计的编制程序 …… 140
5.2　工程概况 …… 141
5.2.1　项目主要情况 …… 141
5.2.2　项目主要施工条件 …… 141
5.2.3　项目的具体要求 …… 141
5.3　总体施工部署 …… 141
5.3.1　建立项目管理组织机构,明确任务分工 …… 142
5.3.2　确定各单体之间的施工顺序 …… 142

5.3.3 项目的重点和难点 …… 142
5.3.4 拟开发和使用的新技术、新工艺 …… 143
5.4 施工总进度计划 …… 144
5.4.1 施工总进度计划的编制原则和内容 …… 144
5.4.2 施工总进度计划的编制步骤和方法 …… 145
5.5 主要资源配置计划及总体施工准备 …… 146
5.5.1 主要资源配置计划 …… 146
5.5.2 总体施工准备工作计划 …… 148
5.6 全场性暂设工程 …… 149
5.6.1 工地加工厂(站)组织 …… 149
5.6.2 建筑工地仓库 …… 152
5.6.3 建筑工地运输业务组织 …… 154
5.6.4 行政管理、生活用房的组织 …… 155
5.6.5 工地临时供电 …… 156
5.6.6 工地临时供水 …… 158
5.7 施工总平面布置图 …… 163
5.7.1 施工总平面布置图的设计原则、依据和内容 …… 163
5.7.2 施工总平面布置图的设计步骤和方法 …… 164
5.7.3 施工总平面布置图的绘制 …… 165
5.7.4 施工总平面布置图的管理 …… 168
5.8 措施与技术经济指标 …… 168
5.8.1 施工组织总设计的主要措施 …… 168
5.8.2 施工组织总设计的技术经济指标 …… 169
6 土木工程施工组织设计实例 …… 173
6.1 装配式高层建筑工程施工组织设计实例 …… 173
6.1.1 编制依据 …… 173
6.1.2 工程概况 …… 174
6.1.3 施工部署 …… 176
6.1.4 施工准备 …… 179
6.1.5 装配式结构施工方案 …… 180
6.1.6 施工进度计划 …… 191
6.1.7 施工平面布置 …… 194
6.1.8 各项保证体系和管理措施 …… 198
6.1.9 进度(工期)保证措施 …… 203
6.1.10 节能减排、绿色施工、工艺创新 …… 205
6.2 高层建筑施工组织设计实例(主体部分) …… 206

6.2.1　编制说明及依据 …………………………………………………… 206
6.2.2　工程概况 …………………………………………………………… 207
6.2.3　施工部署 …………………………………………………………… 208
6.2.4　施工准备与资源配置计划 ………………………………………… 210
6.2.5　主要分部分项施工方法 …………………………………………… 212
6.2.6　施工进度计划 ……………………………………………………… 220
6.2.7　施工平面布置 ……………………………………………………… 221
6.2.8　组织措施 …………………………………………………………… 223
6.3　专项施工方案设计实例 ………………………………………………… 226
6.3.1　工程编制依据和实施目标 ………………………………………… 226
6.3.2　工程概况与工程地质 ……………………………………………… 228
6.3.3　基坑支护设计与施工 ……………………………………………… 228
6.3.4　施工准备 …………………………………………………………… 231
6.3.5　施工部署与施工组织 ……………………………………………… 232
6.3.6　施工工期和施工质量保证措施 …………………………………… 233
6.3.7　雨季施工措施 ……………………………………………………… 235
6.3.8　现场安全保证措施与文明施工 …………………………………… 236
6.3.9　现场环境保护管理措施 …………………………………………… 237
6.3.10　基坑土方开挖 …………………………………………………… 238
6.3.11　基坑监测设计 …………………………………………………… 239
6.3.12　基坑应急预案 …………………………………………………… 242
6.4　道路工程施工组织设计实例 …………………………………………… 244
6.4.1　工程概况 …………………………………………………………… 244
6.4.2　施工方案及施工方法 ……………………………………………… 245
6.4.3　进度计划 …………………………………………………………… 246
6.4.4　施工准备 …………………………………………………………… 246
附　　录 ………………………………………………………………………… 250
附录1　单位工程施工组织课程设计任务书 ………………………………… 250
附录2　编制某公路的施工组织设计 ………………………………………… 256
参考文献 ………………………………………………………………………… 259

课程思政素材

1 施工组织概论

1.1 建筑产品生产的特点与程序

1.1.1 建筑产品及其特点

建筑产品是指经过建设工程勘察、设计、施工、竣工验收后的建筑物、构筑物及其构配件和其他设施，其作用是满足人们生产、生活、居住与交流所需要的活动空间。与其他的工业产品相比较，建筑产品具有以下特点：

(1) 建筑产品的固定性

建筑产品附着在土地上，因此，只能在建造地点固定使用而无法转移。这种一经建造就在空间固定的属性，称为建筑产品的固定性。固定性是建筑产品与一般工业产品的最大区别。

(2) 建筑产品的庞大性

建筑产品与一般工业产品相比，无论是体形还是自重，都非常大。

(3) 建筑产品的多样性

建筑产品不仅要满足复杂的使用功能的要求，而且建筑产品所具有的艺术价值还要体现出地方或民族的风格、物质文明和精神文明程度、建筑设计者的水平和技巧以及建设者的欣赏水平和爱好。同时也因受自然条件等诸多因素的影响，建筑产品在规模、建筑形式、构造结构和装饰等方面具有很大的差异。

1.1.2 建筑产品生产的特点

建筑产品自身存在地点的固定性、体形的庞大性、类型的多样性，决定了建筑产品的生产具有自身的特殊性。

(1) 建筑产品生产的流动性

建筑产品的固定性决定了产品生产的流动性。建筑产品的生产是在不同的地区或同一地区的不同现场或同一现场的不同单位工程或同一单位工程的不同部位组织工人、机械、建筑材料等围绕着同一建筑产品进行生产，因此，建筑产品的生产就会具有在地区之间、现场之间、单位工程之间和单位工程的不同部位之间流动的特点。

(2) 建筑产品的生产周期长、占用资金量大

建筑产品的固定性和体形庞大的特点决定了建筑产品的生产周期长。建筑产品体形庞大，使得建筑产品的建设必然消耗大量的人力、物力和财力。

(3) 建筑产品生产的单件性

建筑产品地点的固定性和类型的多样性决定了产品生产的单件性。一般的工业产品

是在一定的时期内，在统一的工艺流程中进行批量生产，而具体的一个建筑产品应在国家或地区的统一规划内，根据其使用功能，在选定的地点上单独设计和单独施工。

(4) 建筑产品生产的地区性

建筑产品的固定性决定了同一使用功能的建筑产品因其建造地点的不同必然受到建设地区的自然、技术、经济和社会条件的约束，使其结构、构造、艺术形式、室内设施、材料、施工方案等方面均各异。

(5) 建筑产品生产的露天作业多

建筑产品地点的固定性和体形庞大的特点，决定了建筑产品生产的露天作业多。因为体形庞大的建筑产品不可能在工厂、车间内直接进行施工，即使建筑产品生产达到了高度的工业化水平，也只能在工厂内生产其各部分的构件或配件，仍然需要在施工现场进行总装配后才能形成最终的建筑产品。

1.1.3 基本建设程序

基本建设是指利用国家预算内的基建资金、自筹资金、国内外基建贷款以及其他专项资金进行的，以扩大生产能力(或新增工程效益)为主要目的的新建、扩建、改建工程及有关工作。

按照基本建设的技术经济特点及其规律性，基本建设程序主要包括以下五个阶段：

1.1.3.1 决策分析阶段

决策分析主要是对建设项目投资的合理性进行考察和对建设项目进行选择。这个阶段包含投资意向、投资机会分析、项目建议书、可行性研究、审批立项几个环节。政府投资进行建设的项目，必须严格按照这一程序执行，非政府投资项目则只需经审批立项环节，其他环节由投资人自行考虑决定。本阶段的主要工作有以下几个方面：

(1) 项目建议书

项目建议书是提出建设某一项目请求的建议性文件，是进行工程项目建设的重要环节。项目建议书要对所提出的建设项目进行初步描述，对建设的必要性、建设条件和可能的投入产出进行阐述，以方便投资者分析、决策。

项目建议书的主要内容包括：建设项目提出的必要性和依据；产品方案、拟建规模和建设地点的初步设想；资源情况、建设条件、协作关系等的初步分析；投资估算和资金筹措的设想；经济效益和社会效益的估计等。

(2) 可行性研究

项目建议书经上级主管部门批准后，即可开展可行性研究工作。可行性研究是运用多种科学手段对建设项目进行论证的过程，目的是在广泛调查研究的基础上对所涉及的社会、经济、技术问题进行深入的调查研究，论证建设项目在技术上是否先进、实用和可靠，在经济上是否合理，在财务上是否盈利，可行性研究应对各种各样的建设方案和技术方案进行发掘并加以比较、优化，为项目决策提供科学依据。

可行性研究是项目决策阶段的核心，对项目建成后的经济效益、社会效益等进行科学的预测和评价，提出该项目是否可行的结论性意见。可行性研究报告必须经由有资格的咨询机构评估确认后，才能作为投资决策的依据。

可行性研究报告是可行性研究工作的直接成果，经批准的可行性研究报告是确定建设项目、编制设计文件的依据。

(3) 编审设计任务书

设计任务书是依据可行性研究报告所提出的结论与建议，对建设项目最终选择何种建设方案加以明确，提出建设项目设计的指导思想、初步方案、生产工艺、产品方案以及设计任务和设计指标等，是指明项目设计工作开展方向的技术经济文件。设计任务书一经批准即标志着建设项目正式立项。

根据有关规定，进行可行性研究的项目，在报批设计任务书时，必须附有可行性研究报告及审批意见。

1.1.3.2 工程建设准备阶段

工程建设准备是为勘察设计、施工创造条件所做的建设现场、建设队伍、建设设备等方面的准备工作。这一阶段包括规划、环境影响评价审批、取得土地使用权、房屋征收与搬迁、报建、工程承发包等主要环节。

1.1.3.3 工程建设实施阶段

工程建设准备阶段的工作就绪后，接下来就进入工程建设实施阶段。这一阶段包括工程勘察设计、施工准备、工程施工和生产准备等内容。

(1) 勘察设计

勘察设计的好坏直接影响建设工程的投资效益和质量安全。只有按照不同目的和要求有针对性地开展勘察工作，才有可能在弄清地质水文条件的基础上确定地基承载力，为基础形式的选择和施工方法提供依据。

设计工作是拟建项目进行具体实施所必需的关键环节，是拟建项目技术和经济方案的具体体现。设计单位的选择应通过招投标择优确定，设计内容应符合经过批准的可行性研究报告以及设计任务书的要求。建设项目应按三个阶段进行设计，即初步设计、技术设计和施工图设计。

(2) 施工准备

施工准备包括施工单位在技术、人力、物资方面的准备和建设单位取得开工许可证等内容。对于施工单位来讲，工程施工设计的因素很多，过程也十分复杂，所以施工单位在接受施工任务后，必须做好细致的施工准备工作，以确保工程顺利进行。它包括熟悉、审查图纸，编制施工组织设计，向下属单位进行计划、技术、质量、安全、经济责任等的交底，下达施工任务书，准备工程施工所需的基本条件、设备、材料、劳动力等资源。建设单位在满足相关法律法规的要求后，可按国家有关规定向工程所在地县级以上人民政府建设行政主管部门申领施工许可证。

(3) 工程施工

工程施工是施工队伍具体地配置各种施工要素，将工程设计物化为建筑产品的过程，也是投入劳动量最大、花费时间最长的工作。其管理水平的高低、工作质量的好坏对建设项目的质量和所产生的效益起着十分重要的作用。开工前应认真做好图纸会审、技术质量安全交底工作，编制好施工图预算和施工组织设计文件。在施工过程中，应控制好项目的质量、进度、成本、安全和环境保护，加强项目建设合同管理工作。建设单位、施工单位和监理单位应密切协作、各司其职，使项目施工过程保质、保量、有计划、按步骤地顺利进行，保证项目建设如期竣工。

(4) 生产准备

生产准备是工程施工临近结束时，为保证建设项目能及时投产使用所进行的准备活动。如招收和培训必要的生产技术人员，组织人员参加设备安装调试和工程验收，组建生产管理机构，制定规章制度，收集生产技术资料和样品，落实原材料、燃料、水、电的来源及其他配合条件等。建设单位要根据建设项目或主要单项工程的生产技术特点，及时组成专班或机构，有计划地做好这一工作。

1.1.3.4 竣工验收和交付使用阶段

建设项目施工结束后即进入竣工验收和交付使用阶段，本阶段的主要工作内容就是进行竣工验收，履行相关固定资产的交付使用手续，准备项目的投产使用。竣工验收以及相关手续需要按照规定标准和程序进行。

竣工验收是项目建设过程的最后一个环节，是全面考核工程建设项目成果、检验设计和施工质量的重要环节，是对项目管理水平的最终反映，是工程项目建设转入生产使用阶段的标志。根据相关法律法规的规定，交付竣工验收的工程必须具备下列条件：

(1) 完成建设工程设计和合同约定的各项内容；

(2) 有完整的技术档案和施工管理资料；

(3) 有工程使用的主要建筑材料、建筑配件和设备的进场试验报告；

(4) 有勘察、设计、施工、监理等单位分别签署的质量合格文件；

(5) 有施工单位签署的工程保修书。

单位工程中的分包工程完工后，分包单位应对所承包的工程项目进行自检，并应按规定的程序进行验收。验收时，总包单位应派人参加。分包单位应将所分包工程的质量控制资料整理完整，并移交给总包单位。

单位工程完工后，施工单位应组织有关人员进行自检。总监理工程师应组织各专业监理工程师对工程质量进行竣工预验收。存在施工质量问题时，应由施工单位整改。整改完毕后，由施工单位向建设单位提交工程竣工报告，申请工程竣工验收。

建设单位收到工程竣工报告后，应由建设单位项目负责人组织监理、施工、设计、勘察等单位项目负责人进行单位工程验收。工程验收合格后，方可交付使用。

1.1.3.5 项目投资后评价

建设项目投资后评价是工程竣工投产、生产运营一段时间后，对项目的立项决策、设计施工、竣工投产、生产运营等全过程进行系统、客观评价的一种技术经济活动。

通过对投资活动实践的检查总结，确定投资预期的目标是否达到，项目或规划是否合理有效，项目的主要效益指标是否实现；通过分析评价找出成败的原因，总结经验教训；并通过及时有效的信息反馈，为未来项目的决策和提高投资决策管理水平提出建议，同时也为被评项目实施运营中出现的问题提出改进建议，从而达到提高投资效益的目的。项目投资后评价的基本内容包括:项目目标评价、项目实施过程评价、项目效益评价、项目影响评价和项目持续性评价。作为工程建设程序的最后一个环节,它也是工程建设管理的一项重要内容。

1.1.4 工程施工程序

施工程序是指单位工程中各分部工程或施工阶段的先后次序及其制约关系。通常可分为五个阶段:确定施工任务阶段、施工规划阶段、施工准备阶段、组织施工阶段和竣工验收阶段。

(1)落实施工任务,签订施工合同

承接施工项目时,施工单位必须要与建设单位签订施工合同。签订了施工合同,才算是落实了施工任务。

(2)统筹安排,进行施工规划

施工单位与建设单位签订施工合同后,施工总承包单位在调查分析资料的基础上,拟订施工规划,编制施工组织总设计,部署施工力量,安排施工总进度,确定主要工程的施工方案,规划施工现场,统筹安排,做好全面施工规划。经批准后,便组织施工先遣人员进驻现场,与建设单位密切配合,做好施工规划中确定的各项全局性施工准备工作,为建设项目全面、正式开工创造条件。

(3)做好施工准备工作,提出开工报告

施工准备工作是建筑施工顺利进行的根本保证。施工准备工作主要有:技术准备、物资准备、劳动组织准备、施工现场准备和施工场外准备。当一个施工项目进行了图样会审编制,批准了单位工程施工组织设计、施工图预算和施工预算,组织好了材料、半成品和构(配)件的生产和运输加工,组织了施工机具进场,搭设了临时建筑物,建立了现场管理机构,调遣了施工队伍,拆迁了原有建筑物,做好了“三通一平”,进行了场区测量和建筑物定位放线等准备工作后,施工单位即可向主管部门提出开工报告。

(4)组织全面施工

组织拟建工程的全面施工是建筑施工全过程中最重要的阶段,它必须在开工报告批准后方可进行。施工是把设计者的意图、建设单位的意向变成现实的建筑产品的生产过程,必须严格按照设计图纸和施工合同的要求,采用施工组织设计确定的方法和措施,完成全部的施工任务。这个过程决定了施工工期、产品质量和成本,影响着施工单位的经济效益、社会声誉,反映了施工单位的技术和管理水平。因此,在施工过程中必须要对工程的进度、质量、成本和安全等跟踪检查,进行动态控制,保证实现预期的目标。

(5)竣工验收,交付使用

建筑施工完成了设计文件和施工合同所规定的内容后,就可以进行竣工验收。竣工验收合格后,即可交付使用。

1.2 施工准备工作

施工准备工作，就是指工程施工前为保证工程施工正常、顺利进行而必须做好的各项工作。施工准备工作不仅是在开工前的准备阶段进行，而且也在施工过程中进行，它有组织、有计划、有步骤、分阶段地贯穿于整个工程建设的始终。

1.2.1 施工准备工作的意义

施工准备工作的基本任务是为拟建工程的施工建立必要的技术和物质条件，统筹安排施工力量和施工现场。施工准备工作也是施工单位搞好目标管理，推行技术经济承包的重要依据，同时也是建筑施工和设备安装顺利进行的根本保证。因此，认真细致地做好施工准备工作，对充分发挥各方面的积极因素、合理利用资源、加快施工速度、提高工程质量、确保施工安全、降低工程成本及获得较好经济效益都起着重要作用。

实践证明，凡是重视施工准备工作，积极为拟建工程创造有利的施工条件，其工程施工就会顺利进行。反之，凡是不重视施工准备工作，就会给工程施工带来许多的问题，影响预期目标的实现。

1.2.2 施工准备工作的分类

(1) 按照施工准备工作的范围分类

按照施工准备工作的范围不同，施工准备工作可以分为全场性施工准备、单项(位)工程施工条件准备和分部(项)工程施工条件准备三种。

(2) 按照工程所处的施工阶段分类

按照工程所处的施工阶段不同，施工准备工作可分为开工前的施工准备工作和开工后的施工准备工作。

1.2.3 施工准备工作的内容

工程项目的施工准备工作包括技术准备、物资准备、劳动组织准备、施工现场准备和施工场外协调准备五个方面的内容。

1.3 施工组织设计的任务、作用、分类与内容

施工组织设计是以施工项目为对象编制的，用以指导拟建工程项目进行施工准备和正常施工的基本技术经济文件，是对拟建工程在人力和物力、时间和空间、技术和组织等方面所做的全面、合理的安排。施工组织设计是指导现场施工的依据，是做好施工组织工作的重要保证，是施工项目管理规划的重要组成部分，是进行施工项目管理的基础性文件。

1.3.1 施工组织设计的任务

施工组织设计的基本任务是根据建设单位对建设项目的要求，选择经济、合理、有效的

施工方案;确定合理、可行的施工进度;拟定有效的技术组织措施;采用最合理的劳动组织,确定施工中劳动力、材料、机械设备等的需要量;合理布置施工现场的空间,以确保全面高效地完成最终建筑产品。

1.3.2 施工组织设计的作用

施工组织设计是根据国家或建设单位对拟建工程的要求、设计图纸和编制施工组织设计的基本原则,从拟建工程施工全过程中的人力、物力和空间等三个要素着手,在人力与物力、主体与辅助、供应与消耗、生产与储存、专业与协作、使用与维修和空间布置与时间排列等方面进行科学、合理的部署,为建筑产品生产的节奏性、均衡性和连续性提供最优方案,从而以最少的资源消耗取得最大的经济效果,以便最终建筑产品的生产在时间上达到速度快和工期短,在质量上达到精度高和功能好,在经济上达到消耗少、成本低和利润高的目的。

通过施工组织设计的编制,可以预计施工过程中可能发生的各种情况,事先做好准备、预防工作,为施工单位实施施工准备工作计划提供依据;可以把拟建工程的设计与施工、技术与经济、前方与后方和施工单位的全部施工安排与具体工程的施工组织工作更紧密地结合起来;可以把直接参加的施工单位与协作单位、部门与部门、阶段与阶段、过程与过程之间的关系更好地协调起来。

1.3.3 施工组织设计的分类

施工组织设计是一个总的概念,根据建设项目的类别、工程规模、编制阶段、编制对象和范围不同,在编制的深度和广度上也有所不同。

1.3.3.1 按编制对象范围不同分类

(1) 施工组织总设计

施工组织总设计是以一个建设项目或一个建筑群为编制对象,规划施工全过程中各项活动的技术、经济的全局性、控制性文件。它是整个建设项目施工的战略部署,涉及范围较广,内容比较概括。它一般是在初步设计或扩大初步设计批准后,由总承包单位的总工程师负责,会同建设、设计和分包单位的工程师共同编制的。它也是施工单位编制年度施工计划和单位工程施工组织设计的依据。

(2) 单位工程施工组织设计

单位工程施工组织设计是以单位工程为编制对象,用来指导施工全过程中各项活动的技术、经济的局部性、指导性文件。它是拟建工程施工的战略安排,是施工单位年度施工计划和施工组织总设计的具体化,内容应详细。它是在施工图设计完成后,由工程项目主管工程师负责编制的,可作为编制季度、月度计划和分部分项工程施工组织设计的依据。

单位工程施工组织设计是施工组织总设计的继续和深化。

(3) 分部分项工程施工组织设计

分部分项工程施工组织设计是以分部分项工程为编制对象,用来指导施工活动的技术、经济的文件。它结合施工单位的月、旬作业计划,把单位工程施工组织设计进一步具体化,是专业工程的具体施工设计。一般对于工程规模大、技术复杂或难度高的建筑物或构筑物，在编制单位工程施工组织设计后，常需对某些重要的分部（或分项）工程由项目技术负责人再负责深入编制施工组织设计。例如，深基础工程、大型结构安装工程、高层钢筋混凝土主体结构工程、地下防水工程等。

分部分项工程施工组织设计，既是单位施工组织设计中某个分部分项工程更深入、更细致的施工组织设计，又是单独一个分部分项工程的施工组织设计。

1.3.3.2　按编制阶段的不同分类

按照编制阶段的不同，可将施工组织设计分为设计阶段施工组织设计和施工阶段施工组织设计。

1.3.4　施工组织设计的内容

（1）施工组织设计的基本内容

施工组织设计的种类不同，其所包含的内容也不尽相同。主要有以下几点：

① 工程概况；

② 施工部署及施工方案；

③ 施工进度计划；

④ 施工平面图；

⑤ 主要技术经济指标。

（2）施工组织总设计的内容

施工组织总设计是对整个建设工程项目施工的战略部署，是指导全局性施工的技术和经济纲要，主要内容详见第5章。

（3）单位工程施工组织设计的内容

单位工程施工组织设计由直接组织施工的单位根据施工图设计进行编制，是施工单位编制分部分项工程施工组织设计和季、月、旬施工组织设计的依据。对于简单的工程，一般只编制施工方案，并附以施工进度计划和施工平面图。单位工程施工组织设计的主要内容详见第4章。

（4）分部分项工程施工组织设计的内容

分部分项工程施工组织设计对于某些特别重要的、技术复杂的，或采用新工艺、新技术施工的分部分项工程，是直接指导分部分项工程施工的依据。主要内容如下：

① 工程概况及施工特点分析；

② 施工方法和施工机械的选择；

③ 分部分项工程的施工准备工作计划；

④ 分部分项工程的施工进度计划；

⑤ 各项资源需求量计划；

⑥ 技术组织措施、质量保证措施和安全施工措施；

⑦ 作业区施工平面布置图设计。

1.4 施工组织设计的编制和实施

1.4.1 施工组织设计的编制原则

根据我国建筑施工长期积累的经验和建筑施工的特点，编制施工组织设计以及在组织建筑施工的过程中，一般应遵循以下几项基本原则：

(1) 认真执行基本建设程序。

(2) 严格遵守国家和施工合同规定的工程竣工及交付使用期限。

(3) 合理安排工程开展程序和施工顺序。建筑施工的特点之一是产品的固定性，因而使建筑施工在同一场地上同时或者先后交叉进行。没有前一阶段的工作，后一阶段的工作就不能进行，同时它们之间又是交错搭接地进行；顺序反映客观规律要求，交叉则反映争取时间的努力。因此在编制施工组织设计的过程中必须合理安排施工程序。

在安排施工的程序时必须考虑以下几点：一是要及时完成相关的准备工作，为正式施工创造良好条件；二是正式施工时应该先进行全场性的工作，然后再进行各个项目的施工；三是对于单个房屋和构筑物的施工顺序，既要考虑空间的顺序，也要考虑各个工种之间的顺序；四是可供整个施工过程使用的建筑物要尽可能的提前建造，以便减少施工的临时设施，从而节约投资。

(4) 积极采用新材料、新设备、新工艺和新技术，努力为新结构的推行创造条件。要注意结合工程特点和现场条件，使技术的先进适用性和经济合理性相结合，防止单纯追求先进而忽视经济效益的做法；还要符合施工验收规范、操作规程的要求和遵守有关防火、安保及环保等规定，确保工程质量和施工安全。施工方案的选择必须进行多方案比较。比较时应做到实事求是，在多个方案中选择最经济、最合理的方案；一切从实际出发，以数据来定方案，数据一定要准确，结论一定要有理、有据。

(5) 对于那些进入冬雨季施工的工程，应落实季节性施工措施，以增加全年的施工天数，提高施工的连续性和均衡性。

(6) 尽量利用正式工程已有设施，以减少各种临时设施；尽量利用当地资源，合理安排运输、装卸与储存作业，减少物资运输量，避免二次搬运；精心进行场地规划布置，节约施工用地。

(7) 应根据地区条件和构件条件，通过技术经济比较，恰当地选择预制方案或现场浇筑方案。确定预制方案时，应贯彻工厂预制与现场预制相结合的方针，努力提高建筑工业化程度。

(8) 要贯彻先进机械、简易机械和改进机械相结合的方针，恰当选择自行装备、租赁机械或机械化分包施工等方式，但不能片面强调提高机械化程度指标。

(9) 要贯彻“百年大计，质量第一”和“预防为主”的方针，从各方面制订保证质量的措施，预防和控制影响工程质量的各种因素。

(10) 要贯彻“安全为了生产，生产必须安全”的方针，建立、健全各项安全管理制度，制订安全施工的措施，并在施工过程中经常进行检查和督促。

1.4.2 施工组织设计的编制方法

(1) 拟建工程项目的施工任务下达后,负责编制施工组织设计的单位要确定负责人和编制人员,并召开由建设单位、设计单位、承担施工的基层单位和有关的协作单位参加设计要求和施工条件的交底会。根据建设单位的工期要求以及资源状况等问题进行广泛认真的讨论,拟订大致施工部署计划,形成初步方案,落实施工组织设计的编制计划。

(2) 对结构复杂、施工难度大以及采用新工艺和新技术的工程项目,要进行专业性的研究。必要时组织专门的会议,邀请有经验的专业工程技术人员参加,集中群众智慧,为施工组织设计的编制和实施打下坚实的基础。

(3) 在施工组织设计的编制过程中,要充分发挥各职能部门的作用,吸收他们参加编制和审定的经验;充分利用施工企业的技术优势和管理优势,统筹安排、扬长避短,发挥施工企业的水平,合理地进行工序交叉配合的程序设计。

(4) 当比较完整的施工组织设计方案提出之后,要组织参加编制的人员及有关单位进行讨论,逐项逐条地研究和修改,最终形成正式文件,送主管部门审批。

1.4.3 施工组织设计的实施

施工组织设计的编制只是为实施拟建工程项目的生产过程提供了一个可行的方案,这个方案的技术经济效果必须通过实践去检验。施工组织设计实施的实质,就是用一个相对静态的平衡方案,指导一个变化的、动态的施工过程,以达到预定的目标。因而施工组织设计的贯彻实施有着深远的意义。为了保证施工组织设计的顺利贯彻与实施,应做好以下几个方面的工作:

(1) 传达施工组织设计的内容和要求。经过审批的施工组织设计,在开工前要召开各级的生产技术会议,逐级进行交底,详细地讲解其内容、要求和施工的关键问题与保证措施,组织群众广泛讨论,拟订完成任务的技术组织措施,做出相应的决策。同时责成计划部门制定出切实可行和严密的施工计划,要求技术部门拟订科学合理的具体技术实施细则,保证施工组织设计的贯彻执行。

(2) 制定各项管理制度。施工组织设计贯彻得顺利与否,主要取决于施工企业的管理素质、技术素质和经营管理水平。而体现企业素质和水平的标志通常在于企业各项管理制度健全与否。实践证明,只有施工企业有了科学、健全的管理制度,企业的正常生产秩序才能维持,才能保证工程质量,提高劳动生产率,防止可能出现的漏洞和事故。因此,必须建立、健全各项管理制度,保证施工组织的顺利实施。

(3) 推行技术经济承包制。技术经济承包制是用经济的手段和制约的方法,明确承发包双方的责任、权利和义务,便于加强监督和相互促进,是保证承包目标实现的重要措施。为了更好地贯彻落实施工组织设计,应该推行技术经济承包制度,开展劳动竞赛,把施工过程中的技术经济责任同职工的物质利益结合起来,以利于施工组织设计的落实。

(4) 统筹安排及综合平衡。在拟建工程项目的施工过程中,必须搞好人力、物力、财力的统筹安排,保持合理的施工规模。这样既能满足拟建工程项目施工的需要,又能带来较好的经济效果。施工过程中的任何平衡都是暂时的、相对的,平衡中又必然存在不平衡的因素，要及时分析和研究这些不平衡因素，不断地进行施工条件的反复综合和各专业工种的综合平衡，进一步研究和完善施工组织设计，保证施工的合理进程，并具有均衡性和连续性。

(5) 切实做好施工准备工作。施工准备工作是保证均衡和连续施工的重要前提，也是顺利贯彻施工组织设计的物资保证。不仅在拟建工程项目开工前要做好一切人力、物力和财力的准备，而且在施工过程中的不同阶段也要做好相应的准备工作，这对于施工组织设计的贯彻执行是非常必要和关键的。

复习思考题

1.1 试简述建筑产品生产的特点。

1.2 基本建设为什么要遵循一定的程序？试简述基本建设程序。

1.3 工程施工程序可分为哪几个阶段？

1.4 试简述施工准备工作的意义和内容。

1.5 施工组织设计分为哪几类？

1.6 试简述施工组织的基本内容和任务。

1.7 组织施工的基本原则是什么？

1.8 如何贯彻实施施工组织设计？

2 流水施工原理

2.1 流水施工的基本概念

在土木工程中，流水施工是指所有的施工过程按一定的时间间隔依次投入施工，各个施工过程陆续开工、陆续竣工，使同一施工过程的施工班组保持连续、均衡的施工，不同施工过程尽可能平行搭接施工的组织方式。

2.1.1 组织施工的基本方式

考虑工程项目的施工特点、工艺流程、资源利用、平面或空间布置等要求，其施工方式可以采用依次施工、平行施工和流水施工三种组织方式。

如某钢筋混凝土构件(3 根)由三个施工过程组成，分别为钢筋工程、模板工程、混凝土工程，如每个施工过程均需 1 d 完成，可用上述组织方式分别组织施工。

2.1.1.1 依次施工组织方式

依次施工组织方式是将拟建工程项目的整个建造过程分解成若干个施工过程，按照一定的施工顺序，前一个施工过程完成后，后一个施工过程才开始；或前一个工程完成后，后一个工程才开始施工。它是一种最基本的、最原始的施工组织方式(图 2.1)。

名称	进度(d)								
	1	2	3	4	5	6	7	8	9
构件1	绑钢筋	支模板	浇混凝土						
构件2				绑钢筋	支模板	浇混凝土			
构件3							绑钢筋	支模板	浇混凝土

注：绑钢筋为钢筋工；支模板为木工；浇混凝土为混凝土工。

图 2.1 依次施工进度表

2.1.1.2 平行施工组织方式

在拟建工程任务十分紧迫、工作面允许以及资源保证供应的条件下，可以组织几个相同的工作队，在同一时间、不同的空间进行施工，这样的施工组织方式称为平行施工组织方式(图 2.2)。

名称	进度(d)		
	1	2	3
构件1	绑钢筋	支模板	浇混凝土
构件2	绑钢筋	支模板	浇混凝土
构件3	绑钢筋	支模板	浇混凝土

图 2.2 平行施工进度表

2.1.1.3 流水施工组织方式

将拟建工程项目中的每一个施工对象分解为若干个施工过程，并按照施工过程成立相应的专业工作队，各专业工作队按照施工顺序依次完成各个施工对象的施工过程，同时保证施工在时间和空间上能连续、均衡、有节奏地进行，使相邻两专业工作队能最大限度地搭接作业。

名称	进度(d)				
	1	2	3	4	5
构件1	绑钢筋	支模板	浇混凝土		
构件2		绑钢筋	支模板	浇混凝土	
构件3			绑钢筋	支模板	浇混凝土

图 2.3 流水施工进度表

2.1.2 组织流水施工的经济效果

2.1.2.1 依次施工方式具有的特点

(1) 没有充分地利用工作面进行施工，工期长；

(2) 如果每一个施工对象均按专业成立工作队，则各专业工作队不能连续作业，有时间间歇，劳动力及施工机具等资源无法均衡使用；

(3) 如果由一个专业工作队完成一个施工对象的全部施工任务，则不能实现专业化施工，不利于提高劳动生产率和工程质量；

(4) 单位时间内投入的劳动力、施工机具、材料等资源量较少，有利于资源供应的组织；

(5) 施工现场的组织、管理比较简单。

2.1.2.2 平行施工方式具有的特点

(1) 充分地利用工作面进行施工，工期短；

(2) 如果每一个施工对象均按专业成立工作队，则各专业工作队不能连续作业，劳动力及施工机具等资源无法均衡使用；

(3) 如果由一个专业工作队完成一个施工对象的全部施工任务，则不能实现专业化施工，不利于提高劳动生产率和工程质量；

(4) 单位时间内投入的劳动力、施工机具、材料等资源量成倍地增加，不利于资源供应；

(5) 施工现场的组织、管理比较复杂。

2.1.2.3 流水施工的技术经济效果

流水施工的技术经济效果体现在以下方面：

(1) 施工工期较短，可以尽早发挥投资效益。由于流水施工的节奏性、连续性可以加快各专业工作队的施工进度，因此可减少时间间隔。特别是相邻专业工作队在开工时间上可以最大限度地进行搭接，充分地利用工作面，做到尽可能早地开始工作，从而达到缩短工期的目的，使工程尽快交付使用或投产，尽早获得经济效益和社会效益。

(2) 实现专业化生产，可以提高施工技术水平和劳动生产率。由于流水施工方式建立了合理的劳动组织，使各专业工作队实现了专业化生产，工人连续作业、操作熟练，便于不断改进操作方法，可以不断地提高施工技术水平和劳动生产率。

(3) 连续施工，可以充分发挥施工机械和劳动力的生产效率。由于流水施工组织合理，工人连续作业，没有窝工现象，机械闲置时间少，增加了有效劳动时间，从而使施工机械和劳动力的生产效率得以充分发挥。

(4) 提高工程质量，可以增加建设工程的使用寿命和节约使用过程中的维修费用。由于流水施工实现了专业化生产，工人技术水平高；而且各专业工作队之间紧密地搭接作业，互相监督，可以使工程质量得到提高，因而可以延长建设工程的使用寿命，同时可以减少建设工程使用过程中的维修费用。

(5) 降低工程成本，可以提高承包单位的经济效益。由于流水施工资源消耗均衡，便于组织资源供应，使得资源储存合理、利用充分，可以减少各种不必要的损失，节约材料费；由于流水施工生产效率高，可以节约人工费和机械使用费；由于流水施工降低了施工高峰期人数，使材料、设备得到合理供应，可以减少临时设施工程费；由于流水施工工期较短，可以减少企业管理费。

(6) 为施工现场的文明施工和科学管理创造了有利条件。

上述经济效益都是在不需要增加任何费用的前提下取得的，可见，流水施工是实现施工管理科学化的重要组成内容，是与建筑设计标准化、构配件生产工厂化、施工机械化等现代施工内容紧密联系、相互促成的，是实现施工企业进步的重要手段。

2.1.3 组织流水施工的条件

流水施工的实质是将施工对象在平面上或空间上划分为若干相对独立的施工段，工程施工的产品（施工段）是固定的，专业工作队是流动的。

组织流水施工的主要条件是：

(1) 划分施工段；

(2) 划分施工过程；

(3) 每个施工过程组织独立的施工班组；

(4) 主要施工过程必须连续、均衡地施工；

(5) 不同的施工过程尽可能地组织平行搭接。

2.1.4 流水施工的分级和表达方式

2.1.4.1 流水施工的分级

根据流水施工组织的范围划分，流水施工通常可分为：

(1) 分项工程流水施工

分项工程流水施工也称为细部流水施工。它是在一个专业工种内部组织起来的流水施工。在项目施工进度计划表上，它是一条标有施工段或工作队编号的水平进度指示线段或斜向进度指示线段。

(2) 分部工程流水施工

分部工程流水施工也称为专业流水施工。它是在一个分部工程内部、各分项工程之间组织起来的流水施工。在项目施工进度计划表上，它由一组标有施工段或工作队编号的水平进度指示线段或斜向进度指示线段来表示。

(3) 单位工程流水施工

单位工程流水施工也称为综合流水施工。它是在一个单位工程内部、各分部工程之间组织起来的流水施工。在项目施工进度计划表上，它是由若干组分部工程的进度指示线段来表示，并由此构成一张单位工程施工进度计划。

(4) 群体工程流水施工

群体工程流水施工亦称为大流水施工。它是在若干单位工程之间组织起来的流水施工，反映在项目施工进度计划表上，则是一张项目施工总进度计划。

2.1.4.2 流水施工的表达方式

流水施工的表达方式主要有横道图和网络图两种。

(1) 水平指示图表(又称横道图)

在流水施工水平指示图表的表达方式中，横向表示流水施工的持续时间；纵向表示开展流水施工的施工过程，专业工作队的名称、编号和数目；呈梯形分布的水平线段表示流水施工的开展情况，如图 2.4 所示。

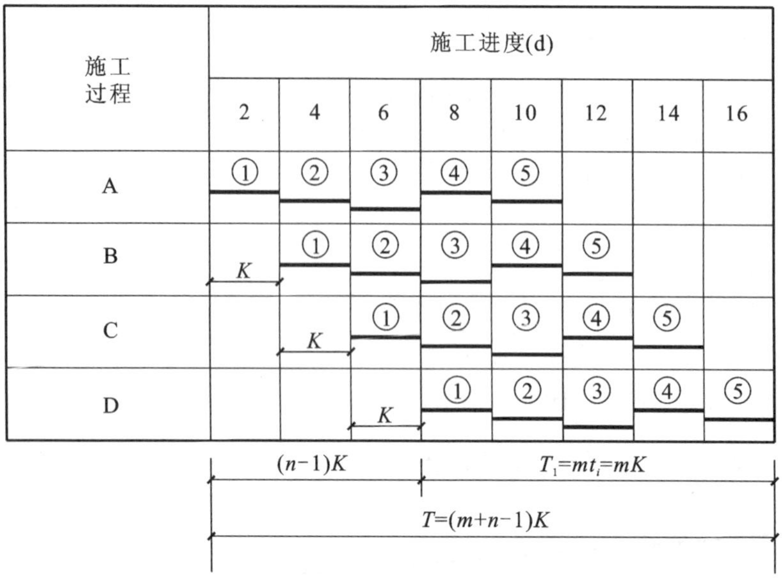

图 2.4　横道图

(2) 垂直指示图表(又称斜线图)

在流水施工垂直指示图表的表达方式中,横向表示流水施工的持续时间;纵向表示开展流水施工所划分的施工段编号;n 条斜线段表示各专业工作队或施工过程开展流水施工的情况,如图 2.5 所示。

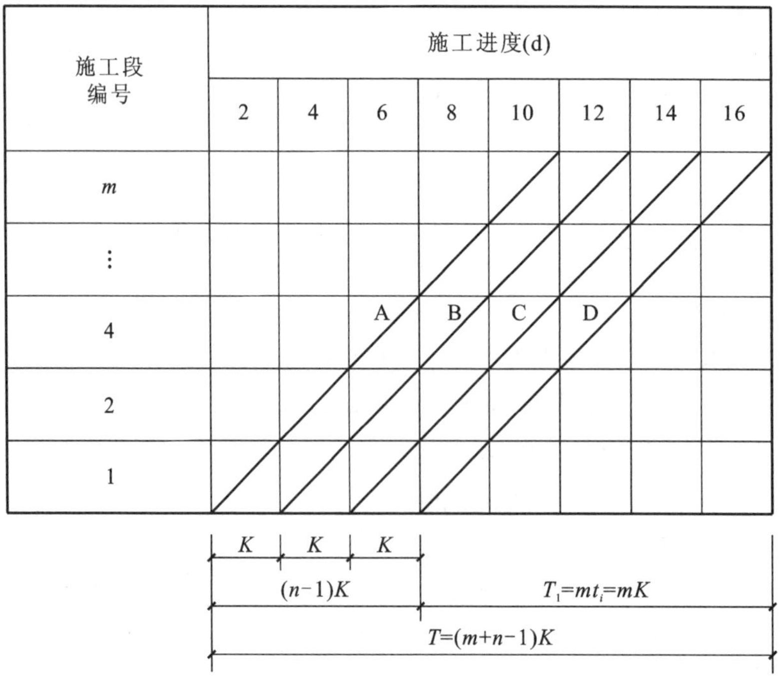

图 2.5　斜线图

斜线图表示法的优点是：

施工过程及其先后顺序表达清楚，时间和空间状况形象直观，斜向进度线的斜率可以直观地表示出各施工过程的进展速度，但编制实际工程进度计划不如横道图方便。

(3) 网络图

有关流水施工网络图的表达方式，详见本书第3章。

2.2 流水施工主要参数

在组织拟建工程项目的流水施工时，用以表达流水施工在工艺流程、空间布置和时间排列等方面开展状态的参数，称为流水参数。它主要包括工艺参数、空间参数和时间参数三类。

2.2.1 工艺参数

工艺参数是指在组织流水施工时，用以表达流水施工在施工工艺上的开展顺序及其特征的参数；具体地说，是指在组织流水施工时，将拟建工程项目的整个建造过程分解为施工过程的种类、性质和数目的总称。通常，工艺参数包括施工过程和流水强度两种。

2.2.1.1 施工过程

在建设项目施工中，施工过程所包括的范围可大可小，既可以是分部工程、分项工程，又可以是单位工程、单项工程。施工过程划分的粗细程度由实际需要而定，它是流水施工的重要基本参数之一。根据工艺性质不同，它分为制备类施工过程、运输类施工过程和建造类施工过程三种。而施工过程的数目，一般以 n 表示。

(1) 制备类施工过程

它是指为了提高建筑产品的装配化、工厂化、机械化和生产能力而形成的施工过程，如砂浆、混凝土、构配件、制品和门窗框(扇)等的制备过程。

(2) 运输类施工过程

它是指将建筑材料、构配件、(半)成品、制品和设备等运到项目工地仓库或现场操作使用地点而形成的施工过程。

(3) 建造类施工过程

它是指在施工对象的空间上直接进行加工，最终形成建筑产品的过程，如基础工程、主体工程、结构安装工程、屋面工程和装饰工程等施工过程。

它占有施工对象的空间，影响着工期的长短，必须列入项目施工进度表中，而且是项目施工进度表的主要内容。

(4) 砌筑安装类施工过程的分类

通常，砌筑安装类施工过程按其在项目生产中的作用、工艺性质和复杂程度等不同进行分类。

由于划分施工过程的依据不同，同一个拟建工程项目的施工过程可以分成：主导与穿插、连续与间断、简单与复杂等。事实上，有的施工过程，既是主导的，又是连续的，同时还是复杂的施工过程，如主体工程等施工过程；而有的施工过程，既是穿插的，又是间断的，同时还是简单的施工过程，如装饰工程中的涂料工程等。因此，一个施工过程从不同的角度去研究，它可以是不同的施工过程；但是，它们所处的地位，在流水施工中不会改变。

(5) 施工过程数目(n)的确定

施工过程数目的多少受施工计划的性质和作用、施工方案、工程量的大小和劳动力的组织等因素的影响。在划分时以主导施工过程为主，根据工程特点可以合并或分解编制，其具体确定方法和原则详见第4章。

2.2.1.2 流水强度

某施工过程在单位时间内所完成的工程量，称为该施工过程的流水强度。流水强度一般以V表示，它可由式(2.1)或式(2.2)计算求得。

(1) 机械操作流水强度

$$V = \sum_{i=1}^{x} R_i S_i \tag{2.1}$$

式中 V——某施工过程i的机械操作流水强度；

R_i——投入施工过程i的某种施工机械台数；

S_i——投入施工过程i的某种施工机械产量定额；

x——投入施工过程i的施工机械种类数。

(2) 人工操作流水强度

$$V = R_i S_i \tag{2.2}$$

式中 V——某施工过程i的人工操作流水强度；

R_i——投入施工过程i的专业工作队工人数；

S_i——投入施工过程i的专业工作队平均产量定额。

2.2.2 空间参数

在组织流水施工时，用以表达流水施工在空间布置上所处状态的参数，称为空间参数。空间参数主要有：工作面、施工段和施工层三种。

2.2.2.1 工作面

工作面可表明施工对象上可能安置多少工人操作或布置施工机械场所的大小。某专业工种的工人在从事建筑产品生产加工过程中所必须具备的活动空间，这个活动空间称为工作面。它的大小是根据相应工种在单位时间内的产量定额、建筑安装工程操作规程和安全规程等的要求确定的。工作面确定得合理与否，直接影响到专业工种工人的劳动生产效率。因此，必须认真加以对待、合理确定。主要工种作业的工作面参考数据见表2.1。

表 2.1 主要工种作业的工作面参考数据

工作项目	每个技工的工作面	说明
砌砖墙	8.5 m^3/人	以1砖计(1.5砖乘以0.71;2砖乘以0.57)
毛石基础	3 m^3/人	以60 cm厚计
毛石墙	3.3 m^3/人	以40 cm厚计
混凝土柱、墙基础	8 m^3/人	机拌、机捣
混凝土设备基础	7 m^3/人	机拌、机捣
现浇钢筋混凝土柱	2.45 m^3/人	机拌、机捣
现浇钢筋混凝土梁	3.20 m^3/人	机拌、机捣
现浇钢筋混凝土墙	5 m^3/人	机拌、机捣
现浇钢筋混凝土楼板	5.3 m^3/人	机拌、机捣
预制钢筋混凝土柱	3.6 m^3/人	机拌、机捣
预制钢筋混凝土梁	3.6 m^3/人	机拌、机捣
预制钢筋混凝土屋架	2.7 m^3/人	机拌、机捣
预制钢筋混凝土平板、空心板	1.91 m^3/人	机拌、机捣
预制钢筋混凝土大型屋面板	2.62 m^3/人	机拌、机捣
混凝土地坪及面层	40 m^3/人	机拌、机捣
外墙抹灰	16 m^2/人	
内墙抹灰	18.5 m^2/人	
卷材屋面	18.5 m^2/人	
防水水泥砂浆屋面	16 m^2/人	
门窗安装	11 m^2/人	

2.2.2.2 施工段

为了有效地组织流水施工，通常把拟建工程项目在平面上划分成若干个劳动量大致相等的施工段落，这些施工段落称为施工段。施工段的数目，通常以 m 表示，它是流水施工的重要基本参数之一。

一般情况下，一个施工段内只安排一个施工过程的专业工作队进行施工。在一个施工段上，只有前一个施工过程的专业工作队提供足够的工作面时，后一个施工过程的专业工作队才能进入该段从事下一个施工过程的施工。

划分施工段是组织流水施工的基础。将工程体划分成若干个施工段，为组织流水施工提供足够的空间。由于建筑产品生产的单件性，可以说它不适于组织流水施工；但是，建筑产品体形庞大的固有特征，又为组织流水施工提供了空间条件，可以把体形庞大的“单件产品”划分成具有若干个施工段、施工层的“批量产品”，使其满足流水施工的基本要求；在保证工程质量的前提下，为专业工作队确定合理的空间活动范围，使其按流水施工的原理，集中人力和物力，迅速地、依次地、连续地完成各段的任务，为相邻专业工作队尽早地提供工作面，达到组织流水施工时，划分足够数量的施工段，充分利用工作面，避免窝工，尽可能缩短工期的目的。

在组织流水施工时，专业工作队完成一个施工段上的任务后，遵循施工组织顺序又到另一个施工段上作业，产生连续、流动施工的效果。

在不同的分部工程中，可以采用相同或不同的办法划分施工段。在同一分部工程中最好采用统一的段数，但也不能排除特殊情况，如在单层工业厂房的预制工程中，柱和屋架的施工段划分就不一定相同；对于多栋同类型房屋的施工，可以栋号为段组织大流水施工。施工段数要适当，过多，势必要减少施工人数而延长工期；过少，又会造成资源供应过分集中，不利于组织流水施工。因此，为了使施工段划分得更科学、更合理，通常应遵循以下原则：

① 专业工作队在各个施工段上的劳动量要大致相等，其相差幅度不宜超过10%～15%；

② 为了充分发挥工人、主导机械的效率，每个施工段要有足够的工作面，使其所容纳的劳动力人数或机械台数能满足合理劳动组织的要求；

③ 为了保证拟建工程项目的结构整体完整性，施工段的分界线应尽可能与结构的自然界线（如沉降缝、伸缩缝等）相一致；如果必须将分界线设在墙体中间时，应将其设在对结构整体性影响少的门窗洞口等部位，以减少留槎，便于修复；

④ 对于多层的拟建工程项目，既要划分施工段，又要划分施工层，以保证相应的专业工作队在施工段与施工层之间，组织有节奏、连续、均衡的流水施工；

⑤ 对多层或高层建筑物，施工段的数目要满足合理流水施工组织的要求，即当有层高关系、分层（楼层或施工层）分段时，则有：

$$m_{\min} \geqslant n \text{ 或 } m_{\min} \geqslant \sum b \text{（工作队数）}$$

【例2.1】 一个二层现浇钢筋混凝土框架工程，施工过程数 $n=4$，各施工队在各施工段上的工作时间 $t=1$，则施工段数与施工过程数之间有下列三种情况：

(1) $m=n$ $(m=4, n=4)$

施工进度表见图2.6。

当 $m=n$ 时，各专业工作队能连续施工，施工段没有空闲，工作面能充分利用，无停歇现象，也不会产生工人窝工现象，这是比较理想的流水施工方案。

(2) $m>n$ $(m=5, n=4)$

施工进度表见图2.7。

当 $m>n$ 时，各专业工作队能够连续作业，但施工段有空闲，各施工段在第一层浇完混凝土后，均空闲1 d，即工作面空闲1 d。这种空闲，可用于弥补由于技术间歇、组织管理间歇和备料等要求所必需的时间（如利用停歇时间进行养护、备料、弹线等工作）。

(3) $m<n$ $(m=3, n=4)$

施工进度表见图2.8。

当 $m<n$ 时，各专业工作队不能连续作业（图中各专业工作队在完成第一层作业、进入第二层作业前均停工1 d,），但施工段没有空闲，即专业工作队因无工作面而停工（即窝工1 d）。

分层	施工过程	施工进度(d)										
		1	2	3	4	5	6	7	8	9	10	11
第一层	扎柱钢筋	①	②	③	④							
	支模板		①	②	③	④						
	扎梁板钢筋			①	②	③	④					
	浇筑混凝土				①	②	③	④				
第二层	扎柱钢筋					①	②	③	④			
	支模板						①	②	③	④		
	扎梁板钢筋							①	②	③	④	
	浇筑混凝土								①	②	③	④

图 2.6　$m=n$ 时的施工进度表

分层	施工过程	施工进度(d)												
		1	2	3	4	5	6	7	8	9	10	11	12	13
第一层	扎柱钢筋	①	②	③	④	⑤								
	支模板		①	②	③	④	⑤							
	扎梁板钢筋			①	②	③	④	⑤						
	浇筑混凝土				①	②	③	④	⑤					
第二层	扎柱钢筋						①	②	③	④	⑤			
	支模板							①	②	③	④	⑤		
	扎梁板钢筋								①	②	③	④	⑤	
	浇筑混凝土									①	②	③	④	⑤

图 2.7　$m>n$ 时的施工进度表

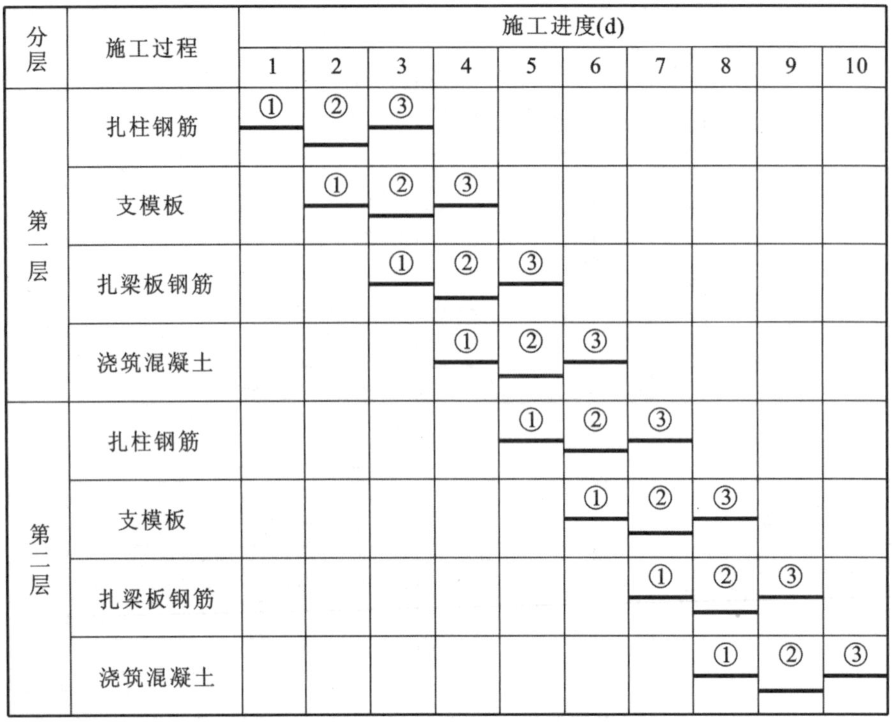

图 2.8　$m<n$ 时的施工进度表

值得指出的是，对于在建筑群中进行大流水施工时，这种专业流水的停工是可以避免的；但对单一建筑物的专业流水施工组织是不适宜的，应加以杜绝，避免 $m<n$ 的情况出现。

从上面的三种情况可以看出：施工段数的多少，直接影响工期的长短，而且要想保证专业工作队能够连续施工，必须满足 $m \geqslant n$ 。

2.2.2.3　施工层

施工层是指为满足竖向流水施工的需要，在建筑物垂直方向划分的施工段。如一个 22 层的全现浇剪力墙结构的房屋，其结构层数就是施工层数。如果该房屋每层划分为三个施工段，那么其总的施工段数为：

$$m = 22 \times 3 = 66 \text{ 段}$$

2.2.3　时间参数

在组织流水施工时，用来表达流水施工在时间安排上所处状态的参数称为时间参数。

2.2.3.1　流水节拍 t

流水节拍是指一个施工过程在一个施工段上的作业时间。

(1) 流水节拍的确定

$$t_i = \frac{Q_i}{S_i R_i Z_i} = \frac{P_i}{R_i Z_i} \tag{2.3}$$

$$S_i \times H_i = 1$$

式中　t_i——某施工过程在某施工段上的流水节拍；

Q_i——某施工过程在某施工段上的工程量；
S_i——某施工过程的计划产量定额；
R_i——某施工过程的施工班组人数或机械台班数；
Z_i——每天工作班数；
P_i——某施工过程在某施工段上的劳动量；
H_i——某施工过程的计划时间定额。

(2) 确定流水节拍应考虑的因素

① 施工班组人数要适宜，既要满足最小劳动组合人数的要求，又要满足最小工作面的要求。最小劳动组合，是指某一施工过程进行正常施工所必需的最低限度的班组人数及其合理组合。最小工作面，是指施工班组为保证安全生产和有效的操作所必需的工作面。

② 工作班制要恰当。

③ 机械的台班效率或机械的台班产量的大小。

④ 流水节拍的数值一般取整数，必要时可取 0.5 d(台班)。

【例 2.2】 某工程现浇钢筋混凝土楼板，设置专业工作队每工作班 15 人，某施工段上需浇筑混凝土 86 m^3，时间定额为 10.5 工日/10 m^3，采用三班连续施工，不留施工缝，试求其流水节拍。

【解】

$$t=\frac{Q\cdot H}{R\cdot Z}=\frac{86\times\frac{10.5}{10}}{15\times 3}=2\ \text{d}$$

2.2.3.2 流水步距 K

流水步距是指两个相邻施工过程(或工作队)先后进入同一施工段开始施工的时间间隔(不包括技术间歇和组织间歇时间)。

在施工段不变的情况下，流水步距越大，工期越长；反之工期越短。流水步距的数目为$(n-1)$个。

流水步距的大小取决于相邻两个施工过程在各个施工段上的流水节拍及流水施工组织方式。确定流水步距时，一般应满足以下基本要求：

① 各施工过程按各自流水速度施工，始终保持工艺先后顺序；

② 各施工过程的专业工作队投入施工后尽可能保持连续作业；

③ 相邻两个施工过程(或专业工作队)在满足连续施工的条件下，能最大限度地实现合理搭接。

2.2.3.3 流水施工期 T_L

流水施工期是指从第一个专业工作队投入流水施工开始，到最后一个专业工作队完成流水施工为止的整个持续时间。

2.2.3.4 技术间歇

在组织流水施工时，通常将施工对象的工艺性质决定的间歇时间统称为技术间歇，并以 $Z_{j,j+1}$ 表示，如现浇构件养护时间，以及抹灰层和油漆层硬化时间。

2.2.3.5 组织间歇

在组织流水施工时，通常将由施工组织原因造成的间歇时间统称为组织间歇，并以

$G_{j,j+1}$表示，如施工机械转移时间，以及某些施工过程完成后要有必要的检查验收或施工过程准备时间。

2.2.3.6　平行搭接时间

在组织流水施工时，为了缩短工期，有时在工作面允许的前提下，某施工过程可与其紧前的施工过程平行搭接施工，其平行搭接时间以 $C_{j,j+1}$表示。

2.3　组织流水施工的基本方式

土木工程的流水施工要求有一定的节拍才能步调和谐，配合得当。流水施工的节奏是由流水节拍所决定的。由于建筑工程的多样性，各分部分项的工程量差异较大，要使所有的流水施工都组织成统一的流水节拍是很困难的。在大多数情况下，各施工过程的流水节拍不一定相等，甚至一个施工过程本身在各施工段上的流水节拍也不相等。因此形成了不同节奏特征的流水施工。

在节奏性流水施工中，根据各施工过程之间流水节拍的特征不同，流水施工可分为：有节奏流水施工和无节奏流水施工两大类。

(1) 有节奏流水施工

有节奏流水施工是指在组织流水施工时，每一个施工过程在各个施工段上的流水节拍都各自相等的流水施工，它分为等节奏流水施工和异节奏流水施工。

① 等节奏流水施工　等节奏流水施工是指在有节奏流水施工中，各施工过程的流水节拍都相等的流水施工，也称为固定节拍流水施工或全等节拍流水施工。

② 异节奏流水施工　异节奏流水施工是指在有节奏流水施工中，各施工过程的流水节拍各自相等而不同施工过程之间的流水节拍不尽相等的流水施工。

(2) 无节奏流水施工

无节奏流水施工是指在组织流水施工时，全部或部分施工过程在各个施工段上的流水节拍不相等的流水施工。

2.3.1　全等节拍流水施工

全等节拍流水施工是指同一施工过程在各施工段上的流水节拍都相等，不同施工过程之间的流水节拍也相等的一种流水施工方式(简称两等)。

流水工期

$$T_L = (m + n - 1)t + \sum t_i - \sum t_d \quad (2.4)$$

式中　$\sum t_i$—— 所有间歇时间之和；

$\sum t_d$ —— 所有搭接时间之和。

适用范围：全等节拍流水施工比较适用于分部工程流水(专业流水)，不适用于单位工程，特别是大型的建筑群。

全等节拍流水施工的特点：

(1) 所有施工过程在各个施工段上的流水节拍均相等；

(2) 相邻施工过程的流水步距相等，且等于流水节拍；

(3) 专业工作队数等于施工过程数，即每一个施工过程成立一个专业工作队，由该队完成相应施工过程所有施工段上的任务；

(4) 各个专业工作队在各施工段上能够连续作业，施工段间没有空闲时间。

【例 2.3】 某分部工程划分为 A、B、C、D 四个施工过程，每个施工过程分为五个施工段，流水节拍均为 3 d，试计算流水工期，并绘制流水施工进度表（无层间关系）。

【解】 由题意可知，应组织全等节拍流水施工。

(1) $K=t=3$ 且 $m=5$，$n=4$

(2) 流水工期

$$T_L=(5+4-1)\times 3=24\ \text{d}$$

(3) 流水施工进度表（横道图）见图 2.9。

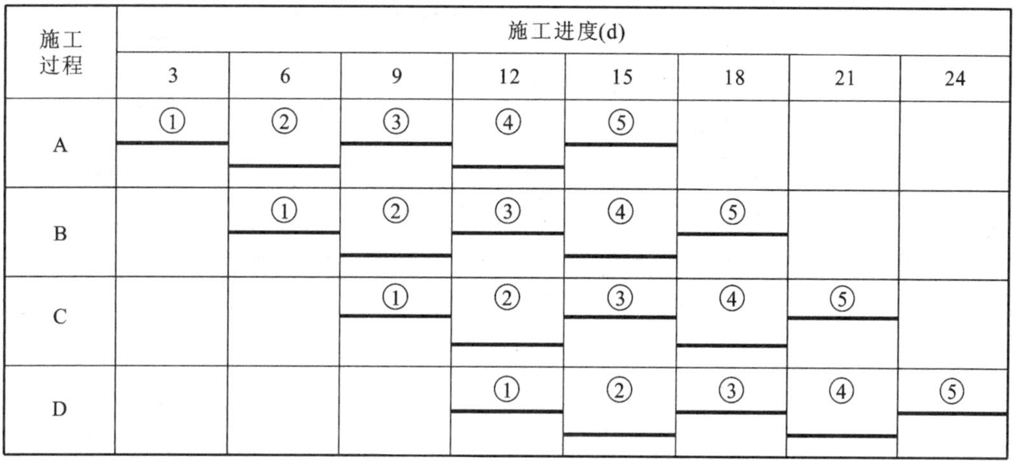

图 2.9 流水施工进度表（例 2.3）

【例 2.4】 某施工项目由 A、B、C 三个施工过程组成，划分为四个施工段，分两层施工，流水节拍均为 3 d，试计算流水工期，并绘制流水施工进度表。

【解】 由题意可知，应组织全等节拍流水施工（有层间关系）。

(1) $K=t=3$ 且 $m=4$，$n=3$，$j=2$

(2) 流水工期

$$T_L=(mj+n-1)\times K=(4\times 2+3-1)\times 3=30\ \text{d}$$

(3) 流水施工进度表（横道图）见图 2.10。

【例 2.5】 某基础工程由挖基槽、浇混凝土垫层、砌砖基、回填土四个施工过程组成，它们的流水节拍均为 2 d，分四段组织施工，设挖基槽后要有 1 d 验槽，浇混凝土垫层后要有 2 d的养护和基础结构验收 3 d 才能回填，试组织流水施工。

【解】 由题意可知，应组织全等节拍流水施工。

(1) 流水步距

$$K=t=2\ 且\ m=4, n=4$$

(2) 流水工期

$$T_L=(4+4-1)\times 2+(2+1+3)=20\ \text{d}$$

(3) 流水施工进度表（横道图）见图 2.11。

分层	施工过程	施工进度(d)									
		3	6	9	12	15	18	21	24	27	30
第一层	A	①	②	③	④						
	B		①	②	③	④					
	C			①	②	③	④				
第二层	A					①	②	③	④		
	B						①	②	③	④	
	C							①	②	③	④

图 2.10　流水施工进度表(例 2.4)

施工过程	施工进度(d)																			
	1	2	3	4	5	6	7	8	9	10	11	12	13	14	15	16	17	18	19	20
挖基槽	①		②		③		④													
浇混凝土垫层				①		②		③		④										
砌砖基								①		②		③		④						
回填土													①		②		③		④	

图 2.11　流水施工进度表(例 2.5)

2.3.2　成倍节拍流水施工

成倍节拍流水施工是指同一个施工过程在各施工段上的流水节拍相等，不同施工过程的流水节拍不尽相等，但各个施工过程的流水节拍均为最小流水节拍的整数倍或节拍值之间存在最大公约数的流水施工方式（简称“一等一不等但成倍”）。其特点是流水步距 K 为流水节拍 t 的最大公约数（$K=t_{\min}$）。

流水工期

$$T_L=(mj+\sum b-1)K \tag{2.5}$$

式中　$\sum b$—— 施工班组总数目，其中 $b=t/t_{\min}$，表示各施工过程的班组或专业队数目；

j—— 施工层数。

式(2.5)适用范围：成倍节拍流水施工方式比较适用于线形工程（如道路、管道等）的施工。

【例 2.6】 已知某项目由 A、B、C 三个施工过程组成，它们的流水节拍分别为 $t_A=4$ d、$t_B=6$ d、$t_C=2$ d，分 6 段组织施工，试组织流水施工。

【解】 由题意可知，应组织成倍节拍流水施工。

(1) 流水步距 $K=2$ d(4 d、6 d、2 d)；又 $m=6$。各施工过程的班组或专业队数目为：

$$b_A=4/2=2;\ b_B=6/2=3;\ b_C=2/2=1$$

所以

$$\sum b=2+3+1=6$$

(2) 流水工期

$$T_L=(mj+\sum b-1)K=(6\times1+6-1)\times2=22\ \text{d}$$

(3) 流水施工进度表（横道图）见图 2.12。

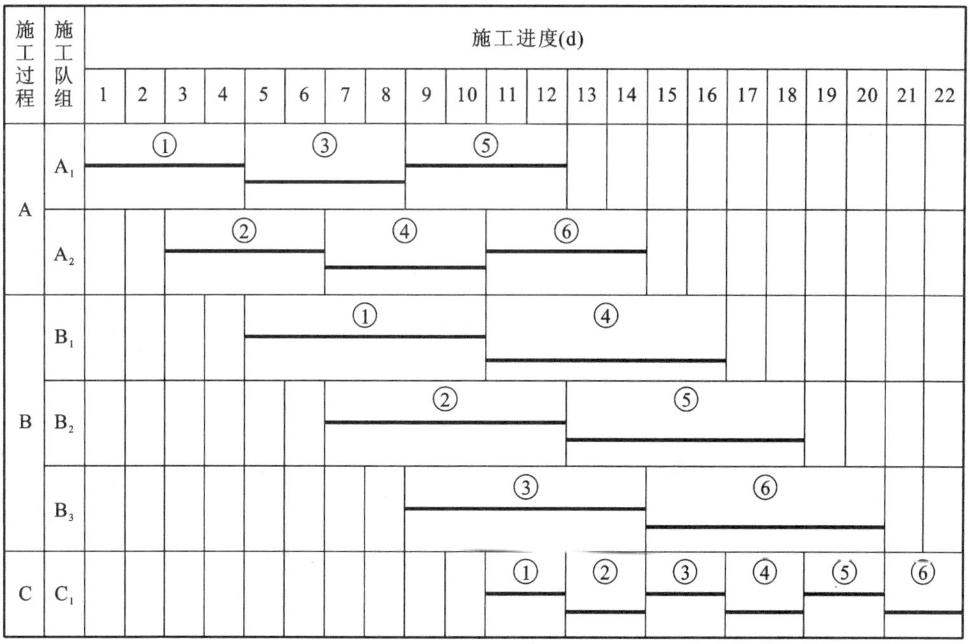

图 2.12　流水施工进度表（例 2.6）

2.3.3 异节拍流水施工

异节拍流水施工是指相同的施工过程流水节拍相等，不同的施工过程流水节拍不一定相等，也不成倍数的流水施工方式（简称“一等一不等不成倍”）。

适用范围：异节拍流水施工方式适用于分部和单位工程流水施工，它允许不同的施工过程采用不同的流水节拍，因此，在进度安排上比全等节拍流水施工灵活，实际应用范围较广泛。

（1）流水步距的确定

① 当 $t_i \leqslant t_{i+1}$（$t_{前} \leqslant t_{后}$）时

$$K_i = t_i (K = t_{前}) \tag{2.6}$$

② 当 $t_i > t_{i+1}$（$t_{前} > t_{后}$）时

$$K_i = m\,t_i - (m-1)t_{i+1} \tag{2.7}$$

（2）流水工期 T_L 的确定

$$T_L = \sum K + T_n + \sum t_i - \sum t_d = \sum K + mt_n + \sum t_i - \sum t_d \tag{2.8}$$

式中 $\sum K$—— 流水步距之和；

T_n—— 最后一个施工过程各施工段流水节拍之和（$T_n = mt_n$）。

其他符号意义同前。

【例 2.7】 某分部工程划分为 A、B、C、D 四个施工过程，各分 3 段施工，各施工过程的流水节拍分别为 $t_A=3$ d、$t_B=4$ d、$t_C=5$ d、$t_D=3$ d，B 过程完成后须有 2 d 技术间歇时间，试组织流水施工。

【解】 由题意可知，应组织成异节拍流水施工。

（1）流水步距的确定

因 $t_A = 3\text{ d} \leqslant t_B = 4\text{ d}$，则

$$K_{A-B} = 3 \quad m = 3$$

因 $t_B = 4\text{ d} \leqslant t_C = 5\text{ d}$，则

$$K_{B-C} = 4$$

因 $t_C = 5\text{ d} > t_D = 3\text{ d}$，则

$$K_{C-D} = 3 \times 5 - (3-1) \times 3 = 9$$

（2）流水工期

$$T_L = \sum K + T_n = \sum K + mt_n + \sum Z = (3+4+9) + 3 \times 3 + 2 = 27\text{ d}$$

（3）流水施工进度表（横道图）见图 2.13。

【例 2.8】 某分部工程划分为甲、乙、丙、丁四个施工过程，分 3 段施工，各施工过程的流水节拍分别为 $t_{甲}=2$ d、$t_{乙}=3$ d、$t_{丙}=5$ d、$t_{丁}=2$ d，施工乙完成后须有 1 d 技术间歇时间，试组织流水施工。

【解】 由题意可知，应组织成异节拍流水施工。

（1）流水步距的确定

因 $t_{甲}=2\text{ d} \leqslant t_{乙}=3\text{ d}$，则有

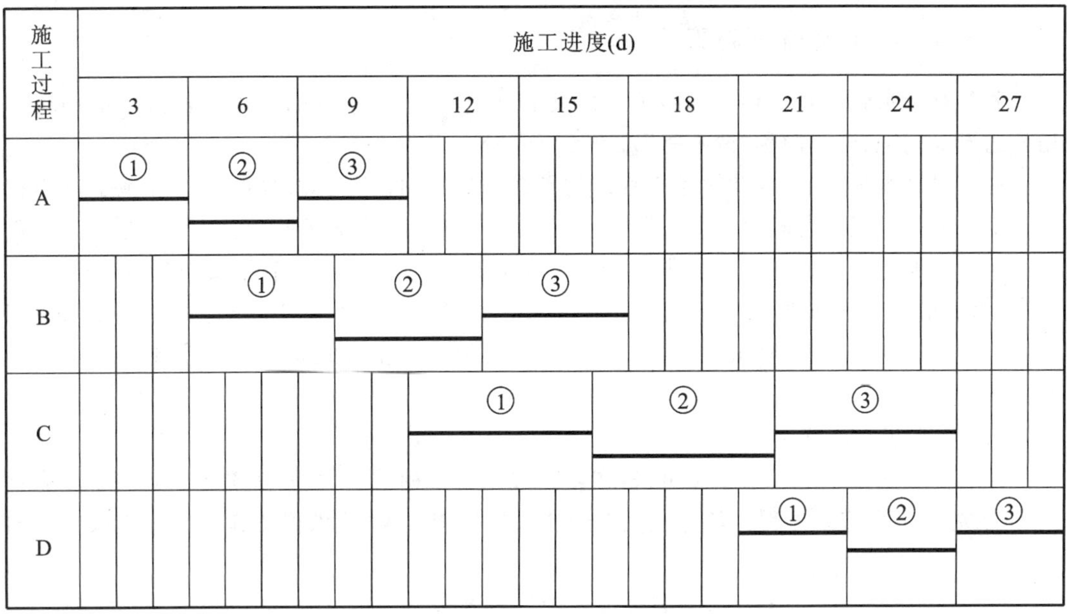

图 2.13 流水施工进度表(例 2.7)

$$K_{甲-乙}=2 \quad m=3$$

因 $t_{乙}=3\ \mathrm{d}\leqslant t_{丙}=5\ \mathrm{d}$,则有

$$K_{乙-丙}=3$$

因 $t_{丙}=5\ \mathrm{d}>t_{丁}=2\ \mathrm{d}$,则有

$$K_{丙-丁}=3\times5-(3-1)\times 2=11$$

(2) 流水工期

$$T_{\mathrm{L}}=\sum K+T_n=\sum K+mt_n+\sum Z=(2+3+11)+3\times2+1=23\ \mathrm{d}$$

(3) 流水施工进度表(横道图)见图 2.14。

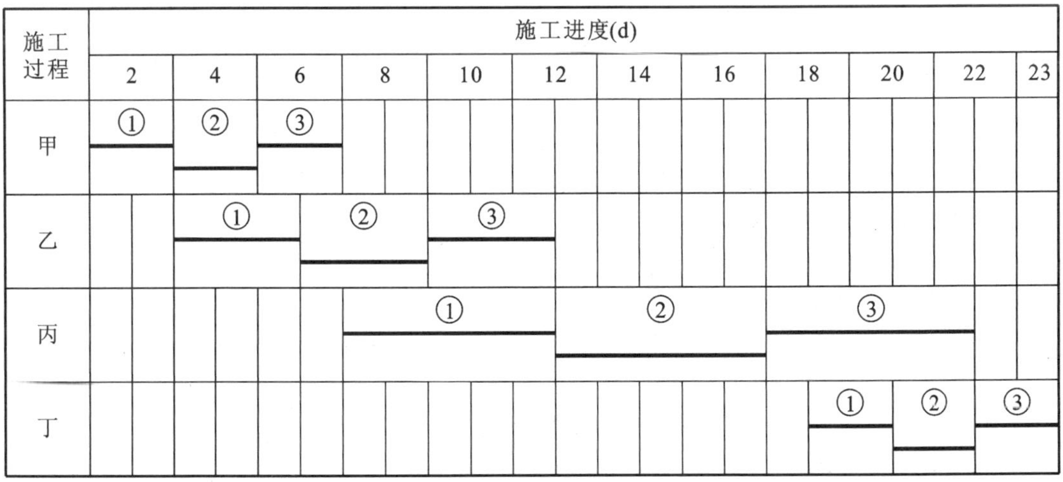

图 2.14 流水施工进度表(例 2.8)

2.3.4 非节奏流水施工

非节奏流水施工是指相同的施工过程流水节拍不相等，不同的施工过程流水节拍也不相等的流水施工方式(简称“两不等”)。

在组织流水施工时，经常由于工程结构形式、施工条件不同等原因，使得各施工过程在各施工段上的工程量有较大差异，或因专业工作队的生产效率相差较大，导致各施工过程的流水节拍随施工段的不同而不同，且不同施工过程之间的流水节拍又有很大差异。这时，流水节拍虽无任何规律，但仍可利用流水施工原理组织流水施工，使各专业工作队在满足连续施工的条件下，实现最大搭接。这种非节奏流水施工方式是建设工程流水施工的普遍方式。

(1) 流水步距的确定

非节奏流水施工的流水步距可采用“累加数列错位相减取大差”法确定。其基本步骤：

① 对每一个施工过程在各施工段上的流水节拍依次累加，求得各施工过程流水节拍的累加数列；

② 将相邻施工过程流水节拍累加数列中的后者错后一位，相减后求得一个差数列；

③ 在差数列中取最大值，即为这两个相邻施工过程的流水步距。

(2) 流水工期 T_L 的确定：

$$T_L = \sum K + T_n + \sum t_i - \sum t_d$$

符号意义同前。

【例 2.9】 已知某分部工程流水节拍见表 2.2，试计算流水步距和流水工期，并绘制施工进度表。

表 2.2 某分部工程流水节拍(例 2.9)

施工过程 \ 流水节拍 \ 施工段	①	②	③	④
甲	2	3	3	2
乙	2	2	3	3
丙	3	3	3	2

【解】 由题意可知，应组织成非节奏流水施工。

(1) 求流水步距

① 甲施工过程数列：2　3　3　2；

② 甲施工过程累加数列：2　2+3　2+3+3　2+3+3+2；即 2　5　8　10；

③ 乙施工过程数列：2　2　3　3；

④ 乙施工过程累加数列：2　2+2　2+2+3　2+2+3+3；即 2　4　7　10；

⑤ 丙施工过程数列：3　3　3　2；

⑥ 丙施工过程累加数列：3　3+3　3+3+3　3+3+3+2；即 3　6　9　11；

⑦ 甲施工过程累加数列与乙施工过程累加数列错位相减：

$$
\begin{array}{rrrrrr}
 & 2 & 5 & 8 & 10 & 0 \\
- & & 2 & 4 & 7 & 10 \\
\hline
 & 2 & 3 & 4 & 3 & -
\end{array}
$$

则甲施工过程与乙施工过程之间的流水步距为：

$$K_{甲-乙}=4$$

同理，乙施工过程累加数列与丙施工过程累加数列错位相减：

$$
\begin{array}{rrrrrr}
 & 2 & 4 & 7 & 10 & 0 \\
- & & 3 & 6 & 9 & 11 \\
\hline
 & 2 & 1 & 1 & 1 & -
\end{array}
$$

则乙施工过程与丙施工过程之间的流水步距为：

$$K_{乙-丙}=2$$

(2) 求流水工期 T_L

$$T_L=4+2+3+3+3+2=17\ \mathrm{d}$$

(3) 流水施工进度表(横道图)见图 2.15。

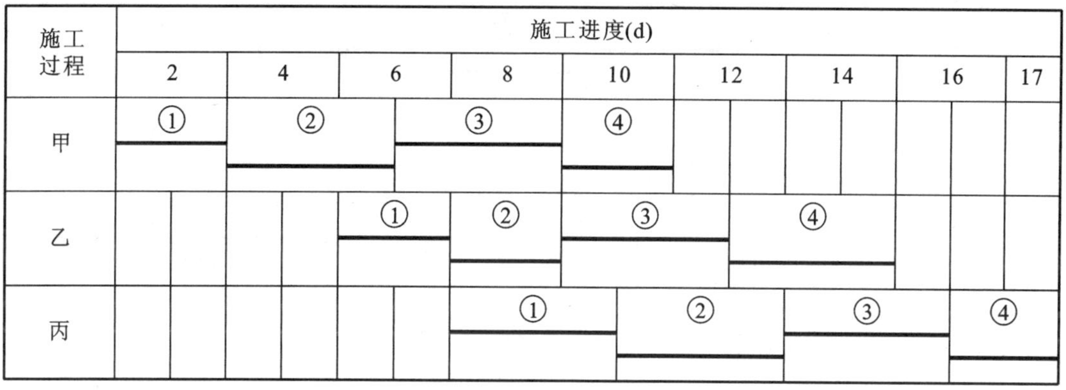

图 2.15　流水施工进度表(例 2.9)

【例 2.10】 已知某分部工程流水节拍如表 2.3 所示，试计算流水步距和流水工期，并绘制施工进度表。

表 2.3　某分部工程流水节拍(例 2.10)

施工过程 \ 流水节拍 \ 施工段	①	②	③
甲	4	2	3
乙	3	3	4
丙	1	4	2
丁	2	2	1

【解】 由题意可知，应组织成非节奏流水施工。

(1) 求流水步距

$$\begin{array}{rrrrr} & 4 & 6 & 9 & 0 \\ - & 0 & 3 & 6 & 10 \\ \hline & 4 & 3 & 3 & - \end{array} \qquad \begin{array}{rrrrr} & 3 & 6 & 10 & 0 \\ - & 0 & 1 & 5 & 7 \\ \hline & 3 & 5 & 5 & - \end{array} \qquad \begin{array}{rrrrr} & 1 & 5 & 7 & 0 \\ - & 0 & 2 & 4 & 5 \\ \hline & 1 & 3 & 3 & - \end{array}$$

则 $K_{甲-乙}=4$；$K_{乙-丙}=5$；$K_{丙-丁}=3$。

(2) 求流水工期 T_L

$$T_L=4+5+3+2+2+1=17\ \text{d}$$

(3) 流水施工进度表(横道图)见图 2.16。

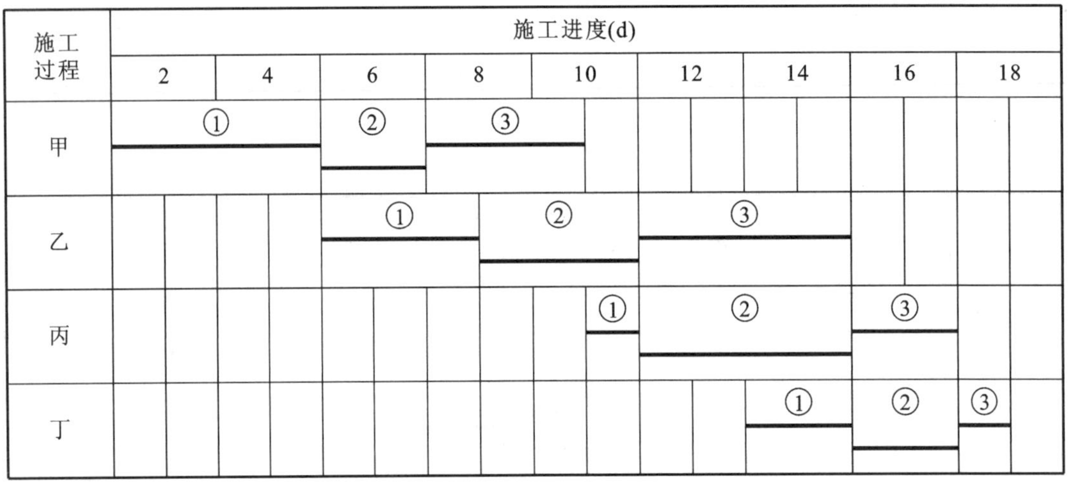

图 2.16 流水施工进度表(例 2.10)

2.4 流水施工应用实例(框架结构房屋的流水施工实例)

某教学楼，建筑面积为 1560 m^2。基础为钢筋混凝土条形基础，主体工程为现浇框架结构，共四层，加气混凝土砌块内、外墙。装饰工程为塑钢窗、胶合板门，外墙面用米色外墙砖贴面，内墙面及天棚为普通抹灰，外加内墙面及天棚乳胶漆涂料。屋面工程为现浇钢筋混凝土屋面板，屋面工程防水等级为Ⅱ级，合理使用年限为 15 年，外加架空隔热层，耐火等级为Ⅰ级。其劳动量一览表见表 2.4。

表 2.4 某教学楼劳动量一览表

序号	分部分项工程	工作	劳动量(工日)
1	基础工程	基槽挖土	200
2		浇筑混凝土垫层	16
3		绑扎基础钢筋(含侧模安装)	48
4		浇筑基础混凝土	100
5		浇筑素混凝土墙基础	60
6		回填土施工	64
7	主体工程	搭设脚手架	118
8		绑扎柱钢筋	80
9		安装支柱、梁、板、楼梯模板	960
10		浇捣柱混凝土	320
11		绑扎梁、板、楼梯钢筋	320
12		浇捣梁、板、楼梯混凝土	720
13		拆模板	160
14		加气混凝土砌块内、外墙	720
15	屋面工程	屋面防水层	56
16		屋面隔热层	36
17	装饰工程	楼地面及楼梯地面抹灰	480
18		内墙面及天棚普通抹灰	640
19		内墙面及天棚乳胶漆涂料	46
20		塑钢窗	80
21		胶合板门	48
22		外墙面砖	450
23		油漆	45
24	设备安装工程	水、暖、气	—
25		电	—
26	室外工程		—

2.4.1 基础工程

基础工程包括基槽挖土、浇筑混凝土垫层、绑扎基础钢筋(含侧模安装)、浇筑基础混凝土、浇筑素混凝土墙基础、回填土施工过程。考虑到基础混凝土垫层劳动量比较小,可与挖土合并为一个施工过程,又考虑到基础混凝土与素混凝土墙基础是同一种工种,班组施工可以合并为一个施工过程。

基础工程经过合并共为四个施工过程($n=4$),组织全等节拍流水施工。由于占地面积为 4000 m^2 左右,考虑到工作面的因素,将其划分为两个施工段($m=2$),流水节拍和流水施工工期计算如下:

基槽挖土和垫层的劳动量之和为 216 工日,施工班组人数为 27 人,采用一班制,垫层需要养护 1 d,其流水节拍计算如下：

$$t_{挖,垫}=\frac{216}{27\times2}=4\ \mathrm{d}$$

绑扎基础钢筋(含侧模安装),劳动量为 48 工日,施工班组人数为 6 人,采用一班制,其流水节拍计算如下：

$$t_{扎筋}=\frac{48}{6\times2}=4\ \mathrm{d}$$

浇筑基础混凝土和素混凝土墙基础,劳动量共为 160 工日,施工班组人数为 20 人,采用一班制,基础混凝土完成后需要养护 1 d,其流水节拍计算如下：

$$t_{混凝土}=\frac{160}{20\times2}=4\ \mathrm{d}$$

基础回填的劳动量为 64 工日,施工班组人数为 8 人,采用一班制,素混凝土墙基础完成后间歇 1 d 回填,其流水节拍计算如下：

$$t_{回填}=\frac{64}{8\times2}=4\ \mathrm{d}$$

工期计算：

$$T_{\mathrm{L}}=(m+n-1)t_i+\sum t_i-\sum t_{\mathrm{d}}=(2+4-1)\times4+2=22\ \mathrm{d}$$

2.4.2 主体工程

主体工程包括绑扎柱钢筋,安装支柱、梁、板、楼梯模板,浇捣柱混凝土,绑扎梁、板、楼梯钢筋,浇捣梁、板、楼梯混凝土,搭设脚手架,拆模板,砌墙等分项工程。

主体工程之间的关系：$m=2$,$n=6$,$m<n$,工作班组会出现窝工现象。但本工程只要求模板工程施工班组一定要连续施工,其余施工过程的施工班组与其他的工地统一考虑调度安排。

根据上述条件,主体工程施工过程数目较多,又有层间关系,故采用搭接施工与流水施工相结合的方式组织施工,绑扎柱钢筋的劳动量为 80 工日,施工班组为 10 人,施工段数 $m\times4$,采用一班制,其流水节拍计算如下：

$$t_{柱筋}=\frac{80}{10\times2\times4}=1\ \mathrm{d}$$

安装支柱、梁、板、楼梯模板的劳动量为 960 工作日,施工班组人数为 20 人,施工段数 $m\times4$,采用一班制,其流水节拍计算如下：

$$t_{安模}=\frac{960}{20\times2\times4}=6\ \mathrm{d}$$

浇捣柱混凝土的劳动量为 320 工日,施工班组人数为 20 人,施工段数 $m\times4$,采用两班制,其流水节拍计算如下：

$$t_{柱混凝土}=\frac{320}{20\times2\times4\times2}=1\ \mathrm{d}$$

绑扎梁、板、楼梯钢筋的劳动量为 320 工日,施工班组人数为 20 人,施工段数 $m\times4$,采用一班制,其流水节拍计算如下：

$$t_{梁、板、楼梯钢筋}=\frac{320}{20\times2\times4}=2\ \mathrm{d}$$

浇捣梁、板、楼梯混凝土的劳动量为720工日，施工班组人数为30人，施工段数$m\times4$，采用三班制，其流水节拍计算如下：

$$t_{梁、板、楼梯混凝土}=\frac{720}{30\times3\times4\times2}=1\ \mathrm{d}$$

实际中拆柱模可以比拆梁、板模板提前，但计划安排上可视为一个施工过程，即待梁、板混凝土浇捣12 d后拆模板。

拆除支柱、梁、板、楼梯模板的劳动量为160工日，施工班组人数为10人，施工段数$m\times4$，采用一班制，其流水节拍计算如下：

$$t_{拆模}=\frac{160}{10\times2\times4}=2\ \mathrm{d}$$

砌墙的劳动量为720工日，施工班组人数为30人，施工段数$m\times4$，采用一班制，其流水节拍计算如下：

$$t_{砌墙}=\frac{720}{30\times2\times4}=3\ \mathrm{d}$$

主体流水工期计算：

由于主体只有安装支柱、梁、板模板才采用连续施工，其余工序均采用搭接施工，故无法用式(2.8)计算本工程主体施工工期。须采用分析计算的方法：8段(每层分两段)梁、板模板的安装时间之和加上其他工序的流水节拍再加上养护时间的间歇时间，可求得主体阶段施工工期，即：

$$\begin{aligned}T_{\mathrm{L}}&=8t_{安模}+t_{柱筋}+t_{柱混凝土}+t_{梁、板、楼梯钢筋}+t_{梁、板、楼梯混凝土}+t_{养护}+t_{拆模}+2t_{砌墙}\\&=8\times6+1+1+2+1+12+2+2\times3=73\ \mathrm{d}\end{aligned}$$

(其中$2t_{砌墙}$中的数字“2”指的是最后一层工段墙连续砌筑。)

2.4.3 屋面工程

屋面工程包括屋面防水层和隔热层，考虑屋面防水要求高，所以不分段施工，即采用依次施工的方式。

屋面防水层劳动量为56工日，施工班组人数为8人，采用一班制，其施工延续时间为：

$$t_{防水层}=\frac{56}{8}=7\ \mathrm{d}$$

屋面隔热层劳动量为36工日，施工班组人数为18人，采用一班制，其施工延续时间为：

$$t_{隔热层}=\frac{36}{18}=2\ \mathrm{d}$$

2.4.4 装饰工程

装饰工程包括楼地面、楼梯地面、天棚、内墙面抹灰、乳胶漆涂料、外墙面砖、塑钢窗、胶合板门、油漆等。

由于装饰阶段施工过程多，组织固定节拍比较困难，若每一层视为一段，共为四段。由于各施工过程的劳动量不同，同时抹灰工需要量比较集中，所以采用连续式异节拍流水施工。

楼地面和楼梯地面抹灰合为一项，劳动量为480工日，施工班组人数为30人，一层为一段，$m=4$，采用一班制，其流水节拍计算如下：

$$t_{地面}=\frac{480}{30\times4}=4\ \text{d}$$

天棚和墙面抹灰合为一项，劳动量为 640 工日，施工班组人数为 40 人，一层为一段，$m=4$，采用一班制，其流水节拍计算如下：

$$t_{抹灰}=\frac{640}{40\times4}=4\ \text{d}$$

塑钢窗的劳动量为 80 工日，施工班组人数为 10 人，一层为一段，$m=4$，采用一班制，其流水节拍计算如下：

$$t_{窗}=\frac{80}{10\times4}=2\ \text{d}$$

胶合板门的劳动量为 48 工日，施工班组人数为 6 人，一层为一段，$m=4$，采用一班制，其流水节拍计算如下：

$$t_{门}=\frac{48}{6\times4}=2\ \text{d}$$

乳胶漆涂料的劳动量为 46 工日，施工班组人数为 6 人，一层为一段，$m=4$，采用一班制，其流水节拍计算如下：

$$t_{乳胶漆}=\frac{46}{6\times4}\approx2\ \text{d}$$

油漆的劳动量为 45 工日，施工班组人数为 6 人，一层为一段，$m=4$，采用一班制，其流水节拍计算如下：

$$t_{油漆}=\frac{45}{6\times4}\approx2\ \text{d}$$

外墙面砖自上而下不分层不分段施工，劳动量为 450 工日，施工班组人数为 30 人，一层为一段，$m=1$，采用一班制，其流水节拍计算如下：

$$t_{外墙面}=\frac{450}{30\times1}=15\ \text{d}$$

脚手架不分层不分段与主体平行施工。

装饰工程流水工期计算：

$$t_{地面}=t_{抹灰},t_j=3,t_d=0$$
$$K_{地面-抹灰}=t_{地面}+t_j-t_d=4+3-0=7$$
$$t_{抹灰}>t_{窗},t_j=1,t_d=0$$
$$K_{抹灰-窗}=4\times4-3\times2+1=11$$
$$t_{窗}=t_{门},t_j=0,t_d=0$$
$$K_{窗-门}=t_{窗}+t_j-t_d=2+0-0=2$$
$$t_{门}=t_{乳胶漆},\ t_j=0,t_d=0$$
$$K_{门-乳胶漆}=t_{门}+t_j-t_d=2+0-0=2$$
$$t_{乳胶漆}=t_{油漆},t_j=0,t_d=0$$
$$K_{乳胶漆-油漆}=t_{乳胶漆}+t_j-t_d=2+0-0=2$$
$$T_L=7+11+2+2+2+2\times4=32\ \text{d}$$

根据上述计算的流水节拍、流水步距及流水工期绘出施工进度计划(横道图)，见图 2.17。

序号	分项名称	劳动量(工日)	人数	班制	天数
	基础工程				
1	基槽挖土(含垫层)	216	27	1	8
2	绑扎基础钢筋	48	6	1	8
3	基础混凝土(含墙基)	160	20	1	8
4	回填土	64	8	1	8
	主体工程				
5	脚手架	113			
6	柱筋	80	10	1	8
7	支柱、梁、板模板(含梯)	960	20	1	48
8	柱混凝土	320	20	2	8
9	梁、板筋(含梯)	320	20	1	16
10	梁、板混凝土(含梯)	720	30	3	8
11	拆模	160	10	1	16
12	砌墙(含门窗框)	720	30	1	24
	屋面工程				
13	屋面防水层	56	8	1	7
14	屋面隔热层	36	18	1	2
	装饰工程				
15	楼地面及楼梯地面抹灰	480	30	1	16
16	天棚、内墙面普通抹灰	640	40	1	16
17	塑钢窗	80	10	1	8
18	胶合板门	48	6	1	8
19	天棚、内墙面乳胶漆涂料	46	6	1	8
20	油漆	45	6	1	8
21	外墙面砖	450	30	1	15
22	设备安装工程				
23	室外工程				

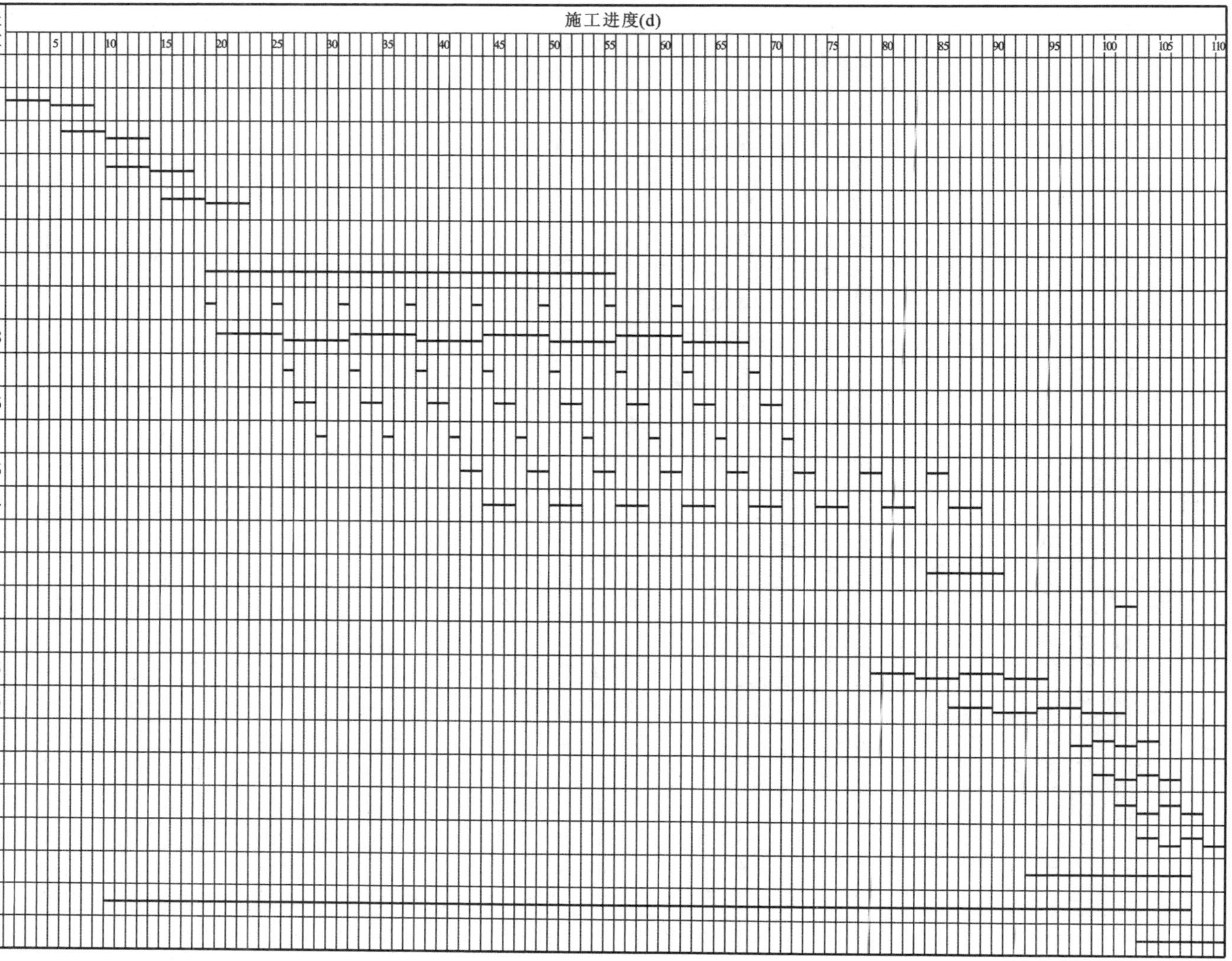

图 2.17 施工进度计划(横道图)

复习思考题

2.1 举例说明什么是依次施工、平行施工和流水施工?

2.2 流水施工的技术经济效果有哪些?

2.3 组织流水施工的主要条件是什么?

2.4 流水施工参数有哪些?

2.5 试简述时间参数的概念。

2.6 试述划分施工段的目的和原则。

2.7 组织流水施工的基本方式有哪些?各有什么特点?

2.8 某分部工程由A、B、C、D四个施工过程组成,它在平面上划分为四个施工段,流水节拍均为4 d,施工过程A完成后,需2 d技术间歇时间B才能开始。试组织流水施工,计算流水步距和流水工期并绘出其流水施工横道图。

2.9 某分部工程划分为A、B、C、D四个施工过程,$m=6$,它们的流水节拍分别为$t_A=2$ d、$t_B=6$ d、$t_C=4$ d、$t_D=2$ d,试组织流水施工,计算流水步距和流水工期并绘出其流水施工横道图。

2.10 某基础工程,已知由挖基槽、做垫层、扎基础筋和回填土等四个分项工程组成,在扎基础筋和回填土工程之间,必须留有2 d时间进行验槽,它在平面上划分为四个施工段,各施工过程在各施工段上的流水节拍如表2.5所示。试组织流水施工,计算流水步距和流水工期并绘出其流水施工横道图。

表2.5 流水节拍(d)(一)

施工过程	施工段			
	①	②	③	④
挖基槽	3	3	3	3
做垫层	2	2	2	2
扎基础筋	4	4	4	4
回填土	3	3	3	3

2.11 某工程由A、B、C、D四个施工过程组成,现划分为六个施工段,其流水节拍如表2.6所示,要求施工过程B与C之间有技术间歇3 d。试编制流水施工方案,计算流水步距和流水工期并绘出其流水施工横道图。

表2.6 流水节拍(d)(二)

施工段	施工过程			
	A	B	C	D
①	2	3	2	4
②	3	2	3	2
③	4	2	2	4
④	2	3	1	2
⑤	3	2	2	3
⑥	2	1	2	1

3 网络计划

3.1 网络计划的基本概念

网络计划是通过网络图的绘制和时间参数的计算找出关键线路后，再根据工程项目的工期、费用、资源的要求，对网络计划进行优化，从而实现管理者对工程项目的进度控制。

3.1.1 网络计划

网络计划就是在网络图上加注各项工作的时间参数而形成的工作进度计划。网络图由箭线和节点组成，是用来表示工作流程的有向网状图形，其主要表示方式有：双代号网络图、单代号网络图。

3.1.2 网络计划的原理

网络计划的基本原理，就是在拟定技术方案、按需要划分工作项目、确定工作之间的逻辑关系和估计各工作的持续时间的基础上进行编制。首先，把一项工程的全部建造过程分解成若干项工作，并按各项工作开展顺序和相互制约关系绘制成网络图。再通过网络图各项时间参数计算，找出关键工作和关键线路。再利用最优化原理不断改进网络计划初始方案，并寻求其最优方案。最后，在网络计划执行过程中，对其进行有效的监督和控制，以最少的资源消耗获得最大的经济效益。

3.1.3 网络计划的特点

(1) 网络计划能够明确反映各项工作之间的逻辑关系。

(2) 通过计算网络计划的时间参数，可以明确各项工作的最早可能开始、最早可能结束、最迟必须开始、最迟必须结束的机动时间。

(3) 通过计算网络计划的时间参数，可以找出关键线路和关键工作。

(4) 网络计划可以利用电子计算机对方案进行优化，是控制工期的有效工具。

(5) 网络计划也有其不足之处，比如不像横道图那么直观明了。

3.2 双代号网络图

3.2.1 双代号网络图的构成

双代号网络图是由工作、节点和线路三个基本要素组成的，如图 3.1 所示。

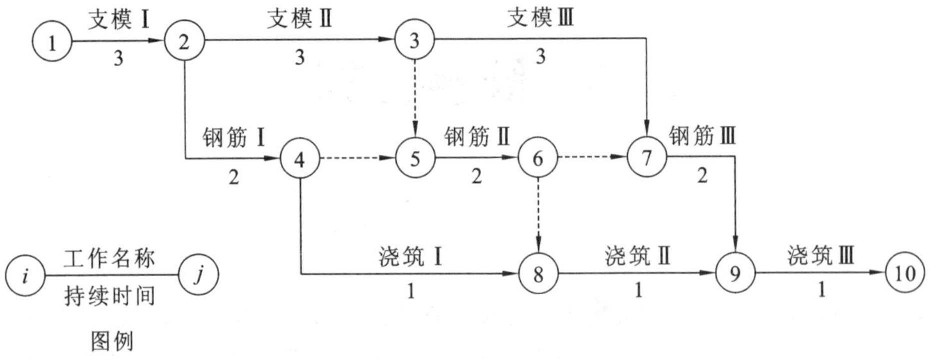

图 3.1　某现浇工程双代号网络图

3.2.1.1　工作

(1) 概念

工作是指能够独立存在的实施性活动。

(2) 分类

根据完成过程中需要消耗的时间和资源的不同可分为三类：

① 需要消耗时间和资源的工作，如建造类、运输类、制备类施工过程。

② 需要消耗时间但不消耗资源的工作，如油漆的干燥。

③ 既不消耗时间又不消耗资源的工作，它是用来表达相邻前后工作之间的逻辑关系而虚设的工作，称为“虚工作”。

根据工作之间逻辑关系的不同可分为五类：

① 紧前工作：紧排在本工作之前的工作。

② 紧后工作：紧排在本工作之后的工作。

③ 平行工作：与本工作同时进行的工作。

④ 先行工作：自起点节点至本工作之前在同一条线路上的所有工作。

⑤ 后续工作：自本工作后至终止节点在同一条线路上的所有工作。

(3) 表示方法(图 3.2)

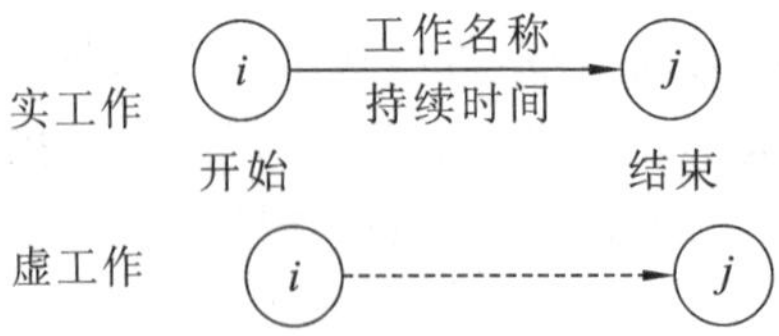

图 3.2　双代号网络图工作表示方法

3.2.1.2　节点(事件)

(1) 概念

节点是指网络图中箭线两端带有编号的圆圈。节点表示工作开始或结束的时刻，它既不消耗时间，也不消耗资源。

（2）分类

① 起始节点：第一个节点称为起始节点，也称起点节点，表示一项任务的开始。

② 终止节点：最后一个节点称为终止节点，也称终点节点，表示一项任务的完成。

③ 中间节点：表示前一个工作的结束和后一个工作的开始的节点。

（3）节点编号方法

沿水平方向或沿垂直方向编号；按自然数连续编号从小到大，从左向右依次进行，并保证：箭头节点编号大于箭尾节点编号，且不能出现重复编号。

3.2.1.3 线路

（1）概念

线路是指从网络图起始节点出发，顺着箭线方向到达网络图终止节点，中间经由一系列节点和箭线所组成的通路。完成某条线路所需的总持续时间，称为该条线路的线路时间。

（2）分类

① 关键线路：是指网络图中线路所用时间最长的线路，其线路时间代表整个网络图的计算总工期。为区别于非关键线路，网络图上的关键线路可用加粗箭线或双箭线标注。

② 非关键线路：在网络图中，除了关键线路之外，其余线路都是非关键线路。

（3）性质

① 关键线路的性质：

a. 关键线路的时间就是整个网络计划的总工期；

b. 关键路线的工作称为关键工作，总时差为零；

c. 在同一网络计划中关键线路至少有一条；

d. 管理者采取技术组织措施缩短某些关键工作的持续时间有可能转化为非关键线路。

② 非关键线路的性质：

a. 线路时间仅代表该条线路的计划工期；

b. 非关键线路上可能存在关键工作；

c. 非关键工作均有机动时间可利用；

d. 如果管理者工作疏忽，拖延了某些非关键工作的持续时间，非关键线路可能转化为关键线路。

3.2.2 双代号网络图的绘制方法

3.2.2.1 绘图原则

（1）必须正确地表达各项工作之间的网络逻辑关系，如表 3.1 所示。

表 3.1 工作之间逻辑关系的表示方法

序号	逻辑关系	双代号表示方法
1	A 完成后进行 B B 完成后进行 C	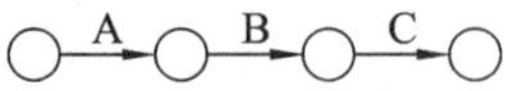
2	A 完成后同时进行 B 和 C	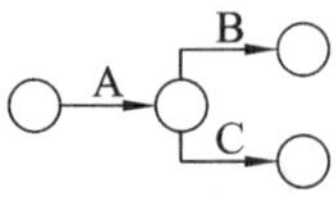
3	A 和 B 都完成后进行 C	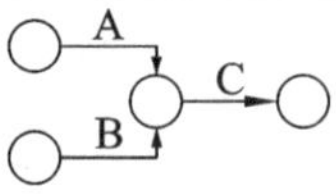
4	A 和 B 都完成后同时进行 C 和 D	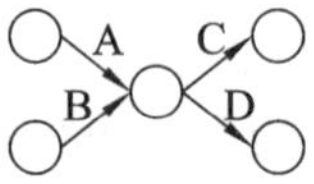
5	A 完成后进行 C A 和 B 都完成后进行 D	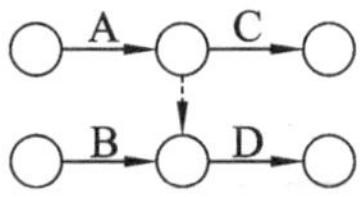
6	A、B 均完成后进行 D A、B、C 均完成后进行 E D、E 均完成后进行 F	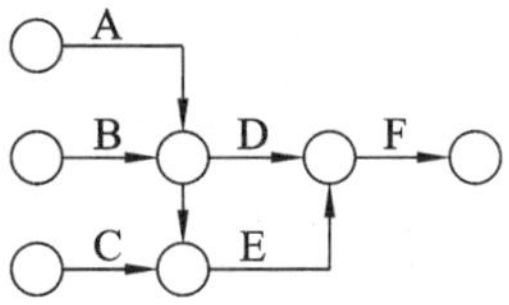
7	A、B 均完成后进行 C B、D 均完成后进行 E	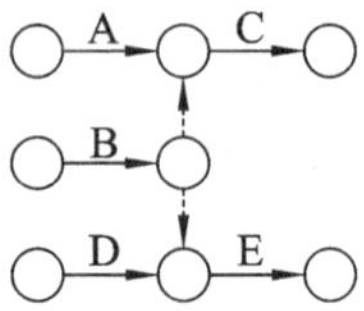
8	A、B 两项先后进行的工作分三段进行 A_1 完成后进行 A_2、B_1 A_2、B_1 完成后进行 B_2 A_2 完成后进行 A_3 A_3、B_2 完成后进行 B_3	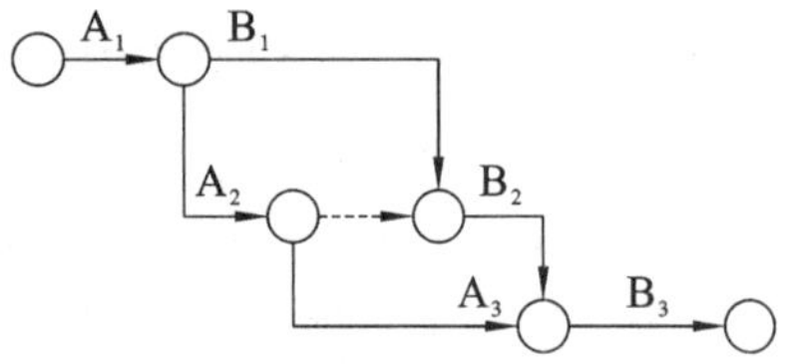

(2) 不允许出现编号相同的不同工作，且箭头的节点编号要大于箭尾节点的编号，如图 3.3 所示。

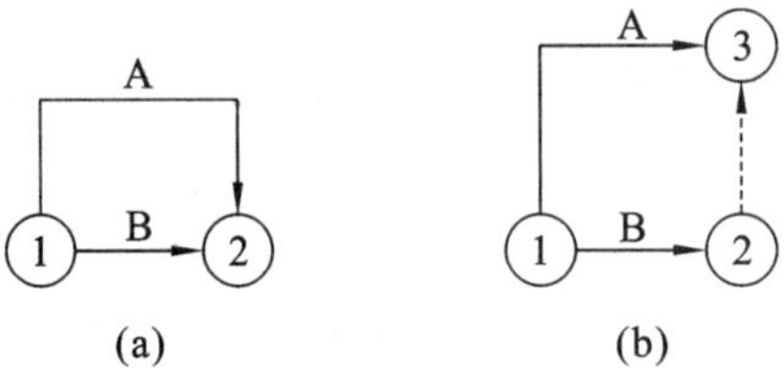

(a)　　(b)

图 3.3 重复编号示意图

(a)错误；(b)正确

(3) 同一网络图中只允许出现一个起始节点和一个终止节点，如图 3.4 所示。

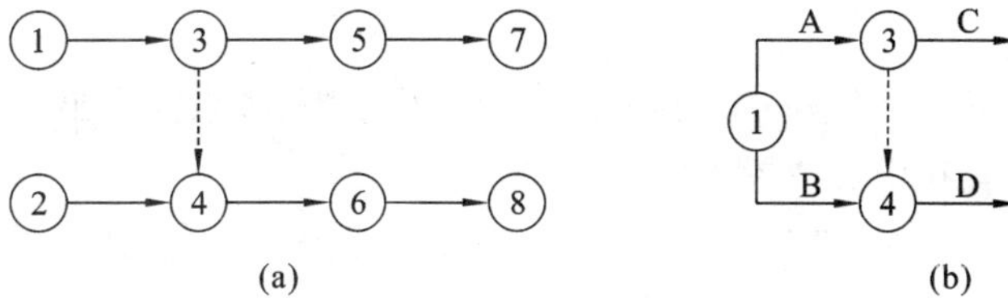

图 3.4 多个起始、终止节点示意图

(a)错误；(b)正确

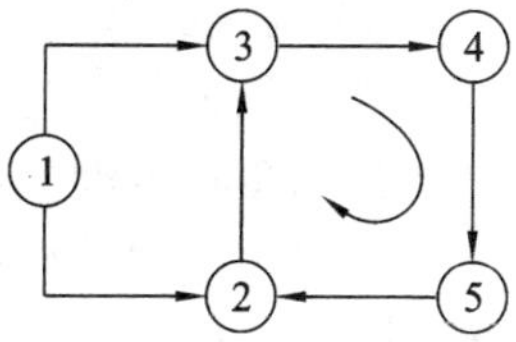

图 3.5 循环回路示意图

(4) 严禁出现循环回路，如图 3.5 所示。

(5) 严禁出现没有箭尾节点的箭线和没有箭头节点的箭线，如图 3.6 所示。

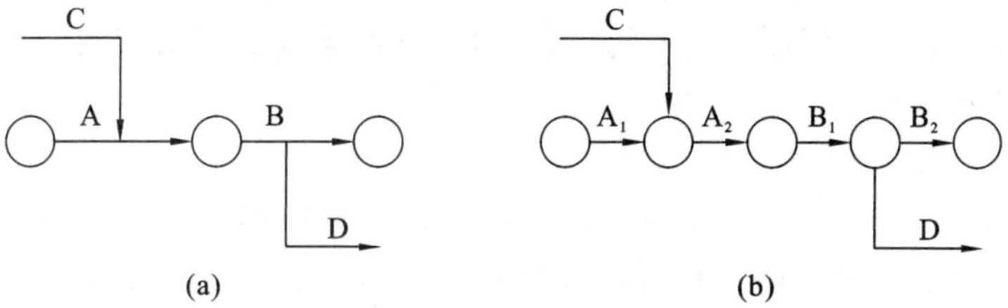

图 3.6 箭线引出示意图

(a)错误；(b)错误

(6) 严禁出现双向箭头或无箭头的“连线”，如图 3.7 所示。

图 3.7 箭头示意图

(a)错误；(b)错误

(7) 宜避免箭线交叉。当交叉不可避免时，可采用过桥、断线、指向图几种表示方法，如图 3.8 所示。

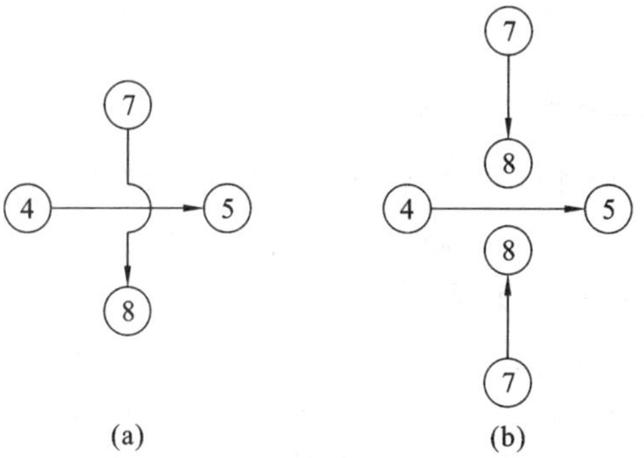

图 3.8 箭线交叉法

(a)过桥法；(b)指向图法

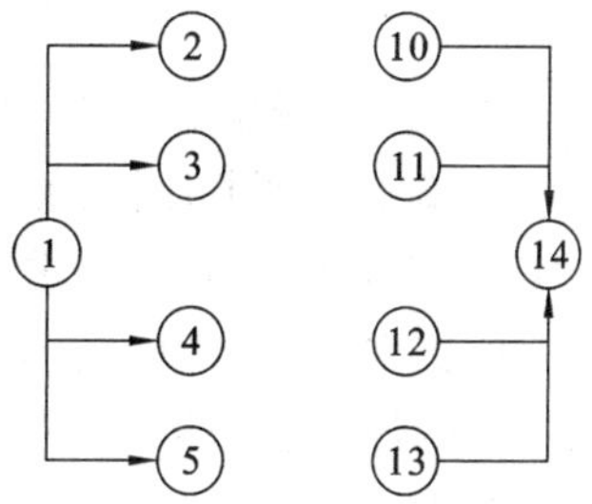

图 3.9 母线法

(8) 当网络图的起始节点有多条外向箭线或终止节点有多条内向箭线时，宜采用母线法，如图 3.9 所示。

3.2.2.2 网络图绘制的基本方法

(1) 基本要求

① 在保证网络逻辑关系正确的前提下，网络图布局要合理、层次要清晰、节点要突出；

② 尽量把关键工作和关键线路布置在中心位置；

③ 尽可能把密切相邻的工作安排在一起，以减少箭线交叉，如无法避免箭线交叉时，可采用暗桥法表示；

④ 尽量减少斜箭线而采用水平箭线或折线箭线；

⑤ 虚工作会使网络图变得复杂，因此虚工作可尽量不用。

(2) 正确使用母线法

当网络图的起始节点有多条外向箭线或终止节点有多条内向箭线时，为使图形简洁，可使用母线法绘图，使多条箭线经一条共用的母线从起始节点引出或使多条箭线经一条共用的母线引入终止节点。

(3) 正确使用断路法

绘制网络图时必须符合施工顺序、施工要求和网络图的逻辑关系。一般来说，对施工顺序和施工组织上必须衔接的工作，绘图时不易产生错误，但是对于不发生逻辑关系的工作，绘图时就容易产生错误。遇到这种情况时可采用增加节点和箭线的方式加以处理。用虚箭线在线路上隔断无逻辑关系的各项工作，这种方法称为“断路法”，断路法的应用是双代号网络计划技术的关键所在，必须熟练掌握。

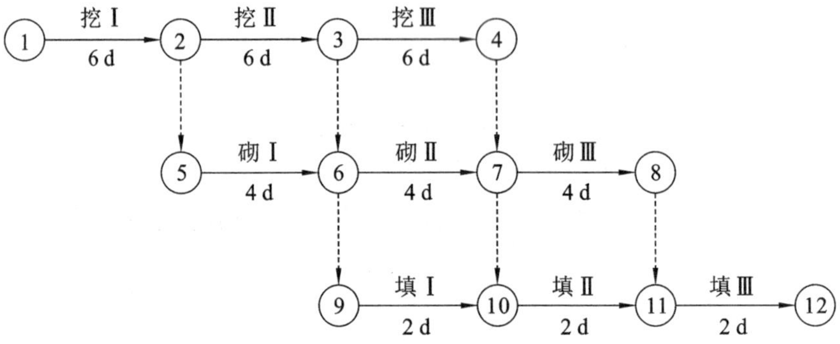

图 3.10　某工程双代号网络图

如图 3.10 所示，从施工工艺和流水施工原理分析，挖基槽→砌基础→回填土符合施工顺序和工作面施工的要求；同工种的专业工作队在第一施工段完成后转入第二施工段再转入第三施工段，符合劳动力的要求。但在网络逻辑关系上有不妥之处：回填土Ⅰ与挖土Ⅱ没有逻辑上的关系；同样，回填土Ⅱ与挖土Ⅲ没有逻辑上的关系，但在图中却相连在一起，这是网络图中的原则性的错误。产生错误的原因是把前后具有不同工作性质、不同关系的工作用一个节点连起来，这是在流水施工图中最容易发生的错误，这时就可以用断路法纠正这些错误。具体操作如下：

① 在有逻辑关系的线路上，把该节点的紧前工作切断，并增加一个新节点，如图 3.11 所示，把 2—5 切断后增加一个新节点 4。

② 把新节点与原节点用虚箭线连接起来，虚箭线的方向与原箭线的方向相同，如图3.11所示的虚箭线4—5。

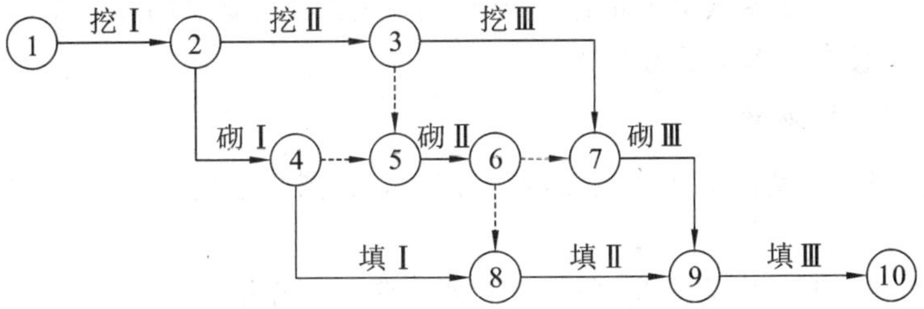

图3.11　"断路法"示意图

③ 把与切断工作有逻辑关系的紧后工作同新增加的节点相连，并把它们之间的位置适当调整，使图形比较整齐，如图3.11所示的工作4—8。

(4) 网络图的排列方法

网络图的排列方法有按工种、按施工段、按施工层排列三种，如图3.12～图3.14所示。

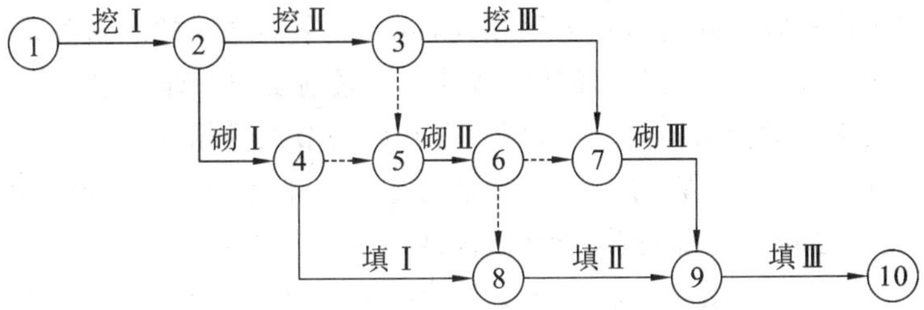

图3.12　按工种排列示意图

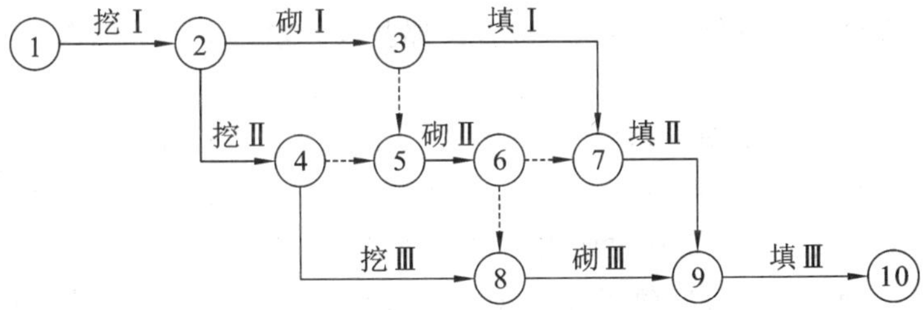

图3.13　按施工段排列示意图

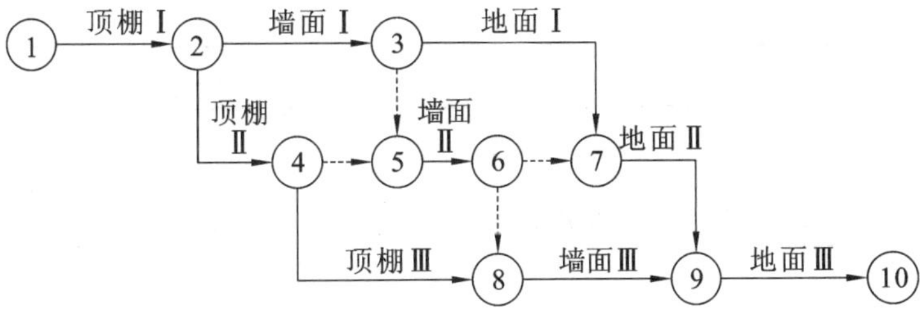

图3.14　按施工层排列示意图

(5) 网络图的分解

当网络图的工作数目很多时,可将其分解为几块来绘制;各块之间的分界点要设在箭线和事件最少的部位,分界点事件的编号要相同,并且画成双层圆圈。单位工程施工网络图的分界点,通常设在分部工程分界处。

3.2.2.3　绘制思路

(1) 首先绘制没有紧前工作的工作,使它们具有相同的起始节点,以保证网络图只有一个起始节点(用母线法)。

(2) 依次绘制其他工作的箭线,条件是其所有紧前工作箭线都已经绘制完成。

绘制原则:

① 当本工作只有一项紧前工作时,则将该工作箭线直接画在其紧前工作箭线之后即可。

② 当本工作有多项紧前工作时,应按下列四种情况考虑:

a. 对本工作而言,如果在紧前工作栏中,其某一项紧前工作只在紧前工作栏出现一次,则应该将本工作箭线直接画在该紧前工作的箭线之后,然后用虚箭线将其他紧前工作箭线的箭头节点与本工作箭线的箭尾节点分别相连,以表达它们之间的逻辑关系。

b. 对本工作而言,如果在紧前工作栏中,其多项紧前工作只作为本工作的紧前工作,则应该先将这些紧前工作的箭头节点合并,再从合并后的节点开始,画出本工作箭线。

c. 对本工作而言,如果其紧前工作同时是其他工作的紧前工作,应先用虚箭线将其紧前相连,以表达它们之间的逻辑关系,再从虚箭线的箭头节点开始画出本工作箭线。

d. 对本工作而言,如果既不存在情况 a 和情况 b,也不存在情况 c 时,则应将本工作箭线单独画在其紧前工作箭线之后的中部,然后用虚箭线将其各紧前工作箭线的箭头节点与本工作箭线的箭尾节点分别相连,以表达它们之间的逻辑关系。

(3) 当各项工作箭线都绘制出来后,应合并那些没有紧后工作的工作箭线箭头,以保证网络图只有一个终止节点。

(4) 当确认绘制的网络图正确后,就开始进行节点编号。网络图的节点编号在满足前述要求的前提下,既可采用连续的编号方法,也可采用不连续的编号方法,如 1,3,5,…或 5,10,15,…等,以避免以后增加工作时而改动整个网络图的节点编号。

【例 3.1】 已知各工作之间的逻辑关系如表 3.2 所示,试画出其双代号网络图。

表 3.2

工作	A	B	C	D
紧前工作	—	—	A、B	B

【解】

(1) A、B 无紧前工作,故 A、B 的开始节点就是整个网络图的起始节点,如图 3.15(a)所示。

(2) C 有 A、B 两项紧前工作,D 只有 B 一项紧前工作,故紧前工作 A 只出现过一次,根据上述原则②中的情况 b,将 C 工作的箭线画在 A 工作的箭线之后,如图 3.15(b)所示。

(3) D只有B一项紧前工作,根据上述原则①将D工作的箭线画在B之后,如图3.15(c)所示。

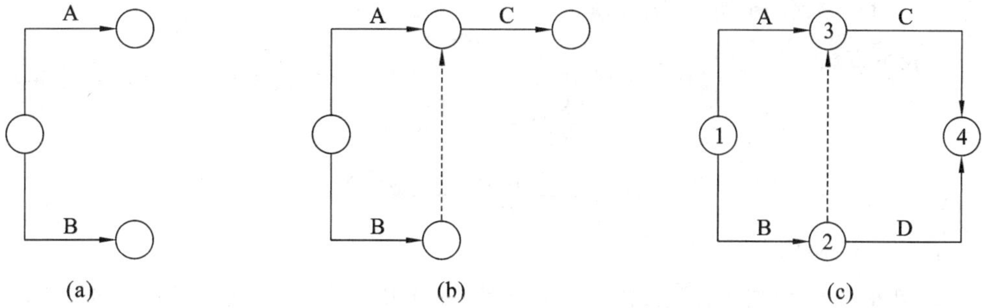

图3.15　例3.1绘图过程

【例3.2】 已知各工作之间的逻辑关系如表3.3所示,试画出其双代号网络图。

表3.3

工作	A	B	C	D	E	F
紧前工作	—	—	—	A、B	A、B、C	D、E

【解】

(1) A、B、C没有紧前工作,故A、B、C的起始节点就是整个网络图的起始节点,如图3.16(a)所示;

(2) D工作符合原则②的情况c,故将A、B工作的箭头节点合并后,再将D工作画在合并节点之后即可,如图3.16(b)所示;

(3) E工作符合原则②的情况a,故将E工作画在C工作箭头节点之后,如图3.16(c)所示;

(4) F工作符合原则②的情况b,故将D、E箭头节点合并,再将F画在合并节点之后,如图3.16(d)。

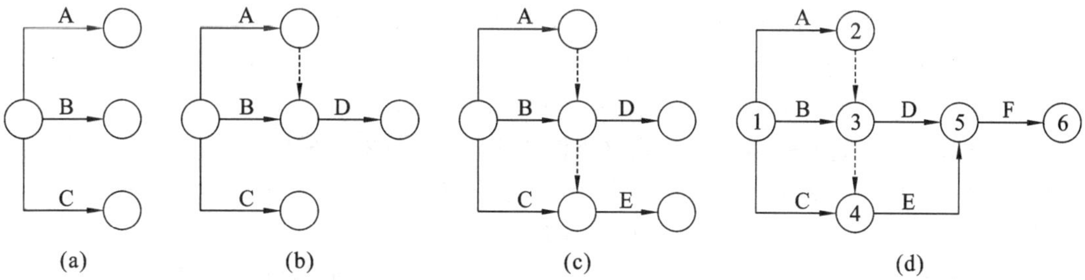

图3.16　例3.2绘图过程

3.2.3　双代号网络图的时间参数的计算

网络计算的目的在于确定各项工作的时间参数,从而确定关键线路和关键工作,为网络计划的执行、调整和优化提供必要的时间概念。

网络计算有图上计算法、分析计算法、表上计算法、矩阵计算法和电算法。本章主要讲述图上计算法，图上计算法既可用工作时间参数计算，又可用节点时间参数计算。

3.2.3.1 工作时间参数计算

(1) 表示方法

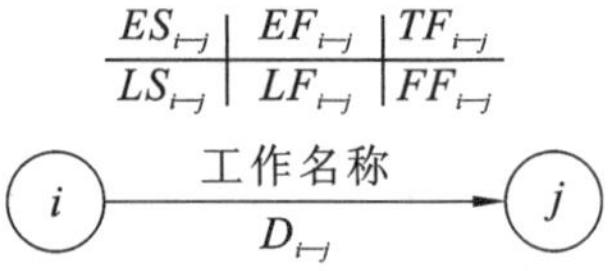

(2) 时间参数计算

① 工作最早开始时间 ES_{i-j}：在紧前工作和有关时限约束下，工作可能开始的最早时刻。

a. 与起始节点相连的工作，则有：

$$ES_{i-j}=0$$

b. 以 $h—i$ 为紧前工作的工作，有：

$$ES_{i-j}=\max\{EF_{h-i}\}=\max\{ES_{h-i}+D_{h-i}\}$$

式中　D_{h-i}——工作 $h—i$ 完成任务所需要的时间。

② 工作最早完成时间 EF_{i-j}：就是最早开始时间 ES_{i-j} 与本工作持续时间 D_{i-j} 之和，即：

$$EF_{i-j}=ES_{i-j}+D_{i-j}$$

③ 计算工期 T_c

$$T_c=\max\{EF_{i-n}\}$$

④ 最迟完成时间 LF_{i-j}：在不影响整个任务按期完成和有关时限的条件下，本工作最迟必须完成的时间。

a. 与终止节点相连的工作

当没有规定要求工期时，有：

$$LF_{i-j}=T_c$$

当有规定的要求工期时，有：

$$LF_{i-j}=T_r$$

式中　T_r——要求工期，主管部门或合同条款所要求的工期；

　　T_c——计算工期，由时间参数确定的工期。

b. 以 $j—k$ 为紧后工作的工作，其中

$$LF_{i-j}=\min\{LF_{j-k}-D_{j-k}\}=\min\{LS_{j-k}\}$$

⑤ 最迟开始时间 LS_{i-j}：在不影响整个任务按期完成和有关时限的条件下，本工作最迟必须开始的时间，就是最迟完成时间 LF_{i-j} 与本工作持续时间 D_{i-j} 之差，即：

$$LS_{i-j}=LF_{i-j}-D_{i-j}$$

⑥ 总时差 TF_{i-j}：在不影响总工期的前提下，工作所具有的机动时间，即：

$$TF_{i-j}=LF_{i-j}-EF_{i-j}=LS_{i-j}-ES_{i-j}$$

⑦ 自由时差 FF_{i-j}：在不影响其紧后工作 $j—k$ 最早开始时间的前提下，工作所具有的机动时间。

a. 与终止节点相连的工作，有：

$$FF_{i-j}=TF_{i-j}=T_p-EF_{i-j}$$

式中 T_p——根据计算工期 T_c 和要求工期 T_r 确定的工期。

b. 其他工作，有：

$$FF_{i-j}=\min\{ES_{j-k}\}-EF_{i-j}$$

【例 3.3】 计算图 3.17 所示网络图的时间参数。

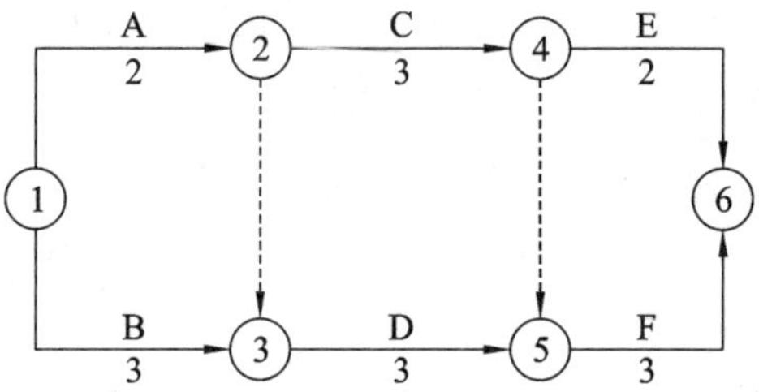

图 3.17 双代号网络图

【解】

(1) 计算各工作的最早开始时间和最早完成时间

$ES_{1-2}=0 \quad EF_{1-2}=ES_{1-2}+D_{1-2}=2$

$ES_{1-3}=0 \quad EF_{1-3}=ES_{1-3}+D_{1-3}=3$

$ES_{2-3}=EF_{1-2}=2 \quad EF_{2-3}=ES_{2-3}+D_{2-3}=2$

$ES_{2-4}=EF_{1-2}=2 \quad EF_{2-4}=ES_{2-4}+D_{2-4}=5$

$ES_{3-5}=\max\{EF_{1-3},EF_{2-3}\}=3 \quad EF_{3-5}=ES_{3-5}+D_{3-5}=6$

$ES_{4-5}=EF_{2-4}=5 \quad EF_{4-5}=ES_{4-5}+D_{4-5}=5$

$ES_{4-6}=EF_{2-4}=5 \quad EF_{4-6}=ES_{4-6}+D_{4-6}=7$

$ES_{5-6}=\max\{EF_{3-5},EF_{4-5}\}=6 \quad EF_{5-6}=ES_{5-6}+D_{5-6}=9$

计算结果如图 3.18 所示。

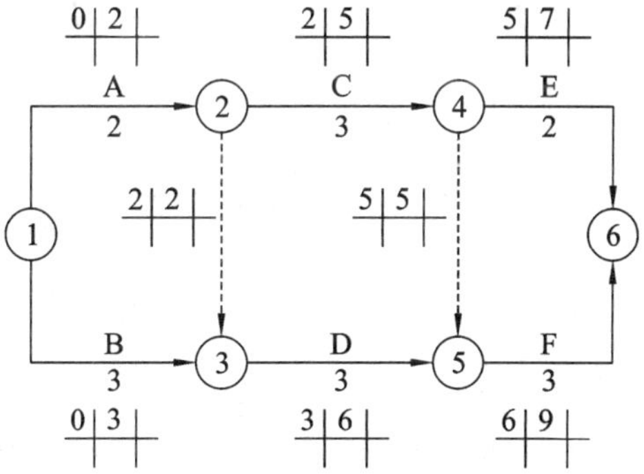

图 3.18 最早开始时间和最早完成时间示意图

(2) 确定计算工期

$$T_c=\max\{EF_{4-6},EF_{5-6}\}=9$$

(3) 计算各工作的最迟完成时间和最迟开始时间

因为无规定的要求工期，所以与终止节点相连的工作的最迟完成时间等于计算工期。

$LF_{5-6}=T_c=9 \qquad LS_{5-6}=LF_{5-6}-D_{5-6}=6$

$LF_{4-6}=T_c=9 \qquad LS_{4-6}=LF_{4-6}-D_{4-6}=7$

$LF_{4-5}=LS_{5-6}=6 \qquad LS_{4-5}=LF_{4-5}-D_{4-5}=6$

$LF_{3-5}=LS_{5-6}=6 \qquad LS_{3-5}=LF_{3-5}-D_{3-5}=3$

$LF_{2-4}=\min\{LS_{4-5},LS_{4-6}\}=6 \qquad LS_{2-4}=LF_{2-4}-D_{2-4}=3$

$LF_{2-3}=LS_{3-5}=3 \qquad LS_{2-3}=LF_{2-3}-D_{2-3}=3$

$LF_{1-3}=LS_{3-5}=3 \qquad LS_{1-3}=LF_{1-3}-D_{1-3}=0$

$LF_{1-2}=\min\{LS_{2-3},LS_{2-4}\}=3 \qquad LS_{1-2}=LF_{1-2}-D_{1-2}=1$

计算结果如图 3.19 所示。

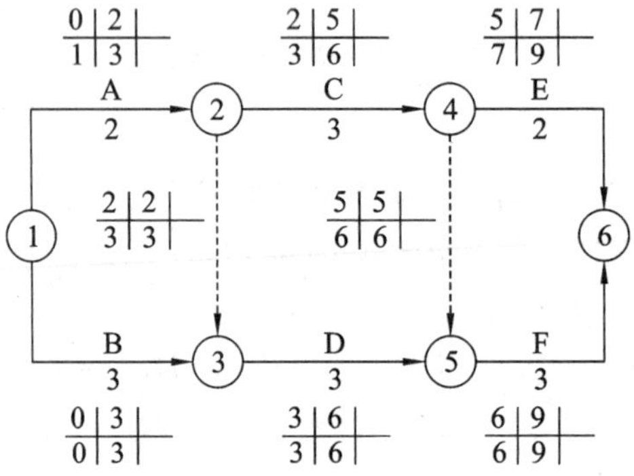

图 3.19 最迟完成时间、最迟开始时间示意图

(4) 计算总时差

$TF_{1-2}=LF_{1-2}-EF_{1-2}=1 \qquad TF_{1-3}=LF_{1-3}-EF_{1-3}=0$

$TF_{2-3}=LF_{2-3}-EF_{2-3}=1 \qquad TF_{2-4}=LF_{2-4}-EF_{2-4}=1$

$TF_{3-5}=LF_{3-5}-EF_{3-5}=0 \qquad TF_{4-5}=LF_{4-5}-EF_{4-5}=1$

$TF_{4-6}=LF_{4-6}-EF_{4-6}=2 \qquad TF_{5-6}=LF_{5-6}-EF_{5-6}=0$

(5) 计算自由时差

因为与终止节点相连的工作，其 $FF_{i-j}=TF_{i-j}$。

所以

$FF_{5-6}=TF_{5-6}=0 \qquad FF_{4-6}=TF_{4-6}=2$

$FF_{4-5}=ES_{5-6}-EF_{4-5}=1 \qquad FF_{3-5}=ES_{5-6}-EF_{3-5}=0$

$FF_{2-4}=\min\{ES_{4-5},ES_{4-6}\}-EF_{4-5}=0 \qquad FF_{2-3}=ES_{3-5}-EF_{2-3}=1$

$FF_{1-2}=\min\{ES_{2-3},ES_{2-4}\}-EF_{1-2}=0 \qquad FF_{1-3}=ES_{3-5}-EF_{1-3}=0$

如图 3.20 所示。

(6) 确定关键线路和关键工作

总时差最小的工作是关键工作，当没有规定要求工期时，总时差为 0 的工作是关键工作。本例中工作 1—3，工作 3—5，工作 5—6 是关键工作，故它们连成的线路是关键线路，即①→③→⑤→⑥。

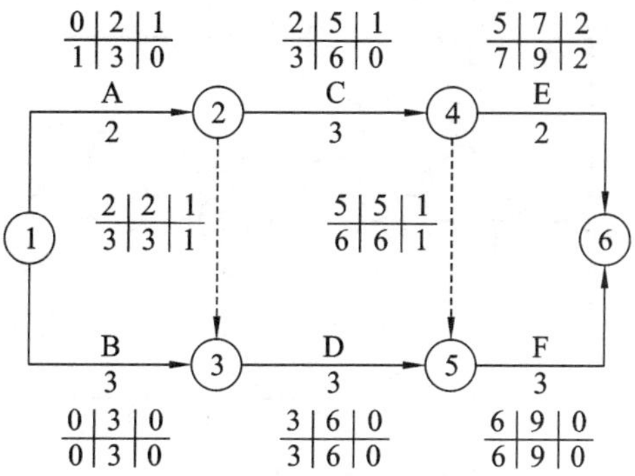

图 3.20 网络时间参数计算图

3.2.3.2 节点时间参数计算法

(1) 表示方法

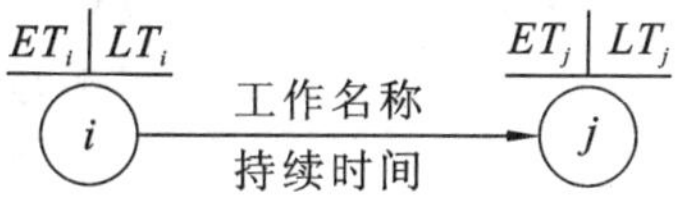

(2) 时间参数计算

① 节点最早时间 ET_i:以 i 节点为起始节点的各项工作的最早开始时间。

a. 起始节点没规定时,其最早时间 $ET_i=0$;

b. 其他节点,其最早时间 $ET_j=\max\{ET_i+D_{i-j}\}$。

② 计算工期 T_c

$$T_c=ET_n$$

式中 T_c——根据节点时间参数计算得来的工期。

③ 节点最迟时间 LT_i:以该节点为完成节点的各项工作的最迟完成时间。

a. 终止节点没有规定的工期时,其 $LT_n=T_c$;有规定时 $LT_n=T_r$;

b. 其他节点,$LT_i=\min\{LT_j-D_{i-j}\}$。

④ 工作 $i—j$ 的时间参数计算

最早开始时间:$ES_{i-j}=ET_i$

最早完成时间:$EF_{i-j}=ET_i+D_{i-j}$

最迟完成时间:$LF_{i-j}=LT_j$

最迟开始时间:$LS_{i-j}=LT_j-D_{i-j}$

总时差:$TF_{i-j}=LT_j-ET_i-D_{i-j}$

自由时差:$FF_{i-j}=ET_j-ET_i-D_{i-j}$

【例 3.4】 计算图 3.21 所示网络图的节点参数。

【解】

(1) 计算节点最早时间

$$ET_1=0$$

$$ET_2=ET_1+D_{1-2}=0+6=6$$

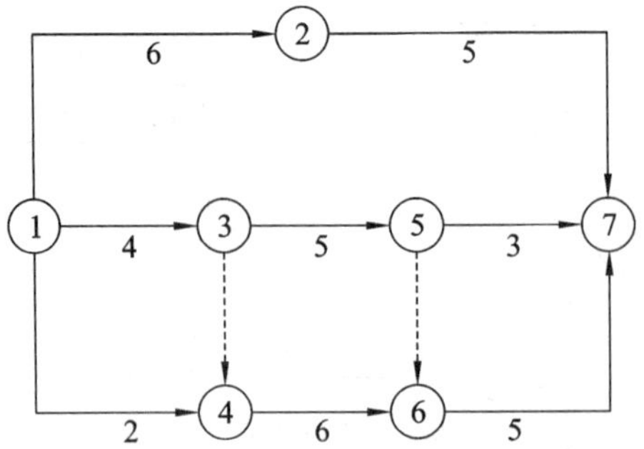

图 3.21　某双代号网络图

$ET_3 = ET_1 + D_{1-3} = 0 + 4 = 4$

$ET_4 = \max\{(ET_1 + D_{1-4}), (ET_3 + D_{3-4})\} = \max\{2, 4\} = 4$

$ET_5 = ET_3 + D_{3-5} = 4 + 5 = 9$

$ET_6 = \max\{(ET_4 + D_{4-6}), (ET_5 + D_{5-6})\} = \max\{10, 9\} = 10$

$ET_7 = \max\{(ET_2 + D_{2-7}), (ET_5 + D_{5-7}), (ET_6 + D_{6-7})\} = \max\{11, 12, 15\} = 15$

计算结果如图 3.22 所示。

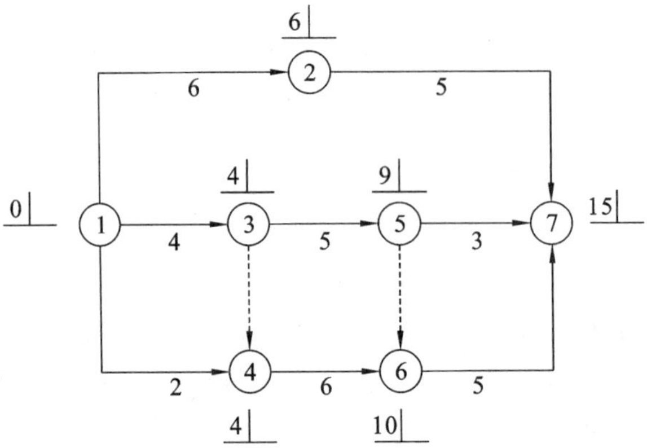

图 3.22　节点时间参数计算示意图(一)

(2) 计算工期

$$T_c = ET_7 = 15$$

(3) 计算节点最迟时间

$LT_7 = T_c = 15$

$LT_6 = LT_7 - D_{6-7} = 15 - 5 = 10$

$LT_5 = \min\{(LT_7 - D_{5-7}), (LT_6 - D_{5-6})\} = \min\{12, 10\} = 10$

$LT_4 = LT_6 - D_{4-6} = 10 - 6 = 4$

$LT_3 = \min\{(LT_5 - D_{3-5}), (LT_4 - D_{3-4})\} = \min\{5, 4\} = 4$

$LT_2 = LT_7 - D_{2-7} = 15 - 5 = 10$

$LT_1 = \min\{(LT_2 - D_{1-2}), (LT_3 - D_{1-3}), (LT_4 - D_{1-4})\} = \min\{4, 0, 2\} = 0$

计算结果如图 3.23 所示。

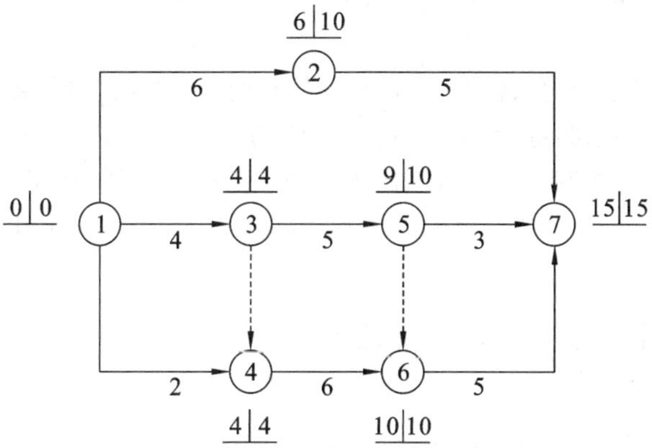

图 3.23 节点时间参数计算示意图(二)

(4) 确定关键节点和关键线路

关键节点有①、③、④、⑥、⑦,其最早时间和最迟时间相等,但两端是关键节点的工作不一定是关键工作,例如图 3.23 的工作 1—4,只有在还满足 $ET_j - LT_i = D_{i-j}$ 时,才是关键工作。本例关键工作有①—③,③—④,④—⑥,⑥—⑦,即关键线路是①→③→④→⑥→⑦。

3.3 双代号时标网络计划

时标网络计划是网络计划的另一种表示形式,时标网络计划是以水平时间坐标为尺度表示工作时间的网络计划。在实践中,由于使用双代号法编制时标网络计划为多数,因此《工程网络计划技术规程》(JGJ/T 121—2015)中只对双代号时标网络计划做出了规定,不提倡使用单代号时标网络计划。本节只对双代号时标网络计划进行介绍。

3.3.1 双代号时标网络计划的概念与特点

(1) 概念

双代号时标网络计划(时标网络计划)是以时间坐标为尺度编制的网络计划,时标网络计划中应以实箭线表示工作,以虚箭线表示虚工作,以波形线表示工作的自由时差。

(2) 特点

① 兼有网络计划与横道图的优点,时间进程明显。

② 直接显示各工作的起止时间、自由时差及关键线路。

③ 可按日需要量直接统计资源。

④ 波形线表示工作的自由时差。

⑤ 虚箭线一般是垂直的(虚箭线上可能存在波形线),因为不消耗时间。

(3) 分类

① 早时标网络计划——按节点最早时间绘制的网络计划。

② 迟时标网络计划——按节点最迟时间绘制的网络计划。

（4）适用范围

① 编制工作项较少且工艺过程较简单的土木工程施工计划，能迅速地边绘、边算、边调整。

② 对于复杂、大型的工程，特别是不使用计算机时，可先用时标网络图的形式绘制各分部分项工程的网络计划，然后再综合起来绘制较简明的总网络计划。也可先编制一个总的施工网络计划，以后每隔一段时间对下一时间段内应施工的部分绘制详细的时标网络计划。

③ 有时为了便于在图上直接表示每项工作的进程，可将已编制并计算好的网络计划再绘制成时标网络计划。

3.3.2 双代号时标网络计划的绘制

（1）基本要求

① 双代号时标网络计划必须以水平时间坐标为尺度表示工作时间。时间的单位应根据需要在编制网络计划之前确定，可为小时、天、周、月或季。

② 时标网络计划中所有符号在时间坐标上的水平投影位置，都必须与其时间参数相对应。节点中心必须对准相应的时标位置，该点在时间坐标上的水平投影长度应看成0。

③ 无论哪一种箭线，当有自由时差时，波形线应紧接在箭线之后，不允许出现在箭线之前。

④ 时标网络计划中虚工作必须以垂直方向的虚箭线表示，有自由时差时（水平方向）加波形线表示。

⑤ 时标网络计划宜按最早时间编制。

⑥ 编制时标网络计划之前，应先绘制无时标网络计划。

（2）绘制方法

① 间接绘制法：先计算网络计划的时间参数，再根据时间参数按草图在时标计划表上进行绘制。

步骤：

a. 计算各节点的最早时间；

b. 绘制双代号时标计划表；

c. 把各节点按最早时间定位在时标计划表上；

d. 用实箭线绘制出工作的持续时间，用虚箭线在垂直方向上绘制无时差的虚工作，用波形线绘制自由时差。

【例3.5】 用间接绘制法把图3.24的双代号网络计划图绘制成双代号时标网络计划图。

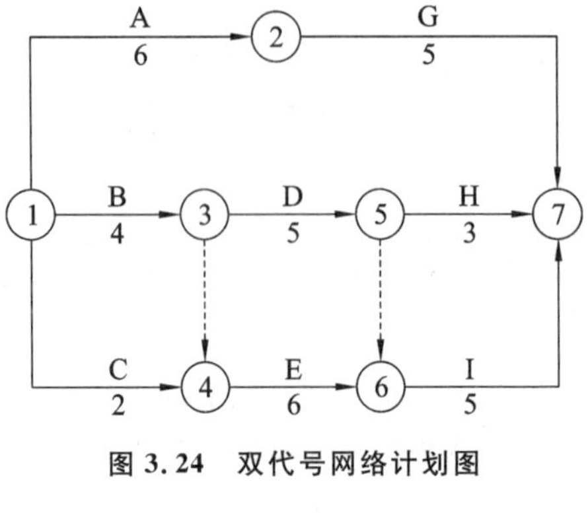

图3.24 双代号网络计划图

【解】

(1) 计算各节点的最早时间

$ET_1=0$

$ET_2=ET_1+D_{1-2}=0+6=6$

$ET_3=ET_1+D_{1-3}=0+4=4$

$ET_4=\max\{(ET_1+D_{1-4}),(ET_3+D_{3-4})\}=\max\{2,4\}=4$

$ET_5=ET_3+D_{3-5}=4+5=9$

$ET_6=\max\{(ET_4+D_{4-6}),(ET_5+D_{5-6})\}=\max\{10,9\}=10$

$ET_7=\max\{(ET_2+D_{2-7}),(ET_5+D_{5-7}),(ET_6+D_{6-7})\}=\max\{11,12,15\}=15$

计算结果如图 3.25 所示。

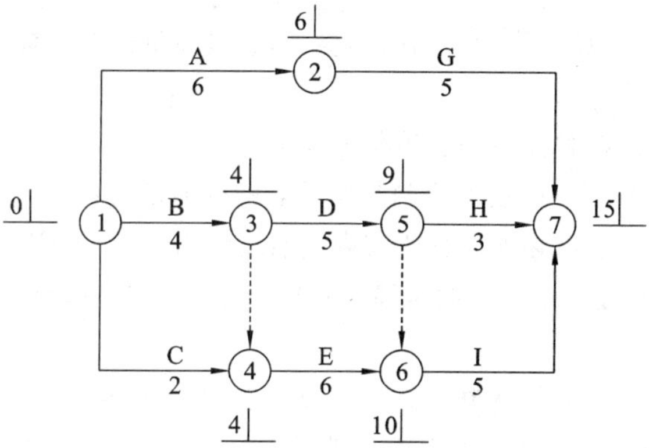

图 3.25 节点最早时间示意图

(2) 绘制时标计划表,如图 3.26 所示。

时间	1	2	3	4	5	6	7	8	9	10	11	12	13	14	15
网络图															

图 3.26 时标计划表

(3) 把各节点定位在时标计划表上,如图 3.27 所示。

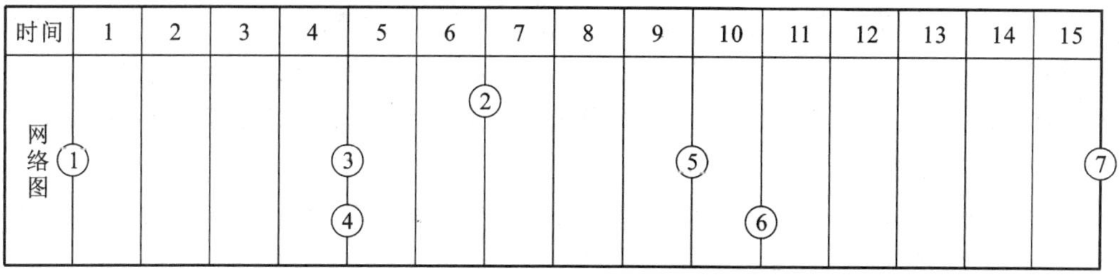

图 3.27 各节点定位在时标计划表上

(4) 用实箭线绘制出工作的持续时间,用虚箭线在垂直方向上绘制无时差的虚工作,用波形线绘制自由时差,如图 3.28 所示。

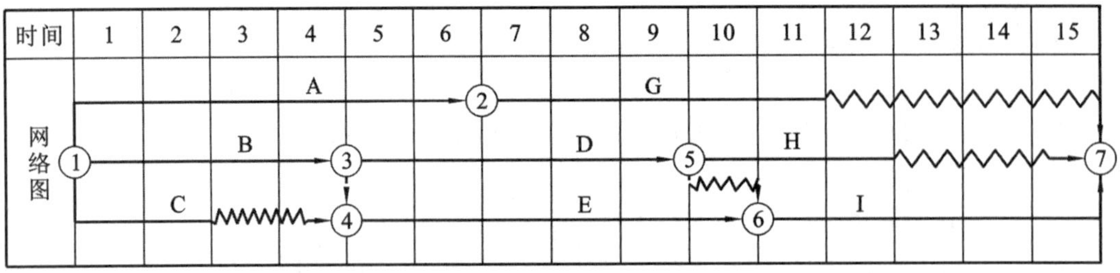

图 3.28 双代号时标网络计划图

② 直接绘制法:不计算网络计划的时间参数,直接按草图在时标表上进行绘制。

绘制步骤:

a. 将起始节点定位在时标表的起始刻度线上;

b. 按工作持续时间在时标表上绘制起始节点的外向箭线;

c. 工作箭线的箭头节点必须在其所有内向箭线绘出以后,定位在这些内向箭线中最晚完成的实箭线箭头处。某些内向实箭线长度不足以到达该箭头节点时,可以用波形线补足;

d. 用上述方法自左至右依次确定其他节点位置,直至终止节点定位绘完。

【例 3.6】 用直接绘制法把图 3.24 的双代号网络计划图绘制成双代号时标网络计划图。

【解】

(1) 将起始节点定位在时标网络图起始刻度上,如图 3.29 所示。

(2) 按工作的持续时间绘制以起始节点为开始节点的工作箭线,如图 3.29 所示。

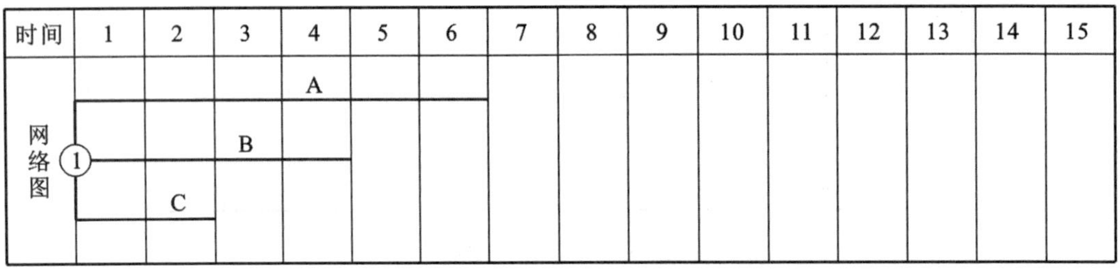

图 3.29 将起始节点定位在时标网络图起始刻度上

(3) 定位节点:将节点②直接定位在工作箭线 A 的末端;节点③直接定位在工作箭线 B 的末端;节点④的位置需要在绘出虚箭线 3—4 后,定位在工作箭线 C 和虚箭线 3—4 中最迟的箭线末端,即定位在虚箭线末端,但工作箭线 C 的长度不足以到达节点④,因而用波形线补足,如图 3.30 所示。

(4) 分别绘制以节点②、节点③、节点④为开始节点的工作箭线 G、工作箭线 D、工作箭线 E,如图 3.31 所示。

(5) 定位节点:将节点⑤直接定位在工作箭线 D 的末端;节点⑥的位置需要在绘出虚箭

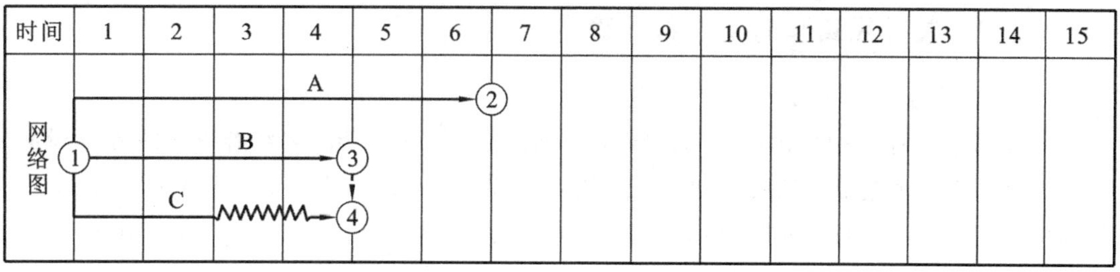

图 3.30 用波形线补足工作箭线 C

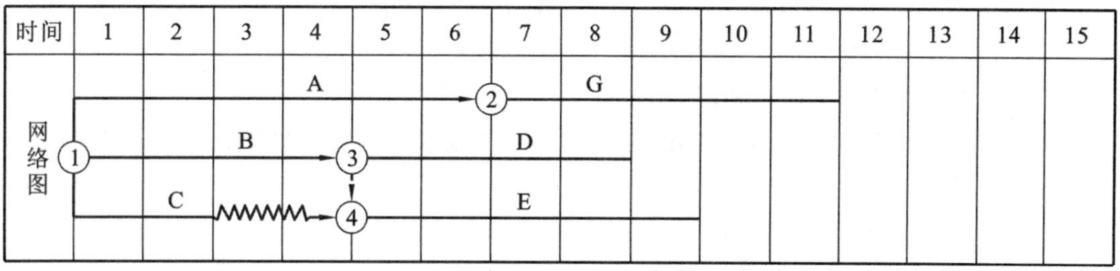

图 3.31 分别绘制各开始节点的工作箭线

线 5—6 后，定位在工作箭线 E 和虚箭线 5—6 中最迟的箭线末端，即定位在工作箭线 E 的末端，但虚箭线 5—6 的长度不足以到达节点⑥，因而用波形线补足，如图 3.32 所示。

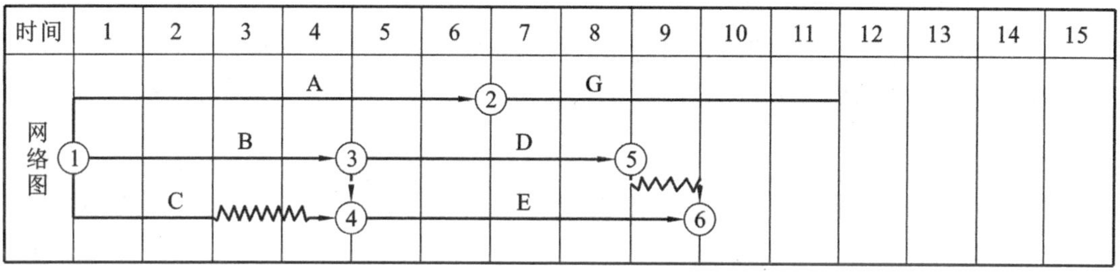

图 3.32 用波形线补足虚工作箭线 5—6

(6) 重复上述操作，确定节点⑦的位置，如图 3.33 所示。

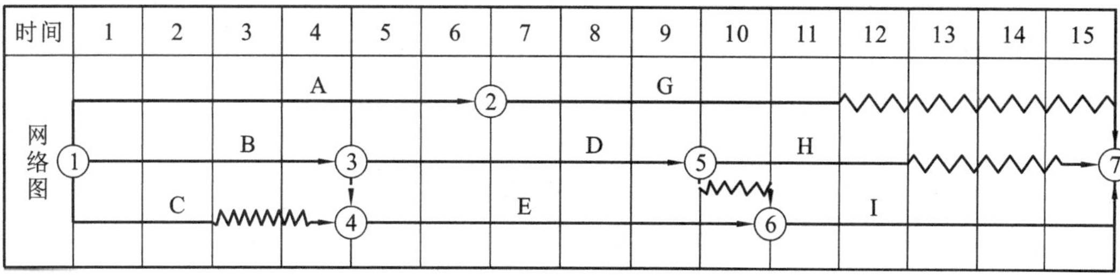

图 3.33 定位节点⑦

3.3.3 关键线路和时间参数的确定

(1) 关键线路的判定

时标网络计划中的关键线路可从网络计划的终点节点开始，逆着箭线方向进行判定。凡自始至终不出现波形线的线路即为关键线路。因为不出现波形线，就说明在这条线路上相邻两项工作之间的时间间隔全部为零，也就是说在计算工期等于计划工期的前提下，这些工作的总时差和自由时差全部为零。

(2) 计算工期的判定

网络计划的计算工期应等于终止节点所对应的时标值与起点节点所对应的时标值之差。

(3) 相邻两项工作之间时间间隔的判定

除以终止节点为完成节点的工作外，工作箭线中波形线的水平投影长度表示工作与其紧后工作之间的时间间隔。

(4) 工作六个时间参数的判定

① 工作最早开始时间和最早完成时间的判定

工作箭线左端节点中心所对应的时标值为该工作的最早开始时间。当工作箭线中不存在波形线时，其右端节点中心所对应的时标值为该工作的最早完成时间；当工作箭线中存在波形线时，工作箭线实线部分右端点所对应的时标值为该工作的最早完成时间。

② 工作总时差的判定

工作总时差的判定应从网络计划的终点节点开始，逆着箭线方向依次进行。

a. 以终点节点为完成节点的工作，其总时差应等于计划工期与本工作最早完成时间之差。

b. 其他工作的总时差等于其紧后工作的总时差加本工作与该紧后工作之间的时间间隔所得之和的最小值。

③ 工作自由时差的判定

a. 以终点节点为完成节点的工作，其自由时差应等于计划工期与本工作最早完成时间之差。事实上，以终点节点为完成节点的工作，其自由时差与总时差必然相等。

b. 其他工作的自由时差就是该工作箭线中波形线的水平投影长度。但当工作之后只紧接虚工作时，则该工作箭线上一定不存在波形线，而其紧接的虚箭线中波形线水平投影长度的最短者为该工作的自由时差。

④ 工作最迟开始时间和最迟完成时间的判定

a. 工作的最迟开始时间等于本工作的最早开始时间与其总时差之和。

b. 工作的最迟完成时间等于本工作的最早完成时间与其总时差之和。

时标网络计划中时间参数的判定结果应与网络计划中时间参数的计算结果完全一致。

3.4　单代号网络图

3.4.1　单代号网络图的构成

单代号网络图由节点和箭线构成，如图 3.34 所示。

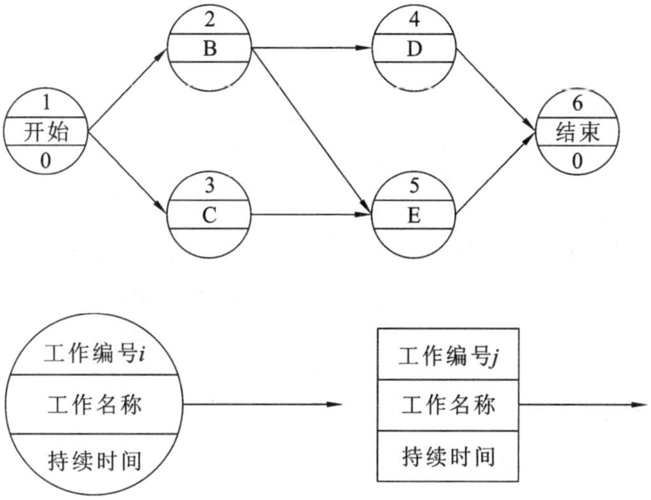

图 3.34　某工程单代号网络图

(1) 节点

在单代号网络图中，通常将节点画成一个大圆圈或方框形式，其内标注工作编号、工作名称和持续时间。与双代号网络图不同的是，当单代号网络图有多项开始和终止工作时，应在网络图的两端分别设置虚拟的起始节点和终止节点，其持续时间均为 0，如图 3.35 所示。

(2) 箭线

在单代号网络图中，箭线表示相邻工作之间的逻辑关系。

3.4.2　组成单代号网络图的基本要素

普通单代号网络图由节点、箭线两个基本要素组成。

3.4.3　单代号网络图的绘制方法

单代号网络图的绘图方法与双代号网络图的绘制方法基本相同。

(1) 绘图原则

① 必须正确地表达各项工作之间的网络逻辑关系，如表 3.4 所示。

表 3.4　单代号网络图工作间的逻辑关系表示方法

序号	逻辑关系	单代号表示方法
1	A 完成后进行 B； B 完成后进行 C	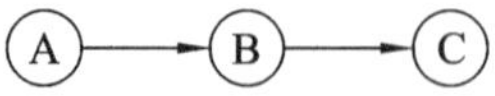
2	A 完成后同时进行 B 和 C	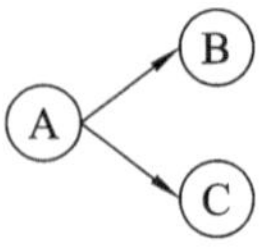
3	A 和 B 都完成后进行 C	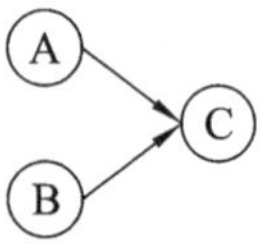
4	A 和 B 都完成后同时进行 C 和 D	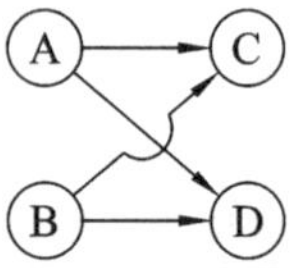
5	A 完成后进行 C； A 和 B 都完成后进行 D	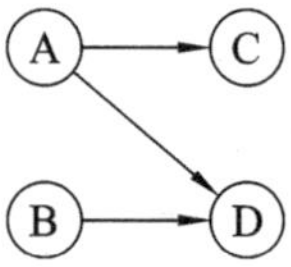
6	A、B 均完成后进行 D； A、B、C 均完成后进行 E； D、E 均完成后进行 F	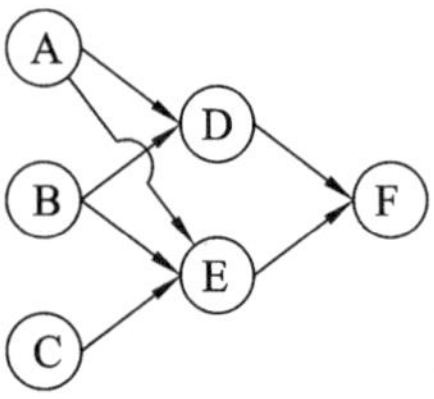
7	A、B 均完成后进行 C； B、D 均完成后进行 E	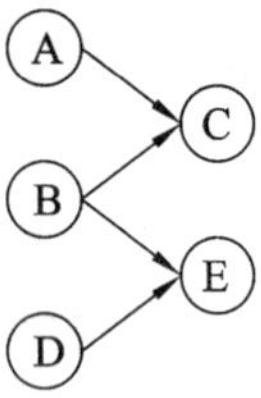
8	A、B 两项先后进行的工作分三段进行： A_1 完成后进行 A_2、B_1； B_1 完成后进行 B_2； A_2 完成后进行 A_3； A_3、B_2 完成后进行 B_3	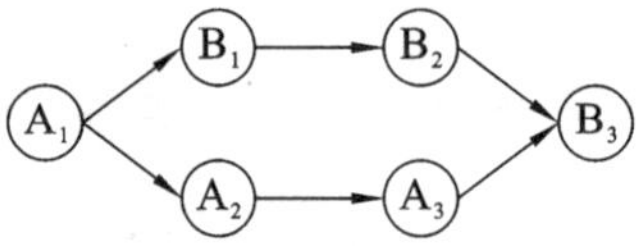

② 不允许出现编号相同的不同工作，且箭头的节点编号要大于箭尾节点的编号。

③ 单代号网络图中只允许出现一个起始节点和一个终止节点。

a. 当有多项开始工作时，要设置一个虚拟的起始节点，并在其内标注“开始”二字；

b. 当有多项终止工作时，要设置一个虚拟的终止节点，并在其内标注“结束”二字。

④ 严禁出现循环回路。

⑤ 禁止出现没有箭尾节点的箭线和没有箭头节点的箭线。

⑥ 严禁出现双向箭头或无箭头的“连线”。

(2) 绘图基本方法

① 在保证网络逻辑关系正确的前提下，图面布局要合理、层次要清晰、重点要突出。

② 密切相关的工作尽可能相邻布置，以便减少箭线交叉；如无法避免箭线交叉时，可采用暗桥法表示。

③ 单代号网络图的分解方法和排列方法，与双代号网络图相应部分类似，此处从略。

【例 3.7】 已知各工作之间的逻辑关系如表 3.5 所示，绘制单代号网络图。

表 3.5

工作	A	B	C	D	E	F	G	H
紧前工作	—	—	—	—	A、B	B、C、D	C、D	E、F、G

【解】

(1) 设置开始节点

由题知，本例有 A、B、C、D 四个开始工作，故需设置一个虚拟起始节点以保证每个网络图只有一个起始节点，如图 3.35 所示。

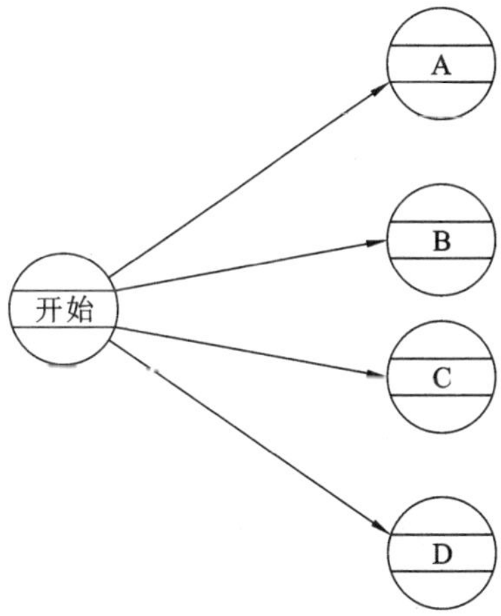

图 3.35 设置虚拟的起始节点

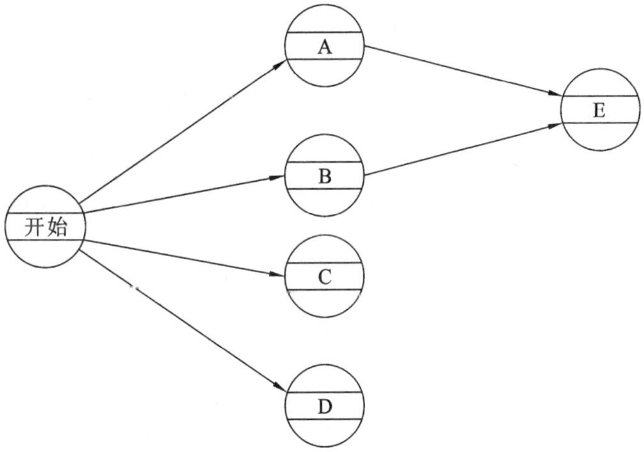

图 3.36 绘制工作 E 的网络图

(2) 绘制工作 E，如图 3.36 所示。

(3) 绘制工作 F，如图 3.37 所示。

(4) 绘制工作 G，如图 3.38 所示。

(5) 绘制工作 H，如图 3.39 所示。

因为本例中只有 H 一项终止工作，故不需设置虚拟终止节点。

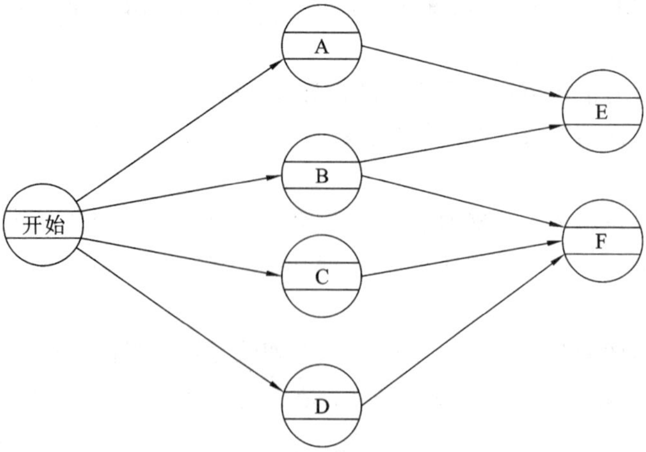

图 3.37　绘制工作 F 的网络图

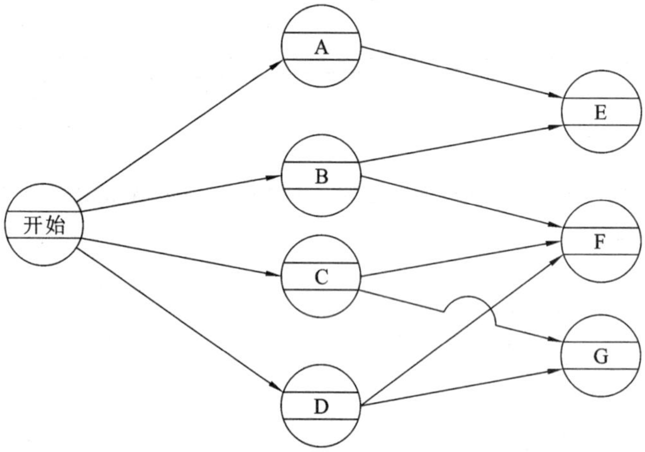

图 3.38　绘制工作 G 的网络图

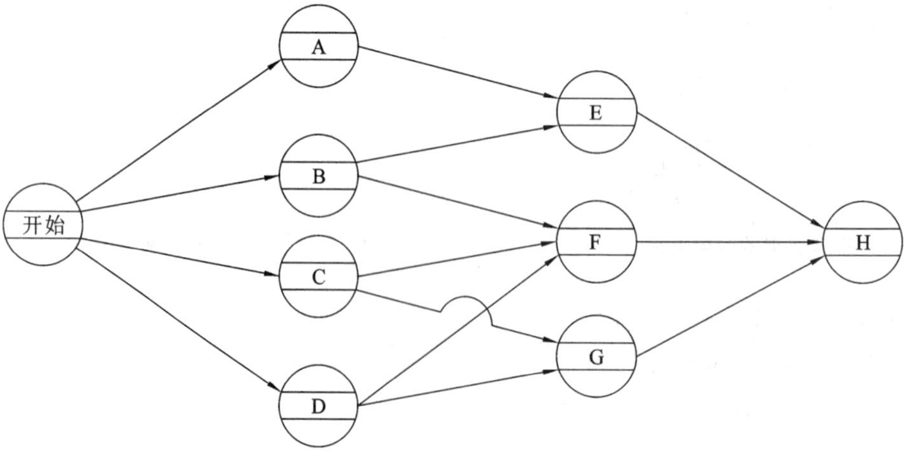

图 3.39　绘制工作 H 的网络图

3.4.4 单代号网络图时间参数的计算

单代号网络图时间参数的符号意义与双代号网络图的完全相同，只需把双代号改为单代号即可。在单代号网络图中，除了计算出各工作的六个主要时间参数外，还应计算出相邻两工作之间的时间间隔。

（1）表示方法

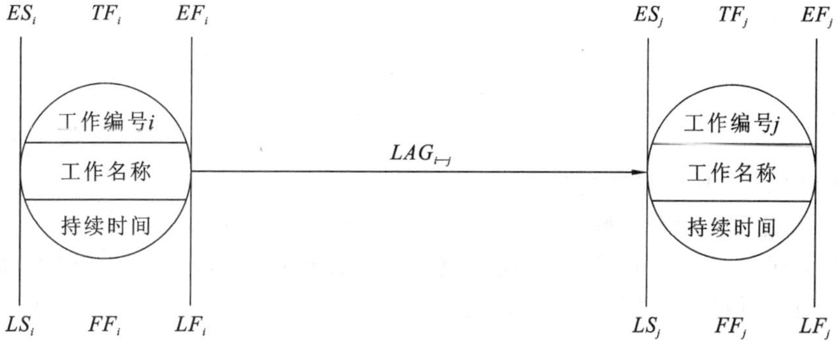

（2）参数计算

① 工作最早开始时间 ES_i 的计算

a. 起始节点，其 $ES_i=0$。

b. 以 h 为紧前工作的工作，则有：

$$ES_i=\max\{EF_h\}=\max\{ES_h+D_h\}$$

式中 D_h——工作 h 完成任务所需要的时间。

② 工作最早完成时间 EF_i 的计算

$$EF_i=ES_i+D_i$$

③ 计算工期 T_c 的计算

$$T_c=EF_n$$

④ 时间间隔 LAG_{i-j} 的计算

a. 终止节点为虚拟节点时，则有：

$$LAG_{i-n}=T_p-EF_i$$

b. 其他节点，则有：

$$LAG_{i-j}=ES_j-EF_i$$

其中，j 为 i 的紧后工作。

⑤ 工作总时差 TF_i 的计算

a. 终止节点，有：

$$TF_n=T_p-T_c$$

b. 其他节点，有：

$$TF_i=\min\{LAG_{i-j}+TF_j\}$$

其中，j 为 i 的紧后工作。

⑥ 自由时差 FF_i 的计算

a. 终止节点，有：

$$FF_n=T_p-EF_n$$

b. 其他节点,有:

$$FF_i = \min\{LAG_{i-j}\}$$

其中,j 为 i 的紧后工作。

⑦ 工作最迟完成时间 LF_i 的计算

a. 终止节点,有:

$$LF_n = T_p$$

b. 其他节点,有:

$$LF_i = EF_i + TF_i$$

⑧ 工作最迟开始时间 LS_i 的计算

$$LS_i = LF_i - D_i$$

(3) 确定网络计划的关键线路

① 利用关键工作确定关键线路

总时差最小的工作为关键工作,将这些关键工作连在一起,并保证相邻两项关键工作的时间间隔为零而构成的线路就是关键线路。

② 利用相邻两项工作的时间间隔确定关键线路

从网络计划的终止节点开始,逆着箭线方向依次找出相邻两项工作之间时间间隔为零的线路就是关键线路。

【例 3.8】 如图 3.40 所示的单代号网络计划图,计算其时间参数。

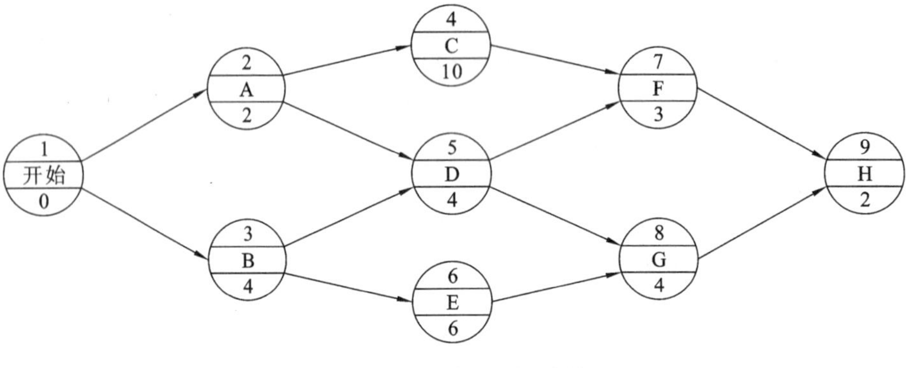

图 3.40 某单代号网络计划图

【解】

(1) 计算工作的最早开始时间和最早完成时间

$ES_1 = 0 \quad EF_1 = ES_1 + D_1 = 0 + 0 = 0$

$ES_2 = EF_1 = 0 \quad EF_2 = ES_2 + D_2 = 0 + 2 = 2$

$ES_3 = EF_1 = 0 \quad EF_3 = ES_3 + D_3 = 0 + 4 = 4$

$ES_4 = EF_2 = 2 \quad EF_4 = ES_4 + D_4 = 2 + 10 = 12$

$ES_5 = \max\{EF_2, EF_3\} = \max\{2, 4\} = 4 \quad EF_5 = ES_5 + D_5 = 4 + 4 = 8$

$ES_6 = EF_3 = 4 \quad EF_6 = ES_6 + D_6 = 4 + 6 = 10$

$ES_7 = \max\{EF_4, EF_5\} = \max\{12, 8\} = 12 \quad EF_7 = ES_7 + D_7 = 12 + 3 = 15$

$ES_8 = \max\{EF_5, EF_6\} = \max\{8, 10\} = 10 \quad EF_8 = ES_8 + D_8 = 10 + 4 = 14$

$ES_9 = \max\{EF_7, EF_8\} = \max\{15, 14\} = 15 \quad EF_9 = ES_9 + D_9 = 15 + 2 = 17$

计算结果如图 3.41 所示。

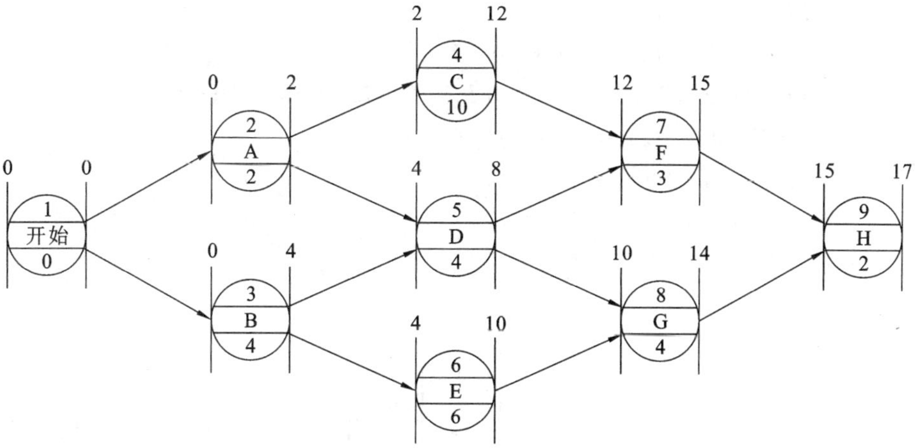

图 3.41　最早开始时间和最早完成时间

(2) 计算计划工期

因为本例没有规定要求工期，故 $T_p = T_c = EF_9 = 17$

(3) 计算相邻工作之间的时间间隔

$LAG_{1-2} = ES_2 - EF_1 = 0 - 0 = 0$　　$LAG_{1-3} = ES_3 - EF_1 = 0 - 0 = 0$

$LAG_{2-4} = ES_4 - EF_2 = 2 - 2 = 0$　　$LAG_{2-5} = ES_5 - EF_2 = 4 - 2 = 2$

$LAG_{3-5} = ES_5 - EF_3 = 4 - 4 = 0$　　$LAG_{3-6} = ES_6 - EF_3 = 4 - 4 = 0$

$LAG_{4-7} = ES_7 - EF_4 = 12 - 12 = 0$　　$LAG_{5-7} = ES_7 - EF_5 = 12 - 8 = 4$

$LAG_{5-8} = ES_8 - EF_5 = 10 - 8 = 2$　　$LAG_{6-8} = ES_8 - EF_6 = 10 - 10 = 0$

$LAG_{7-9} = ES_9 - EF_7 = 15 - 15 = 0$　　$LAG_{8-9} = ES_9 - EF_8 = 15 - 14 = 1$

计算结果如图 3.42 所示。

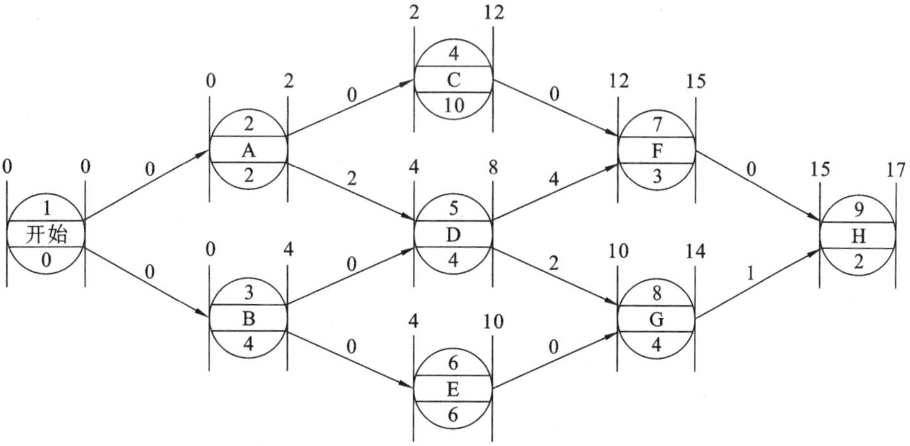

图 3.42　相邻工作之间的时间间隔

(4) 计算总时差

$$TF_9 = T_p - EF_9 = 17 - 17 = 0$$

$$TF_8 = TF_9 + LAG_{8-9} = 0 + 1 = 1$$
$$TF_7 = TF_9 + LAG_{7-9} = 0 + 0 = 0$$
$$TF_6 = TF_8 + LAG_{6-8} = 1 + 0 = 1$$
$$TF_5 = \min\{TF_7 + LAG_{5-7}, TF_8 + LAG_{5-8}\} = \min\{0+4, 1+2\} = 3$$
$$TF_4 = TF_7 + LAG_{4-7} = 0 + 0 = 0$$
$$TF_3 = \min\{TF_5 + LAG_{3-5}, TF_6 + LAG_{3-6}\} = \min\{3+0, 1+0\} = 1$$
$$TF_2 = \min\{TF_4 + LAG_{2-4}, TF_5 + LAG_{2-5}\} = \min\{0+0, 3+2\} = 0$$
$$TF_1 = \min\{TF_2 + LAG_{1-2}, TF_3 + LAG_{1-3}\} = \min\{0+0, 1+0\} = 0$$

计算结果如图 3.43 所示。

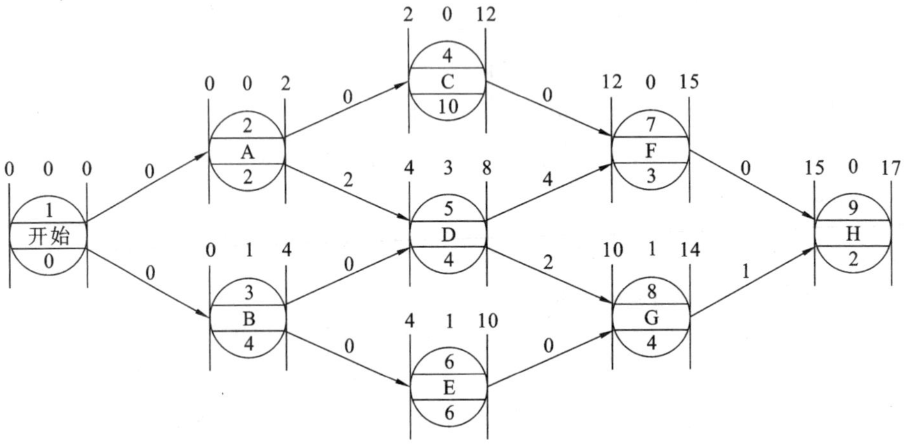

图 3.43 总时差的计算结果

(5) 计算自由时差

$$FF_9 = T_p - EF_9 = 17 - 17 = 0 \qquad FF_8 = LAG_{8-9} = 1$$
$$FF_7 = LAG_{7-9} = 0 \qquad FF_6 = LAG_{6-8} = 0$$
$$FF_5 = \min\{LAG_{5-7}, LAG_{5-8}\} = \min\{4, 2\} = 2$$
$$FF_4 = LAG_{4-7} = 0$$
$$FF_3 = \min\{LAG_{3-5}, LAG_{3-6}\} = \min\{0, 0\} = 0$$
$$FF_2 = \min\{LAG_{2-4}, LAG_{2-5}\} = \min\{0, 2\} = 0$$
$$FF_1 = \min\{LAG_{1-2}, LAG_{1-3}\} = \min\{0, 0\} = 0$$

计算结果如图 3.44 所示。

(6) 计算最迟完成时间和最迟开始时间

$$LF_1 = EF_1 + TF_1 = 0 + 0 = 0 \qquad LS_1 = LF_1 - D_1 = 0 - 0 = 0$$
$$LF_2 = EF_2 + TF_2 = 2 + 0 = 2 \qquad LS_2 = LF_2 - D_2 = 2 - 2 = 0$$
$$LF_3 = EF_3 + TF_3 = 4 + 1 = 5 \qquad LS_3 = LF_3 - D_3 = 5 - 4 = 1$$
$$LF_4 = EF_4 + TF_4 = 12 + 0 = 12 \qquad LS_4 = LF_4 - D_4 = 12 - 10 = 2$$
$$LF_5 = EF_5 + TF_5 = 8 + 3 = 11 \qquad LS_5 = LF_5 - D_5 = 11 - 4 = 7$$
$$LF_6 = EF_6 + TF_6 = 10 + 1 = 11 \qquad LS_6 = LF_6 - D_6 = 11 - 6 = 5$$
$$LF_7 = EF_7 + TF_7 = 15 + 0 = 15 \qquad LS_7 = LF_7 - D_7 = 15 - 3 = 12$$

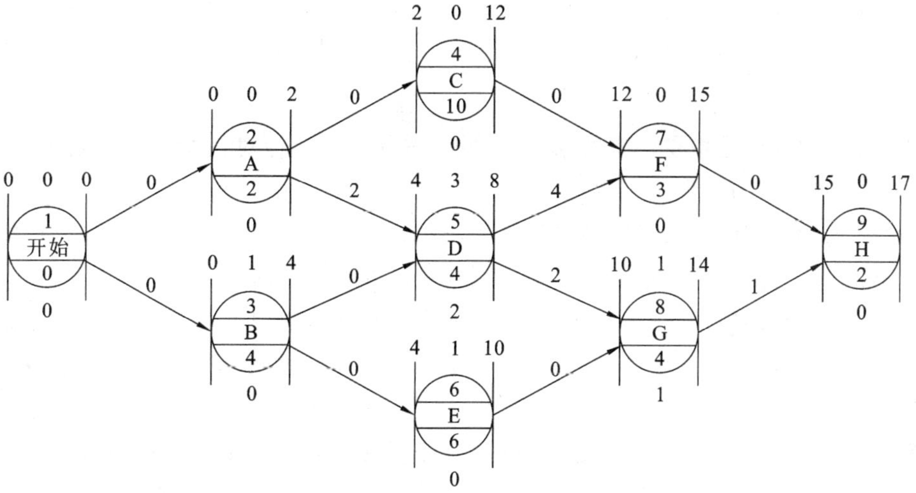

图 3.44　自由时差的计算结果

$$LF_8=EF_8+TF_8=14+1=15 \qquad LS_8=LF_8-D_8=15-4=11$$

$$LF_9=EF_9+TF_9=17+0=17 \qquad LS_9=LF_9-D_9=17-2=15$$

计算结果如图 3.45 所示。

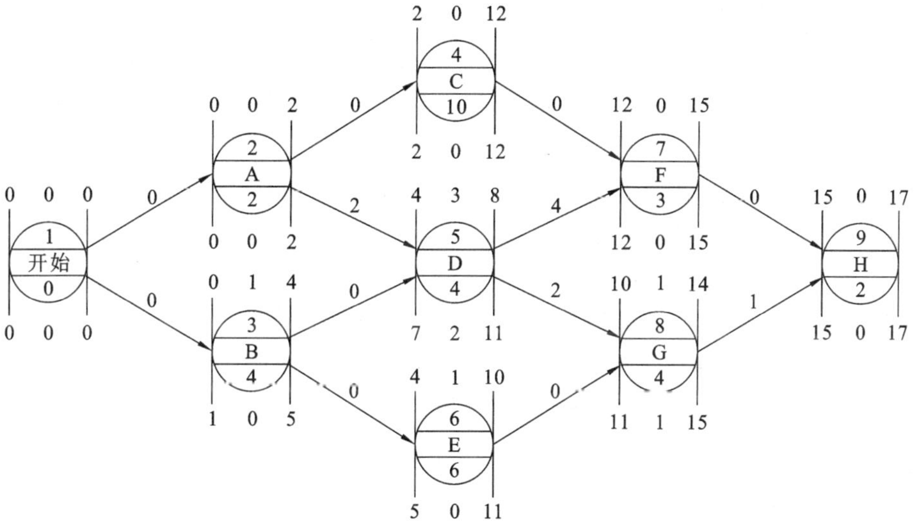

图 3.45　最迟完成时间和最迟开始时间

(7) 确定关键线路

a. 利用关键工作确定

本例中的关键工作有工作 A、工作 C、工作 F、工作 H，故关键线路为：①→②→④→⑦→⑨。

b. 利用相邻工作之间的时间间隔确定

从终止节点开始逆着箭线方向找出时间间隔为零的线路即关键线路，本例关键线路为：①→②→④→⑦→⑨。

3.5 网络计划的优化

网络计划的优化是指在一定的约束条件下，按既定的目标对初始网络计划进行不断改进，以寻求最优方案的过程。

网络计划编制完成且经时间参数计算后，得出工程的最初方案，它是一种可行的方案，但不一定是最优方案，为此，还需对网络计划的初步方案进行调整得到最优方案。

网络计划优化的原理：一是利用时间差，适当调整具有总时差的工作的最早开始时间，从而优化资源参数；二是利用关键线路，对关键工作的持续时间进行适当的调整，从而达到缩短工期的目的。

按计划任务的需要和条件选定，可将网络计划的优化分为工期优化、费用优化和资源优化等。

3.5.1 工期优化

(1) 概念

工期优化是指网络计划的计算工期不满足要求工期时，通过压缩关键工作的持续时间以满足要求工期的目标的过程。

(2) 优化的步骤

① 确定初始网络计划的计算工期和关键线路。

② 按规定的要求工期缩短时间，即：

$$\Delta T = T_c - T_r$$

式中 T_c——网络计划的计算工期；

T_r——规定的要求工期。

③ 选择应缩短持续时间的关键工作。

选择压缩对象应考虑下列因素：

a. 缩短持续时间对质量和安全影响不大的工作；

b. 缩短持续时间费用增加最少的工作；

c. 有充足资源供应的工作。

④ 将所选择的关键工作的持续时间压缩至最短持续时间，并重新确定网络计划的时间参数和关键线路。若被压缩的关键工作变成了非关键工作，则应将其持续时间适当延长，使其仍为关键工作。

⑤ 若计算工期仍超过要求工期，则重复步骤②～④，直到计算工期满足要求工期或计算工期已不能压缩为止。

⑥ 如果所有关键工作的持续时间都压缩至最短时间而网络计划图的计算工期仍不能满足要求工期时，应对原计划的技术、组织方案进行调整，或对要求工期重新审定。

(3) 关键线路和计算工期的确定

网络计划通过时间参数确定关键线路的计算比较复杂,可以采用简单的方法确定关键线路和计算工期,标号法就是一种简易的方法。

标号法的做法是:首先对每个节点用源节点和标号值进行标号,然后从网络计划终止节点开始,从后向前按源节点的指引找出关键线路,终止节点的标号值即为网络计划的计算工期。标号值的计算方法:

① 起始节点标号值:$b_i=0, i=1$;

② 其他节点标号值:$b_j=\max\{b_i+D_{i-j}\}$。

【例 3.9】 某双代号网络计划如图 3.46 所示,图中箭线下方为正常持续时间,括号内为最短持续时间,箭线上方括号内为优选系数,优选系数愈小愈应优先选择,若同时缩短多个关键工作,则该多个关键工作的优选系数之和(称为组合优选系数)最小者亦应优先选择。设要求工期为 15 d,试对其进行工期优化。

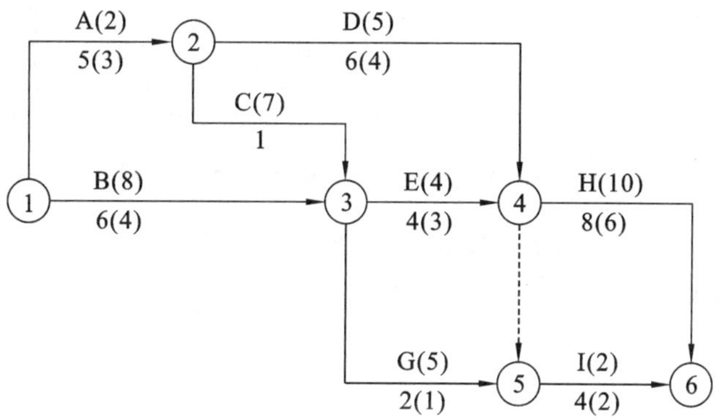

图 3.46 某双代号网络计划图

【解】

(1) 用标号法求出正常持续时间下的计算工期和关键线路,如图 3.47 所示。此时关键线路为①→②→④→⑥。

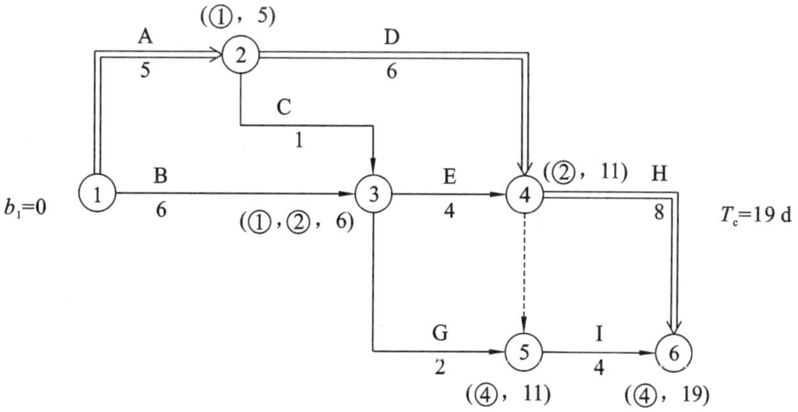

图 3.47 初始网络计划图

(2) 应缩短时间：

$$\Delta T = T_c - T_r = 19 - 15 = 4\ \text{d}$$

(3) 此时的关键工作为工作 A、工作 D 和工作 H，而工作 A 的优选系数最小，故应优先缩短关键工作 A 的持续时间。

(4) 将关键工作 A 压至最短持续时间 3 d，用标号法求出关键线路，如图 3.48 所示。

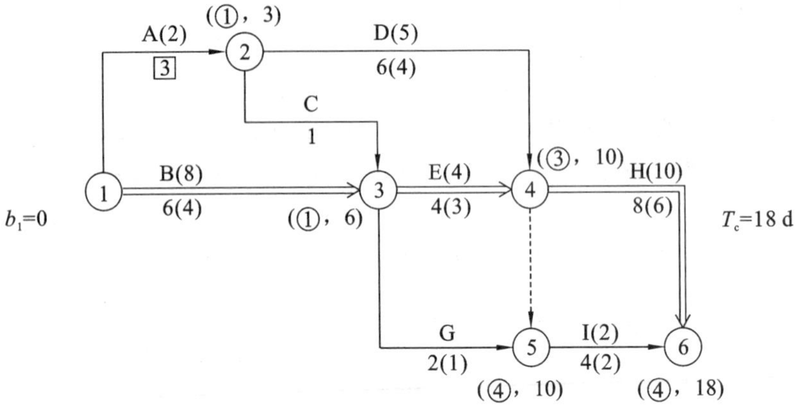

图 3.48　A 缩短至最短持续时间的网络计划

此时关键工作 A 被压缩成了非关键工作，故将其持续时间 3 延长为 4，使其仍为关键工作。工作 A 恢复成关键工作后，找出关键线路，如图 3.49 所示。

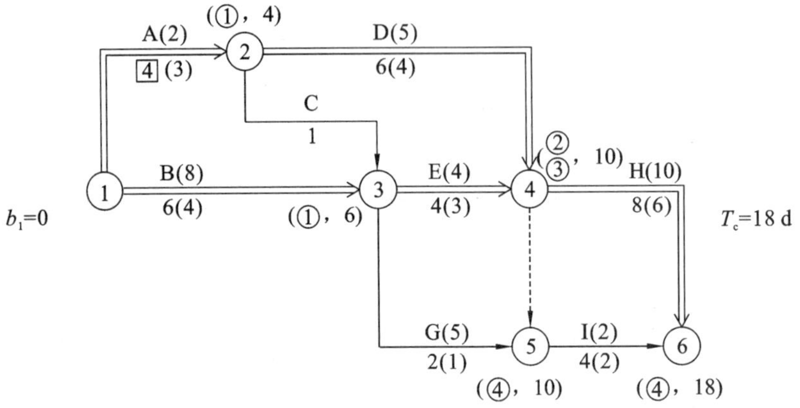

图 3.49　工作 A 恢复成关键工作后的网络计划

此时图中有两条关键线路，即①→②→④→⑥和①→③→④→⑥，此时网络图的计算工期 $T_c = 18$ d。

(5) 由于计算工期仍大于要求工期，故需继续压缩。

需要压缩的时间为：

$$\Delta T = T_c - T_r = 18 - 15 = 3\ \text{d}$$

如图 3.50 所示，有五个压缩方案：

① 压缩工作 A、B，组合优选系数为 2+8=10；

② 压缩工作 A、E，组合优选系数为 2＋4＝6；

③ 压缩工作 D、E，组合优选系数为 5＋4＝9；

④ 压缩工作 D、B，组合优选系数为 5＋8＝13；

⑤ 压缩工作 H，优选系数为 10。

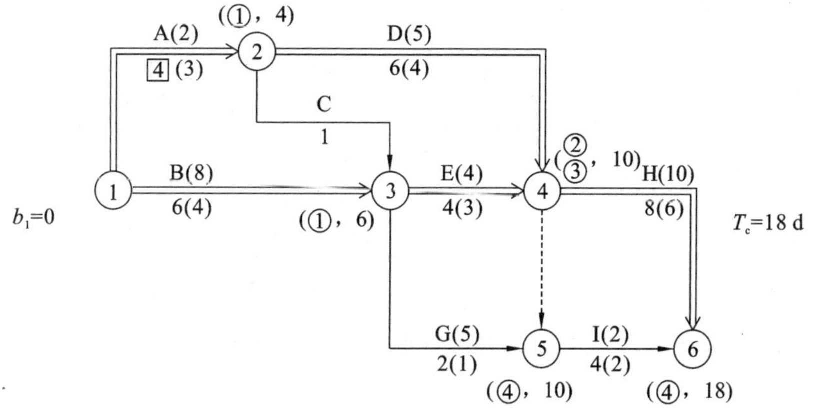

图 3.50　第一次压缩后的网络计划

上述方案中工作 A 和工作 E 的组合优选系数最小，故应选择同时压缩工作 A 和工作 E 的方案，均压缩至最短持续时间 3 d。用标号法找出关键线路和计算工期，如图 3.51 所示。

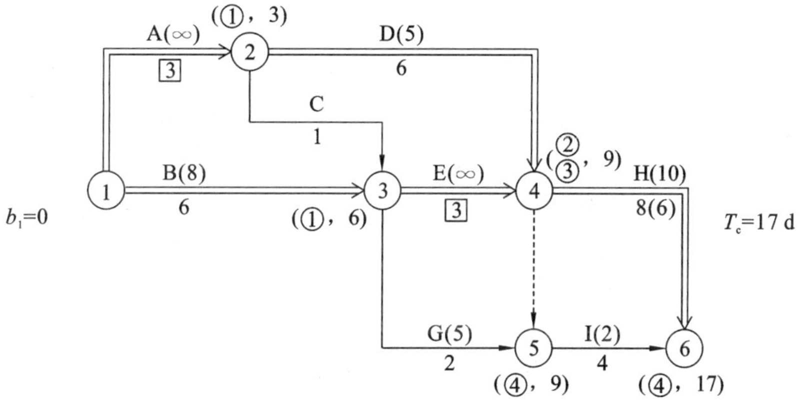

图 3.51　第二次压缩后的网络计划

此时关键线路仍为①→②→④→⑥和①→③→④→⑥，计算工期 T_c＝17 d。由于工作 A 和 E 已达最短持续时间，不能再压缩，可假定它们的优选系数无穷大。

(6) 由于计算工期仍大于要求工期，故需继续压缩。

需要压缩的时间为：

$$\Delta T = T_c - T_r = 17 - 15 = 2\ \text{d}$$

在前述的五个压缩方案中，前三个方案的优选系数已变为无穷大，现只有压缩工作 B、D 方案，优选系数为 13；压缩工作 H 方案，优选系数为 10。故采取压缩工作 H 的方案，将工作 H 压缩 2 d。再用标号法确定计算工期和关键线路，如图 3.52 所示。此时其计算工期 T_c=15 d，等于要求工期的优化方案，故图 3.52 所示计划即为最优方案。

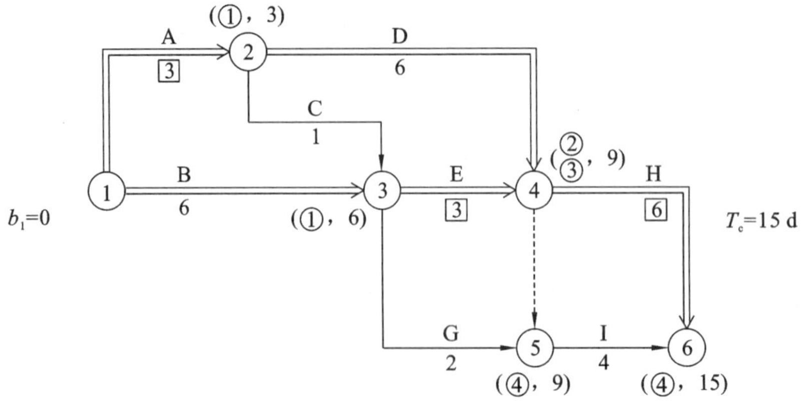

图 3.52　工期优化后的网络计划图

3.5.2　费用优化

(1) 概念

费用优化又称工期成本优化，是指寻求工程总成本最低时的工期安排，或按要求工期寻求最低成本的过程。

(2) 费用和时间的关系

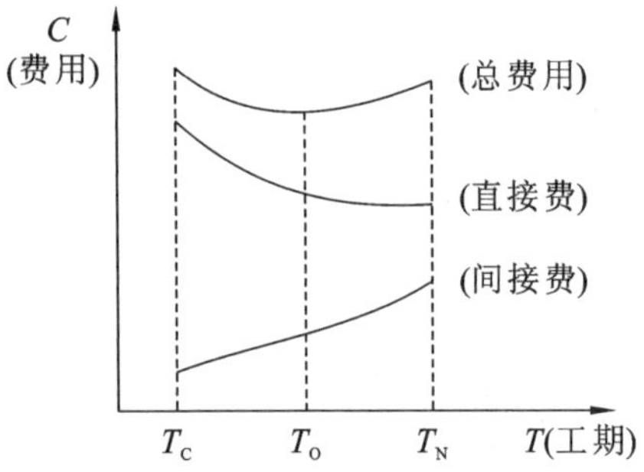

图 3.53　工程费用-工期曲线

T_C—最短工期；T_O—最优工期；T_N—正常工期

① 工程费用与时间的关系

工程费用由直接费和间接费组成。直接费由人工费、材料费、机械使用费、其他直接费和现场经费等组成。施工方案不同，直接费也就不同；如果施工方案已定，工期不同，直接费也不同。直接费会随着工期的缩短而增加。间接费包括企业经营管理的全部费用，它一般会随着工期的缩短而减少。在考虑工程总费用时，还应考虑工期变化带来的其他损益，包括效益增量和资金的时间价值等。工程费用与工期的关系如图 3.53 所示。

② 工作直接费与持续时间的关系

由于网络计划的工期取决于关键工作的持续时间，为了进行工期成本优化，必须分析网络计划中各项工作的直接费与持续时间之间的关系，它是网络计划工期成本优化的基础。

工作的直接费与持续时间的关系类似于工程直接费与工期之间的关系，工作的直接费随持续时间的缩短而增加，如图 3.54 所示。为简化计算，工作的直接费与持续时间的关系近似地认为是一条直线。

工作的持续时间每缩短单位时间而增加的直接费称为直接费用率。可按下式计算：

$$\Delta C_{i-j}=\frac{C_{C_{i-j}}-C_{N_{i-j}}}{D_{N_{i-j}}-D_{C_{i-j}}}$$

式中 ΔC_{i-j}——工作 i—j 的直接费用率；

$C_{C_{i-j}}$——按最短持续时间完成工作 i—j 时所需的直接费；

$C_{N_{i-j}}$——按正常持续时间完成工作 i—j 时所需的直接费；

$D_{N_{i-j}}$——工作 i—j 的正常持续时间；

$D_{C_{i-j}}$——工作 i—j 的最短持续时间。

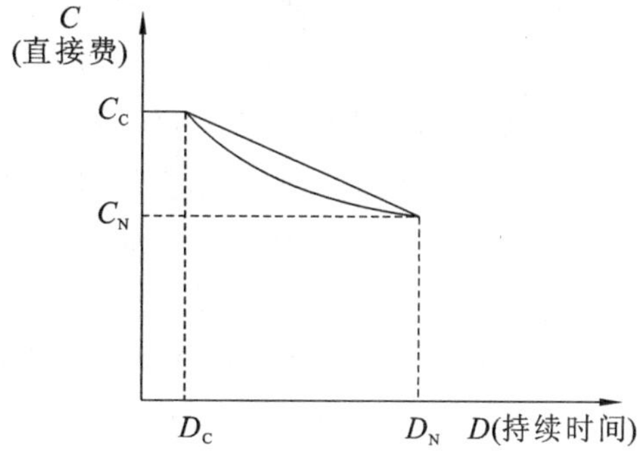

图 3.54 工作直接费-持续时间曲线

D_N—工作的正常持续时间；

C_N—按正常持续时间完成工作时所需的直接费；

D_C—工作的最短持续时间；

C_C—按最短持续时间完成工作时所需的直接费

从公式可以看出，工作的直接费用率越大，说明将该工作的持续时间缩短一个时间单位，所需增加的直接费就越多；反之，将该工作的持续时间缩短一个时间单位，所需增加的直接费就越少。因此，在压缩关键工作的持续时间以达到缩短工期的目的时，应将直接费用率最小的关键工作作为压缩对象；当有多条关键线路出现而需要同时压缩多个关键工作的持续时间时，应将它们的直接费用率之和（组合直接费用率）最小者作为压缩对象。

（3）费用优化方法

费用优化的基本思路：不断地在网络计划中找出直接费用率（或组合直接费用率）最小的关键工作，缩短其持续时间，同时考虑间接费随工期缩短而减少的数值，最后求得过程总成本最低时的最优工期安排或按要求工期求得最低成本的计划安排。

费用优化的步骤：

① 按工作的正常持续时间确定计算工期和关键线路。

② 计算各项工作的直接费用率。

③ 当只有一条关键线路时，应找出直接费用率最小的一项关键工作作为缩短持续时间的对象；当有多条关键线路时，应找出组合直接费用率最小的一组关键工作，作为缩短持续时间的对象。

④ 对于选定的压缩对象，首先比较其直接费用率或组合直接费用率与工程间接费用率的大小。

a. 如果被压缩对象的直接费用率或组合直接费用率大于工程间接费用率，说明压缩关键工作的持续时间会使工程总费用增加，此时应停止缩短关键工作的持续时间，在此之前的方案即为优化方案；

b. 如果被压缩对象的直接费用率或组合直接费用率等于工程间接费用率，说明压缩关键工作的持续时间不会使工程总费用增加，故应缩短关键工作的持续时间；

c. 如果被压缩对象的直接费用率或组合直接费用率小于工程间接费用率，说明压缩关键工作的持续时间会使工程总费用减少，故应缩短关键工作的持续时间。

⑤ 当需要压缩关键工作的持续时间时，其缩短值的确定必须符合下列两项原则：

a. 缩短后工作的持续时间不能小于其最短持续时间；

b. 缩短持续时间的工作应是非关键工作。

⑥ 计算关键工作持续时间缩短后相应增加的总费用。

⑦ 重复上述步骤③～⑥，直至计算工期满足要求工期或被压缩对象的直接费用率或组合直接费用率大于工程间接费用率为止。

⑧ 计算优化后的工程总费用。

【例 3.10】 已知某工程双代号网络计划如图 3.55 所示，图中箭线下方括号外数字为工作的正常持续时间，括号内数字为工作最短持续时间，箭线上方括号外数字为工作按正常持续时间完成时所需的直接费，括号内数字为工作按最短持续时间完成时所需的直接费。该工程的间接费用率为 0.8 万元/d，试对其进行费用优化。

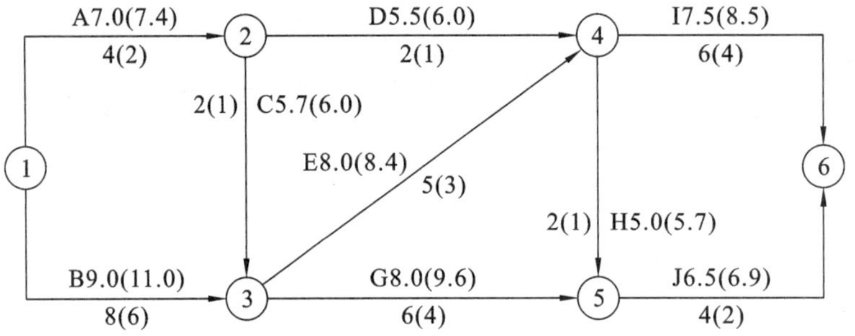

图 3.55　某工程双代号网络计划图

【解】

(1) 根据各项工作的正常持续时间，用标号法确定网络计划的计算工期和关键线路，如图 3.56 所示。计算工期为 19 d，关键线路为①→③→④→⑥和①→③→④→⑤→⑥。

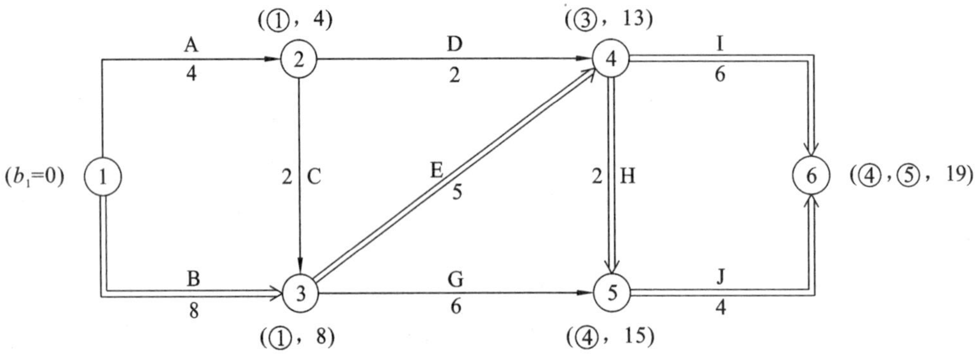

图 3.56　双代号网络计划关键线路

(2) 计算各项工作的直接费用率，如表 3.6 所示。

表 3.6 直接费用率计算表

工序	正常时间(d)	最短时间(d)	正常费用(万元)	最短费用(万元)	费用率(万元/d)	备注
1—2	4	2	7.0	7.4	0.2	线性变化关系
1—3	8	6	9.0	11.0	1.0	
2—3	2	1	5.7	6.0	0.3	
2—4	2	1	5.5	6.0	0.5	
3—4	5	3	8.0	8.4	0.2	
3—5	6	4	8.0	9.6	0.8	
4—5	2	1	5.0	5.7	0.7	
4—6	6	4	7.5	8.5	0.5	
5—6	4	2	6.5	6.9	0.2	

(3) 计算工程总费用

① 直接费总和：

$$C_d = 7.0 + 9.0 + 5.7 + 5.5 + 8.0 + 8.0 + 5.0 + 7.5 + 6.5 = 62.2 \text{ 万元}$$

② 间接费总和：

$$C_i = 0.8 \times 19 = 15.2 \text{ 万元}$$

③ 工程总费用：

$$C_t = C_d + C_i = 62.2 + 15.2 = 77.4 \text{ 万元}$$

(4) 通过压缩关键工作的持续时间进行费用优化：

① 第一次压缩：从图 3.56 可知，该网络计划中有两条关键线路，为了同时缩短两条关键线路的总持续时间，有以下四个压缩方案：

a. 压缩工作 B：直接费用率为 1.0 万元/d；

b. 压缩工作 E：直接费用率为 0.2 万元/d；

c. 同时压缩工作 H 和工作 I，组合直接费用率为：0.7+0.5=1.2 万元/d；

d. 同时压缩工作 I 和工作 J，组合直接费用率为：0.5+0.2=0.7 万元/d。

在上述压缩方案中，由于工作 E 的直接费用率最小，故应选择工作 E 作为压缩对象。工作 E 的直接费用率 0.2 万元/d，小于间接费用率 0.8 万元/d，说明压缩工作 E 可使工程总费用降低。将工作 E 的持续时间压缩至最短持续时间 3 d，利用标号法重新确定计算工期和关键线路，如图 3.57 所示。

此时，关键工作 E 被压缩成非关键工作，故将其持续时间延长为 4 d，使其成为关键工作。第一次压缩后的网络计划如图 3.58 所示。图中箭线上方括号内数字为工作的直接费用率。

② 第二次压缩：从图 3.58 可知，该网络计划中有三条关键线路，即：①—③—④—⑥、①—③—④—⑤—⑥和①—③—⑤—⑥。为了同时缩短三条关键线路的总持续时间，有以

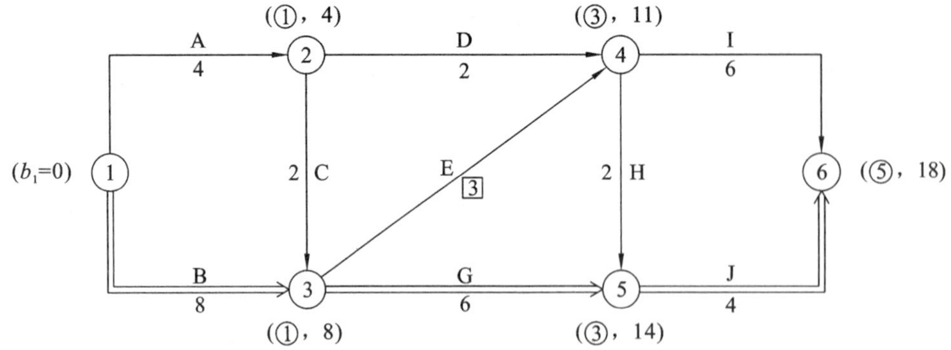

图 3.57　工作 E 压缩至最短时的关键线路

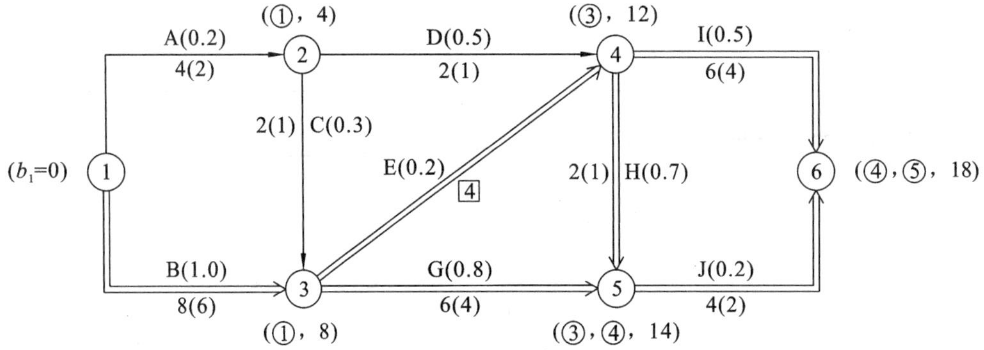

图 3.58　第一次压缩后的网络计划

下五个压缩方案：

a. 压缩工作 B,直接费用率为 1.0 万元/d；

b. 压缩工作 E 和工作 G,组合直接费用率为：0.2＋0.8＝1.0 万元/d；

c. 压缩工作 E 和工作 J,组合直接费用率为：0.2＋0.2＝0.4 万元/d；

d. 同时压缩工作 G、工作 H 和工作 I,组合直接费用率为：0.8＋0.7＋0.5＝2.0 万元/d；

e. 同时压缩工作 I 和工作 J,组合直接费用率为：0.5＋0.2＝0.7 万元/d。

在上述压缩方案中,由于工作 E 和工作 J 的组合直接费用率最小,故应选择工作 E 和工作 J 作为压缩对象。工作 E 和工作 J 的组合直接费用率 0.4 万元/d,小于间接费用率 0.8 万元/d,说明同时压缩工作 E 和 J 可使工程总费用降低。由于工作 E 的持续时间只能压缩 1 d,工作 J 的持续时间也只能随之压缩 1 d。工作 E 和工作 J 的持续时间同时压缩 1 d 后,利用标号法重新确定计算工期和关键线路。此时,关键线路由压缩三条变为压缩两条,即：①—③—④—⑥和①—③—⑤—⑥。原来的关键工作 H 未经压缩而被动地变成非关键工作。第二次压缩后的网络计划如图 3.59 所示。此时,关键工作 E 的持续时间已达最短,不能再压缩,故其直接费用率变为无穷大。

③ 第三次压缩：从图 3.59 可知,由于工作 E 不能再压缩,而为了同时缩短两条关键线路①—③—④—⑥和①—③—⑤—⑥的总持续时间,只有以下三个压缩方案：

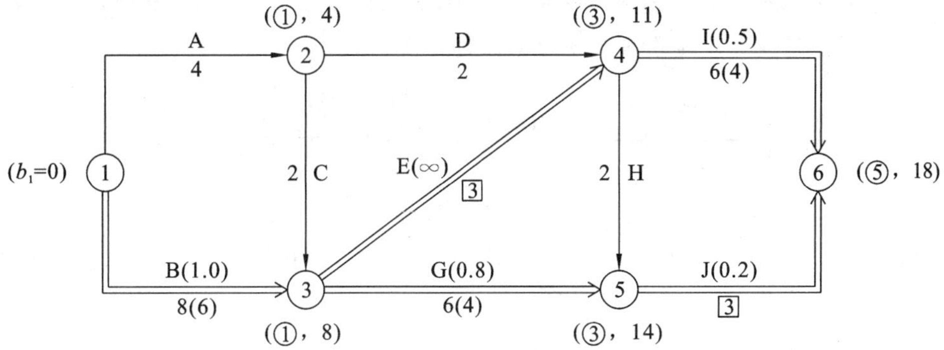

图 3.59 第二次压缩后的网络计划

a. 压缩工作 B,直接费用率为 1.0 万元/d;

b. 同时压缩工作 G 和工作 I,组合直接费用率为:0.8+0.5=1.3 万元/d;

c. 同时压缩工作 I 和工作 J,组合直接费用率为:0.5+0.2=0.7 万元/d。

在上述压缩方案中,由于工作 I 和工作 J 的组合直接费用率最小,故应选择工作 I 和工作 J 作为压缩对象。工作 I 和工作 J 的组合直接费用率 0.7 万元/d,小于间接费用率 0.8 万元/d,说明同时压缩工作 I 和工作 J 可使工程总费用降低。由于工作 J 的持续时间只能压缩 1 d,工作 I 的持续时间也只能随之压缩 1 d。工作 I 和工作 J 的持续时间同时压缩 1 d 后,利用标号法重新确定计算工期和关键线路。此时,关键线路仍然为两条,即:①—③—④—⑥和①—③—⑤—⑥。第三次压缩后的网络计划如图 3.60 所示。此时,关键工作 J 的持续时间也已达最短,不能再压缩,故其直接费用率变为无穷大。

④ 第四次压缩:从图 3.60 可知,由于工作 E 和工作 J 不能再压缩,而为了同时缩短两条关键线路①—③—④—⑥和①—③—⑤—⑥的总持续时间,只有以下两个压缩方案:

a. 压缩工作 B,直接费用率为 1.0 万元/d;

b. 同时压缩工作 G 和工作 I,组合直接费用率为:0.8+0.5=1.3 万元/d。

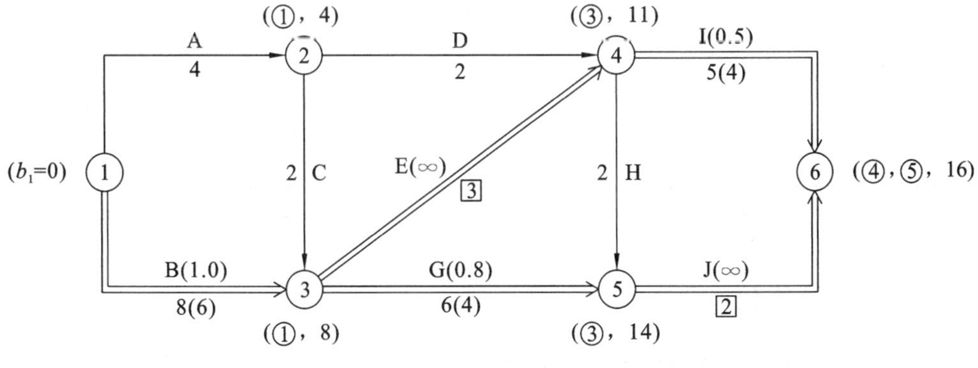

图 3.60 第三次压缩后的网络计划

在上述压缩方案中,由于工作 B 的直接费用率最小,故应选择工作 B 作为压缩对象。但是,由于工作 B 的直接费用率 1.0 万元/d 大于间接费用率 0.8 万元/d,说明压缩工作 B

会使工程总费用增加。因此，不需要压缩工作 B，优化方案已得到，优化后的网络计划如图 3.61 所示。图中箭线上方括号内数字为工作的直接费。

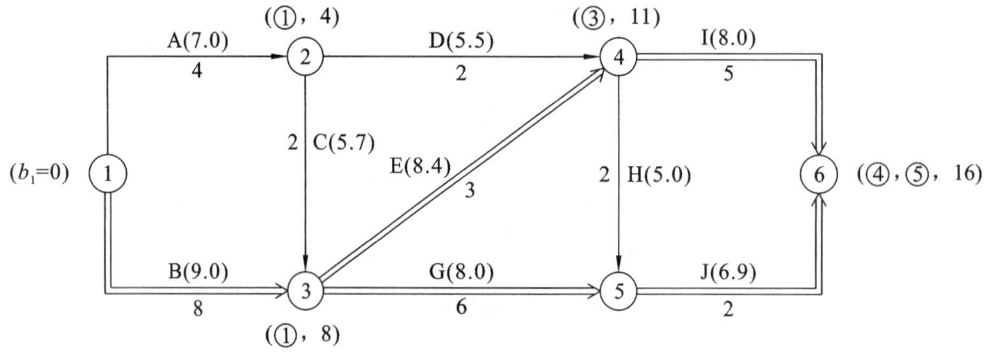

图 3.61 费用优化后的网络计划

⑤ 计算优化后的工程总费用：

a. 直接费总和：$C_{d0}=7.0+9.0+5.7+5.5+8.4+8.0+5.0+8.0+6.9=63.5$ 万元；

b. 间接费总和：$C_{i0}=0.8\times16=12.8$ 万元；

c. 工程总费用：$C_{t0}=C_{d0}+C_{i0}=63.5+12.8=76.3$ 万元。

费用优化结果见表 3.7。

表 3.7 费用优化结果表

压缩次数	被压缩的工作代号	被压缩的工作名称	直接费用率或组合直接费用率（万元/d）	费率差（万元/d）	缩短时间(d)	费用增加值（万元）	总工期(d)	总费用（万元）
0							19	77.4
1	3—4	E	0.2	−0.6	1	−0.6	18	76.8
2	3—4 5—6	E、J	0.4	−0.4	1	−0.4	17	76.4
3	4—6 5—6	I、J	0.7	−0.1	1	−0.1	16	76.3
4	1—3	B	1.0	+0.2				

注：费率差是指工作的直接费用率与工程间接费用率之差，它表示工期缩短单位时间时工程总费用增加的数值。

3.5.3 资源优化

资源是指为完成一项计划任务所需投入的人力、材料、机械设备和资源等。完成一项工程任务所需要的资源量基本上是不变的，不可能通过资源优化使其减少。资源优化的目的是通过改变工作的开始时间和完成时间，使资源按照时间的分布符合优化目标。

在通常情况下，网络计划的资源优化分为两种：一是“资源有限，工期最短”的优化；二是“工期固定，资源均衡”的优化。前者是通过调整计划安排，在满足资源限制条件下，使工期延长最少的过程；而后者是通过调整计划安排，在工期保持不变的条件下，使资源需用量尽可能均衡的过程。

这里所讲的资源优化，其前提条件是：

① 在优化过程中，不改变网络计划中各项工作之间的逻辑关系；

② 在优化过程中，不改变网络计划中各项工作的持续时间；

③ 网络计划中各项工作的资源强度(单位时间所需资源数量)为常数，而且是合理的；

④ 除规定可中断的工作外，一般不允许中断工作，应保持其连续性。

3.5.3.1 “资源有限，工期最短”的优化

优化步骤为：

(1) 按照各项工作的最早开始时间安排进度计划，并计算网络计划每个时间单位的资源需用量。

(2) 从计划开始日期起，逐个检查每个时段(每个时间单位资源需用量相同的时间段)资源需用量是否超过所能供应的资源限量。如果在整个工期范围内每个时段的资源需用量均能满足资源限量的要求，则可行优化方案就编制完成；否则，必须转入下一步进行计划的调整。

(3) 分析超过资源限量的时段。如果在该时段内有几项工作平行作业，则采取将一项工作安排在与之平行的另一项工作之后进行的方法，以降低该时段的资源需用量。

对于两项平行作业的工作 m 和工作 n 来说，为了降低相应时段的资源需用量，现将工作 n 安排在 m 之后进行，如图 3.62 所示。

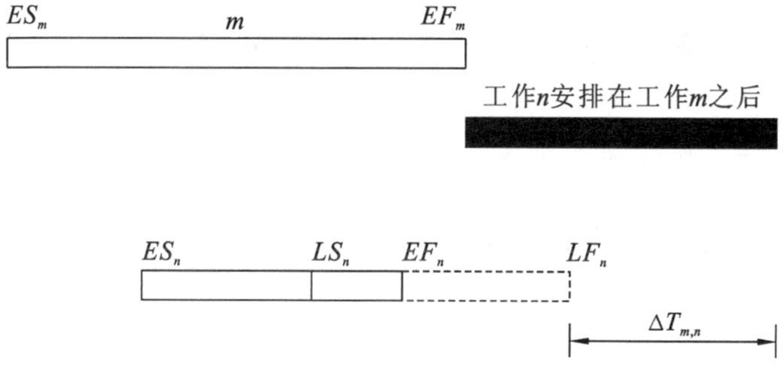

图 3.62 m,n 两项工作的排序

如果将工作 n 安排在工作 m 之后进行，网络计划的工期延长值为：

$$\Delta T_{m,n}=EF_m+D_n-LF_n=EF_m-(LF_n-D_n)=EF_m-LS_n$$

式中 $\Delta T_{m,n}$——将工作 n 安排在工作 m 之后进行时网络计划的工期延长值；

EF_m——工作 m 的最早完成时间；

D_n——工作 n 的持续时间；

LF_n——工作 n 的最迟完成时间；

LS_n——工作 n 的最迟开始时间。

这样，在有资源冲突的时段中，对平行作业的工作进行两两排序，即可得出若干个 $\Delta T_{m,n}$，选择其中最小的，将相应的工作 n 安排在工作 m 之后进行，既可降低该时段的资源需用量，又使网络计划的工期延长最短。

(4) 对调整后的网络计划安排重新计算每个时间单位的资源需用量。

(5) 重复上述步骤(2) ～(4)，直至网络计划整个工期范围内每个时间单位的资源需用量均满足资源限量为止。

【例 3.11】 已知某工程双代号初始网络计划如图 3.63 所示，图中箭线上方数字为工作的资源强度，箭线下方数字为工作的持续时间，假定资源限量 $R_a=12$，试对其进行“资源有限，工期最短”的优化。

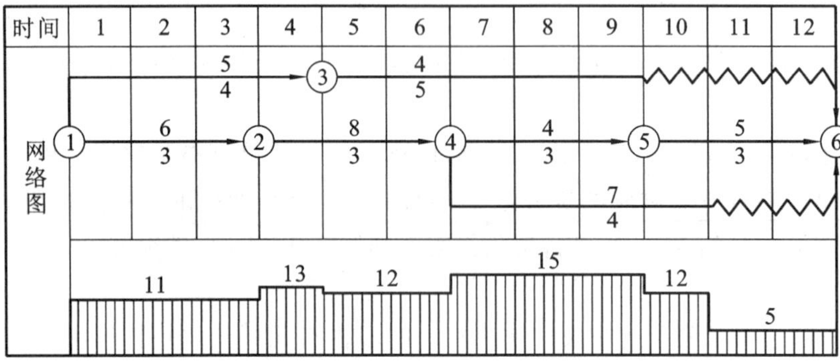

图 3.63 某工程双代号初始网络计划

【解】

该网络计划“资源有限，工期最短”的优化可按以下步骤进行：

(1) 计算网络计划每个时间单位的资源需用量，绘出资源需用量动态曲线，如图 3.64 下方曲线所示。

(2) 从计划开始日期起，经检查发现第二个时段[3,4]存在资源冲突，即资源需用量超过资源限量，故应首先调整该时段。

(3) 在时段[3,4]有工作 1—3 和工作 2—4 两项工作平行作业，利用公式计算 ΔT 值，其结果见表 3.8。

表 3.8 ΔT 值计算表

工作序号	工作代号	最早完成时间	最迟开始时间	$\Delta T_{1,2}$	$\Delta T_{2,1}$
1	1—3	4	3	1	—
2	2—4	6	3	—	3

由表 3.8 可知，$\Delta T_{1,2}=1$ 最小，说明将第 2 号工作(工作 2—4)安排在第 1 号工作(工作 1—3)之后进行，工期延长最短，只延长 1 d。因此，将工作 2—4 安排在工作 1—3 之后进行，调整后的网络计划如图 3.64 所示。

(4) 重新计算调整后的网络计划每个时间单位的资源需用量，绘出资源需用量动态曲

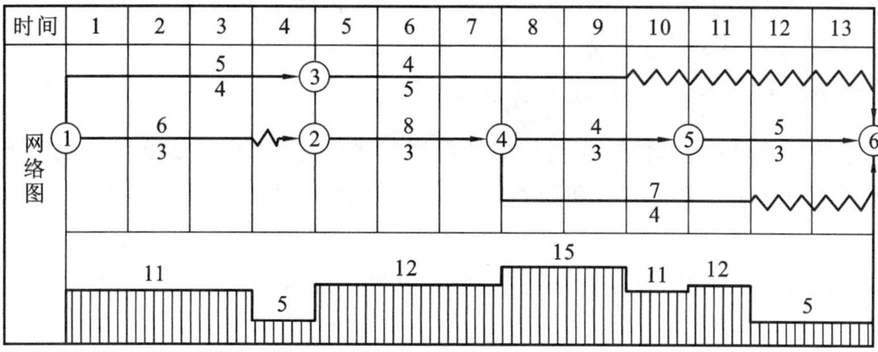

图 3.64 第一次调整后的网络计划图

线，如图 3.64 下方曲线所示。从图中可知，在第四时段[7,9]存在资源冲突，故应调整该时段。

(5) 在时段[7,9]有工作 3—6、工作 4—5 和工作 4—6 三项工作平行作业，利用公式计算 ΔT 值，其结果见表 3.9。

表 3.9 ΔT 值计算表

工作序号	工作代号	最早完成时间	最迟开始时间	$\Delta T_{1,2}$	$\Delta T_{1,3}$	$\Delta T_{2,1}$	$\Delta T_{2,3}$	$\Delta T_{3,1}$	$\Delta T_{3,2}$
1	3—6	9	8	2	0	—	—	—	—
2	4—5	10	7	—	—	2	1	—	—
3	4—6	11	9	—	—	—	—	3	4

由表 3.9 可知，$\Delta T_{1,3}=0$ 最小，说明将第 3 号工作（工作 4—6）安排在第 1 号工作（工作 3—6）之后进行，工期不延长。因此，将工作 4—6 安排在工作 3—6 之后进行，调整后的网络计划如图 3.65 所示。

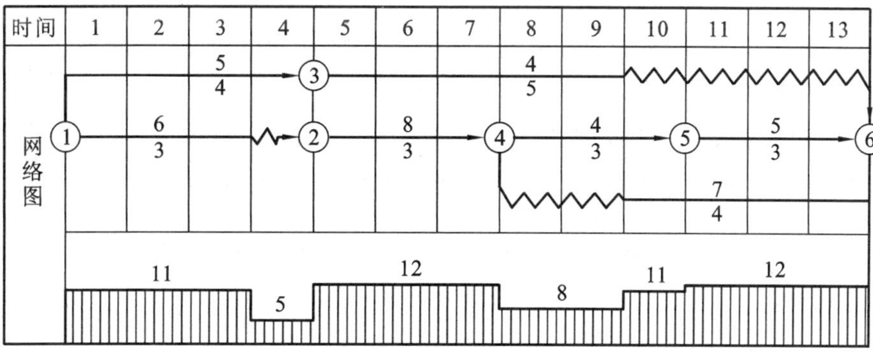

图 3.65 优化后的网络计划

(6) 重新计算调整后的网络计划每个时间单位的资源需用量，绘出资源需用量动态曲线，如图 3.65 下方曲线所示。由于此时整个工期范围内的资源需用量均未超过资源限量，故图 3.65 所示方案即为最优方案，其最短工期为 13 d。

3.5.3.2 “工期固定，资源均衡”的优化

安排建设工程进度计划时，需要使资源需用量尽可能地均衡，使整个工程每单位时间的资源需用量不出现过多的高峰和低谷，这样不仅有利于建设工程的组织和管理，而且可以降低工程费用。

“工期固定，资源均衡”的优化方法有：方差值最小法、极差值最小法、削高峰法等。本节仅介绍方差值最小法。

(1) 方差值最小法的原理

现假设已知某工程网络计划的资源需用量，则其方差为：

$$\sigma^2 = \frac{1}{T}\sum_{t=1}^{T}(R_t - R_{\rm m})^2 \tag{3-1}$$

式中 σ^2—— 资源需用量方差；

T—— 网络计划的计算工期；

R_t—— 第 t 个时间单位的资源需用量；

$R_{\rm m}$—— 资源需用量的平均值。

式(3-1) 化简为：

$$\begin{aligned}\sigma^2 &= \frac{1}{T}\sum_{t=1}^{T}(R_t - R_{\rm m})^2 \\ &= \frac{1}{T}\sum_{t=1}^{T}R_t^{\ 2} - 2R_{\rm m}\cdot\frac{\sum_{t=1}^{T}R_t}{T} + \frac{1}{T}\sum_{t=1}^{T}R_{\rm m}^2 \\ &= \frac{1}{T}\sum_{t=1}^{T}R_t^{\ 2} - 2R_{\rm m}\cdot R_{\rm m} + \frac{1}{T}\cdot T\cdot R_{\rm m}^2 \\ &= \frac{1}{T}\sum_{t=1}^{T}R_t^{\ 2} - R_{\rm m}^2\end{aligned} \tag{3-2}$$

由式(3-2)知，由于工期 T 和资源需用量的平均值 $R_{\rm m}$ 均为常数，为使方差 σ^2 最小，必须使资源需用量的平方和最小。

对于网络计划中某项工作 k 而言，其资源强度为 r_k。在调整计划前，工作 k 从第 i 个时间单位开始，到第 j 个时间单位完成，则此时网络计划资源需用量的平方和为：

$$\sum_{t=1}^{T}R_{t0}^2 = R_1^2 + R_2^2 + \cdots + R_i^2 + R_{i+1}^2 + \cdots + R_j^2 + R_{j+1}^2 + \cdots + R_t^2 \tag{3-3}$$

若将工作 k 的开始时间右移一个时间单位，即工作 k 从 $i+1$ 个时间单位开始，到 $j+1$ 个时间单位完成，则此时网络计划资源需用量的平方和为：

$$\sum_{t=1}^{T}R_{t1}^2 = R_1^2 + R_2^2 + \cdots + (R_i - r_k)^2 + R_{i+1}^2 + \cdots + R_j^2 + (R_{j+1} + r_k)^2 + \cdots + R_t^2 \tag{3-4}$$

比较式(3-3) 和式(3-4) 可以得到，当工作 k 的开始时间右移一个时间单位时，网络计

划资源需用量平方和的增量Δ为：

$$\Delta=(R_i-r_k)^2-R_i^2+(R_{j+1}+r_k)^2-R_{j+1}^2 \tag{3-5}$$

即

$$\Delta=2r_k(R_{j+1}+r_k-R_i) \tag{3-6}$$

如果资源需用量平方和的增量Δ为负值，说明工作 k 的开始时间右移一个时间单位能使资源需用量的平方和减小，也就使资源需用量的方差减小，从而使资源需用量更均衡。因此，工作 k 的开始时间能够右移的判别式为：

$$\Delta=2r_k(R_{j+1}+r_k-R_i)\leqslant 0 \tag{3-7}$$

由于工作 k 的资源强度 r_k 不可能为负值，故判别式(3-7)可以简化为：

$$R_{j+1}+r_k-R_i\leqslant 0 \tag{3-8}$$

即

$$R_{j+1}+r_k\leqslant R_i \tag{3-9}$$

判别式(3-9)表明，当网络计划中工作 k 完成时间之后的一个时间单位所对应的资源需用量 R_{j+1} 与工作 k 的资源强度 r_k 之和不超过工作 k 开始时所对应的资源需用量 R_i 时，将工作 k 右移一个时间单位能使资源需用量更加均衡。这时，就应将工作 k 右移一个时间单位，即：

$$R_{i-1}+r_k\leqslant R_j \tag{3-10}$$

同理，如果判别式(3-10)成立，说明将工作 k 左移一个时间单位能使资源需用量更加均衡。这时，就应将工作 k 左移一个时间单位。

如果工作 k 不满足判别式(3-9)或判别式(3-10)，说明工作 k 右移或左移一个时间单位不能使资源需用量更加均衡，这时可以考虑其总时差允许范围内，将工作 k 右移或左移数个时间单位。

向右移时，判别式为：

$$[(R_{j+1}+r_k)+(R_{j+2}+r_k)+(R_{j+3}+r_k)+\cdots]\leqslant[R_i+R_{i+1}+R_{i+2}+\cdots] \tag{3-11}$$

向左移时，判别式为：

$$[(R_{i-1}+r_k)+(R_{i-2}+r_k)+(R_{i-3}+r_k)+\cdots]\leqslant[R_j+R_{j-1}+R_{j-2}+\cdots] \tag{3-12}$$

(2) 优化步骤

按方差值最小的优化原理，“工期固定，资源均衡”的优化一般可按以下步骤进行：

① 按照各项工作的最早开始时间安排进度，并计算网络计划每个时间单位的资源需用量。

② 从网络计划的终点节点开始，按工作完成节点编号值从大到小的顺序依次进行调整。当某一节点同时作为多项工作的完成节点时，应先调整开始时间较迟的工作。

在调整工作时，一项工作能够右移或左移的条件是：

a. 工作具有机动时间，在不影响工期的前提下能够右移或左移；

b. 工作满足判别式(3-9)或式(3-10)，或者满足判别式(3-11)或式(3-12)。

只有同时满足以上两个条件，才能调整该工作，将其右移或左移至相应位置。

③ 当所有工作均按上述顺序自右向左调整了一次之后，为使资源需用量更加均衡，再按上述顺序自右向左进行多次调整，直至所有工作既不能右移也不能左移为止。

【例 3.12】 已知某工程双代号网络计划如图 3.66 所示,图中箭线上方数字为工作的资源强度,箭线下方数字为工作的持续时间,试对其进行“工期固定,资源均衡”的优化。

【解】

该网络计划“工期固定,资源均衡”的优化可按以下步骤进行:

(1) 计算网络计划每个时间单位的资源需用量,绘出资源需用量动态曲线,如图 3.66 下方曲线所示。

由于总工期为 14 d,故资源需用量的平均值为:

$$R_m=(2\times14+2\times19+20+8+4\times12+9+3\times5)/14=166/14\approx11.86$$

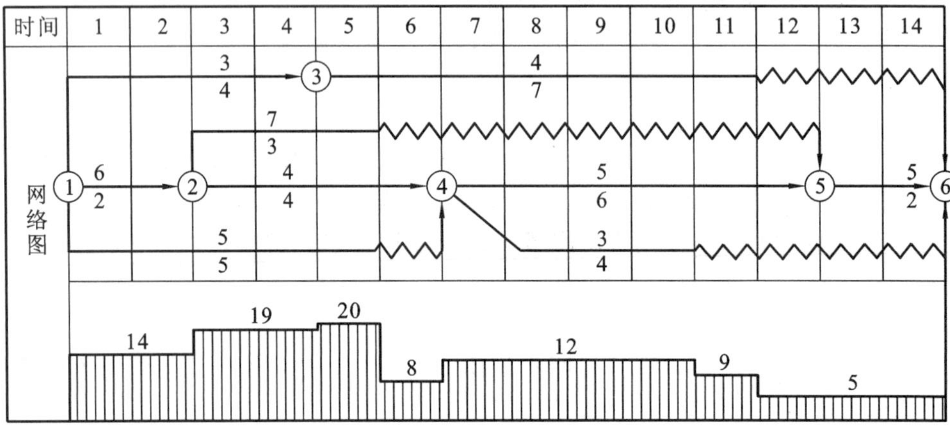

图 3.66 初始网络计划

(2) 第一次调整

① 以终点节点⑥为完成节点的工作有三项,即工作 3—6、工作 5—6 和工作 4—6。其中工作 5—6 为关键工作,由于工期固定而不能调整,只能考虑调整工作 3—6 和工作 4—6。

由于工作 4—6 的开始时间晚于工作 3—6 的开始时间,应先调整工作 4—6。在图 3.66 中,按照判别式(3-9),有:

a. 由于 $R_{11}+r_{4-6}=9+3=12$,等于 $R_7=12$,故工作 4—6 可右移一个时间单位,改为第 7 个时间单位开始;

b. 由于 $R_{12}+r_{4-6}=5+3=8$,小于 $R_8=12$,故工作 4—6 可再右移一个时间单位,改为第 8 个时间单位开始;

c. 由于 $R_{13}+r_{4-6}=5+3=8$,小于 $R_9=12$,故工作 4—6 可再右移一个时间单位,改为第 9 个时间单位开始;

d. 由于 $R_{14}+r_{4-6}=5+3=8$,小于 $R_{10}=12$;故工作 4—6 可再右移一个时间单位,改为第 10 个时间单位开始。

至此,工作 4—6 的总时差已全部用完,不能再右移。工作 4—6 调整后的网络计划如图 3.67 所示。

工作 4—6 调整后,就应对工作 3—6 进行调整。在图 3.67 中,按照判别式(3-9),有:

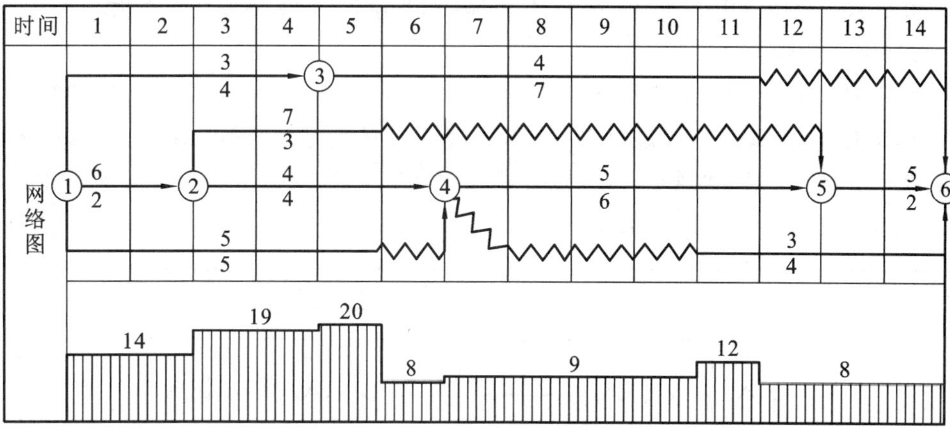

图 3.67 工作 4—6 调整后的网络计划

a. 由于 $R_{12}+r_{3-6}=8+4=12$，小于 $R_5=20$，故工作 3—6 可右移一个时间单位，改为第 5 个时间单位开始；

b. 由于 $R_{13}+r_{3-6}=8+4=12$，大于 $R_6=8$，故工作 3—6 不能右移一个时间单位；

c. 由于 $R_{14}+r_{3-6}=8+4=12$，大于 $R_7=9$，故工作 3—6 也不能右移两个时间单位。

由于工作 3—6 的总时差只有 3，故该工作此时只能右移一个时间单位，改为第 5 个时间单位开始。工作 3—6 调整后的网络计划如图 3.68 所示。

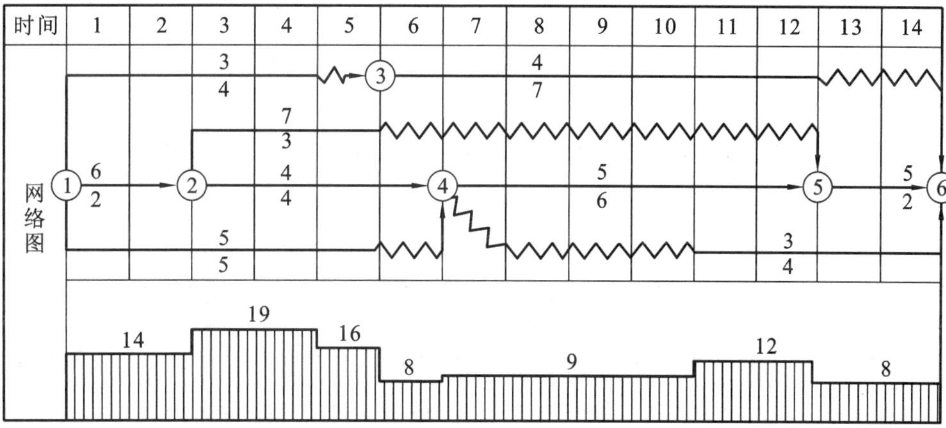

图 3.68 工作 3—6 调整后的网络计划

② 以节点⑤为完成节点的工作有两项，即工作 2—5 和工作 4—5。其中工作 4—5 为关键工作，不能移动，故只能调整工作 2—5。在图 3.68 中，按照判别式(3-9)，有：

a. 由于 $R_6+r_{2-5}=8+7=15$，小于 $R_3=19$，故工作 2—5 可右移一个时间单位，改为第 3 个时间单位开始；

b. 由于 $R_7+r_{2-5}=9+7=16$，小于 $R_4=19$，故工作 2—5 可再右移一个时间单位，改为第 4 个时间单位开始；

c. 由于 $R_8+r_{2-5}=9+7=16$，等于 $R_5=16$，故工作 2—5 可再右移一个时间单位，改为第 5 个时间单位开始；

d. 由于 $R_9+r_{2-5}=9+7=16$，大于 $R_6=8$，故工作 2—5 不可再右移一个时间单位。

此时，工作 2—5 虽然还有总时差，但不能满足判别式(3-9)或判别式(3-11)，故工作 2—5 不能再右移。至此，工作 2—5 只能右移 3 个时间单位，改为第 5 个时间单位开始。工作 2—5 调整后的网络计划如图 3.69 所示。

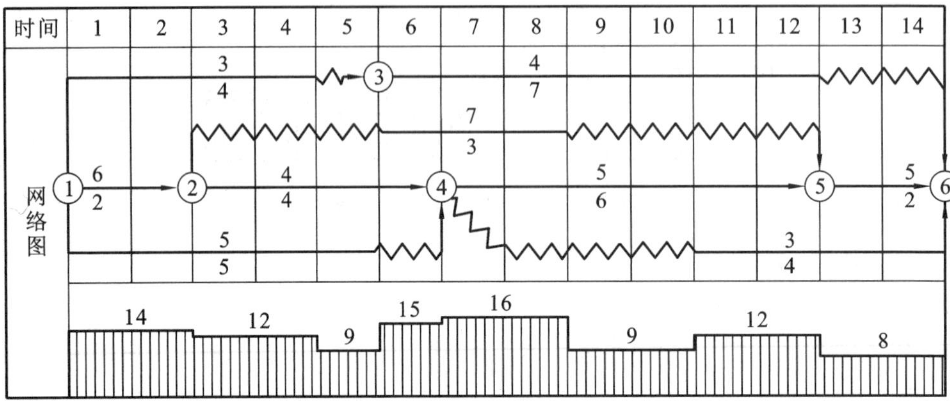

图 3.69　工作 2—5 调整后的网络计划

③ 以节点④为完成节点的工作有两项，即工作 1—4 和工作 2—4。其中工作 2—4 为关键工作，不能移动，故只能考虑调整工作 1—4。

在图 3.69 中，由于 $R_6+r_{1-4}=15+5=20$，大于 $R_1=14$，不满足判别式(3-9)，故工作 1—4 不可右移。

④ 以节点③为完成节点的工作只有工作 1—3，在图 3.69 中，由于 $R_5+r_{1-3}=9+3=12$，小于 $R_1=14$，故工作 1—3 可右移一个时间单位。工作 1—3 调整后的网络计划如图 3.70所示。

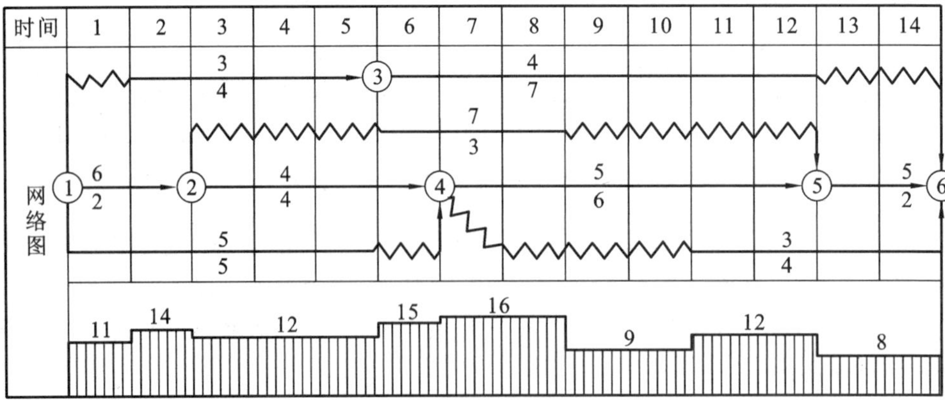

图 3.70　工作 1—3 调整后的网络计划

⑤ 以节点②为完成节点的工作只有工作1—2，由于该工作为关键工作，故不能移动。至此，第一次调整结束。

(3) 第二次调整

从图3.70可知，在以终点节点⑥为完成节点的工作中，只有工作3—6有机动时间，有可能右移。按照判别式(3-9)：

① 由于$R_{13}+r_{3-6}=8+4=12$，小于$R_6=15$，故工作3—6可右移一个时间单位，改为第6个时间单位开始；

② 由于$R_{14}+r_{3-6}=8+4=12$，小于$R_7=16$，故工作3—6可再右移一个时间单位，改为第7个时间单位开始。

至此，工作3 6的总时差已全部用完，不能再右移。工作3—6调整后的网络计划如图3.71所示。

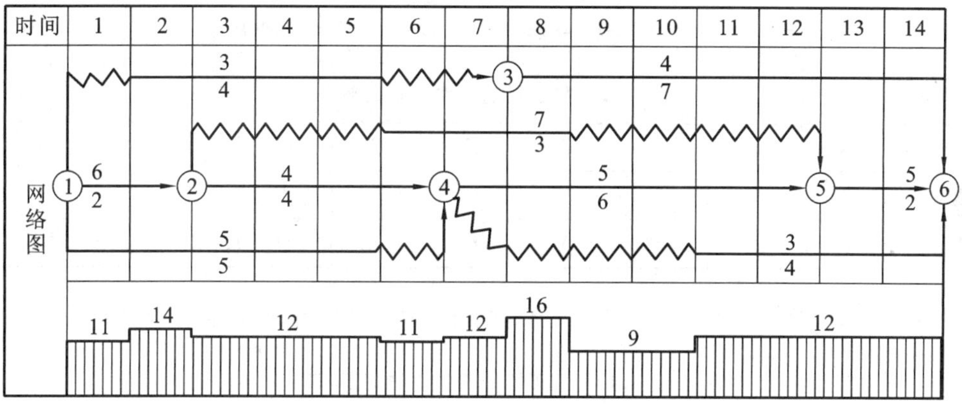

图3.71 工作3—6调整后的网络计划

从图3.71可知，此时所有工作右移或左移均不能使资源需用量更加均衡。因此，图3.71所示网络计划即为最优方案。

复习思考题

3.1 网络图是什么？

3.2 工作与虚工作有什么区别？

3.3 总时差和自由时差是什么？二者有什么区别？

3.4 双代号网络图的特点是什么？

3.5 网络计划有哪几种优化方式？

3.6 已知工作之间的逻辑关系见表3.10，试绘制双代号网络图和单代号网络图。

表3.10 工作之间的逻辑关系

工作	A	B	C	D	E	F	G
紧前工作	—	—	—	—	A、B	C、D	B、D

3.7 某网络计划工作的逻辑关系见表3.11，试绘制双代号网络图，并计算六个时间参数，最后计算工期和标明关键线路。

表3.11 某网络计划工作的逻辑关系

工作	A	B	C	D	E	F	G	H	I	J	K
持续时间	22	10	13	8	15	17	15	6	11	12	20
紧前工作	—	—	B、E	A、C、H	—	B、E	E	F、G	F、G	A、C、I、H	F、G

3.8 某工程的工作逻辑关系见表3.12，试绘制双代号网络图，标出节点的最早时间和最迟时间，并以此计算六个时间参数，最后计算工期和标明关键线路。

表3.12 某工程的工作逻辑关系(一)

工作	A	B	C	D	E	F	G	H	I	J
持续时间	2	3	4	5	6	3	4	7	2	3
紧前工作	—	A	A	A	B	C、D	D	B	E、F、H	F

3.9 某工程的工作逻辑关系见表3.13，试绘制双代号时标网络图，并标明关键线路。

表3.13 某工程的工作逻辑关系(二)

工作	A	B	C	D	E	F	G	H	I	J
持续时间	2	3	5	2	3	3	2	3	6	2
紧前工作	—	A	A	B	B	D	F	E、F	C、E、F	G、H

3.10 某工程的工作逻辑关系见表3.14，试绘制单代号网络图，并计算六个时间参数，最后计算工期和标明关键线路。

表3.14 某工程的工作逻辑关系(三)

工作	A	B	C	D	E	F
持续时间	12	10	5	7	6	4
紧前工作	—	—	—	B	B	C、D

3.11 某网络计划如图3.72所示，箭线下方括号外数字为工作的正常时间，括号内数字为工作的最短时间，箭线上方括号内数字为优选系数。要求工期为12 d，试对其进行工期优化。

3.12 某网络计划如图3.73所示，箭线下方括号外数字为工作的正常时间，括号内数字为工作的最短时间，箭线上方括号外数字为正常持续时间的直接费，括号内数字为最短持续时间的直接费(费用单位为千元,时间单位为 d)。如果工程间接费用率为 0.8 千元/d,则最低工程费用时的工期为多少天?

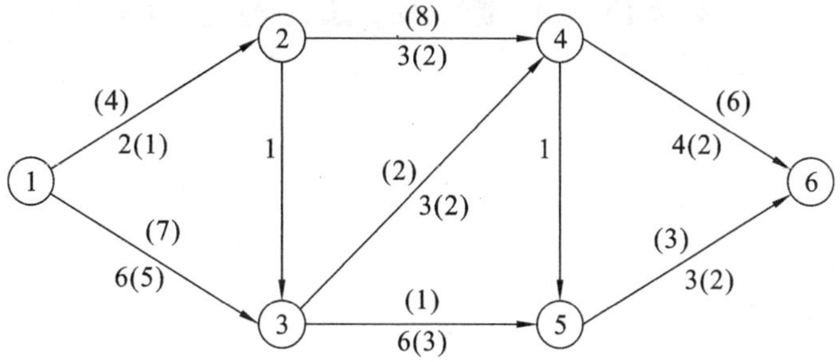

图 3.72 习题 3.11 图

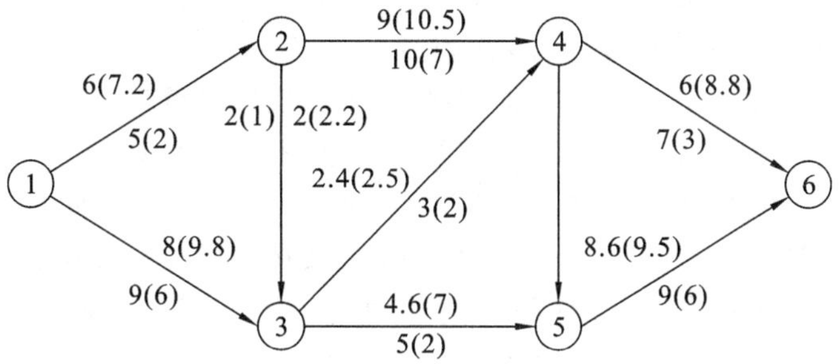

图 3.73 习题 3.12 图

4 单位工程施工组织设计

4.1 概　　述

单位工程施工组织设计就是以单位(子单位)工程为主要对象编制的施工组织设计,对单位(子单位)工程的施工过程起指导和制约作用。

单位工程施工组织设计是对一个工程的战略部署,是宏观定性的,是一个将建筑物的蓝图转化为实物的指导组织各种活动的总文件。各类土木工程项目的施工,均应编制施工组织设计,并按照批准的施工组织设计进行施工。

单位工程施工组织设计编制与审批:单位工程施工组织设计由项目负责人主持编制,项目部全体管理人员参加,企业主管部门审核,企业技术负责人审批。

施工组织设计要实行动态管理。建筑工程具有产品的单一性,同时作为一种产品,又具有漫长的生产周期。施工组织设计是工程技术人员运用以往的知识和经验,对建筑工程的施工预先设计的一套运作程序和实施方法,但由于人们知识经验的差异以及客观条件的变化,施工组织设计在实际执行中,难免会遇到不适用的部分,这就需要针对新情况进行修改或补充。同时,作为施工指导书,又必须将其思想贯彻到具体操作过程中,使操作人员按指导书进行作业,这是一个动态的管理过程。

项目施工过程中,如发生以下情况之一时,应对施工组织设计及时进行修改或补充:

(1) 工程设计有重大修改;

(2) 对有关法律、法规、规范和标准进行修订或废止;

(3) 主要施工方法有重大调整;

(4) 主要施工资源配置有重大调整;

(5) 施工环境有重大改变。

经修改或补充的施工组织设计应重新审批后才能实施。

4.1.1 编制意义与作用

单位工程施工组织设计是用以指导和组织单位工程从施工准备到工程竣工的施工活动的技术经济文件。编制单位工程施工组织设计应根据工程的建筑结构特点、建设要求与施工条件,合理选择施工方案,编制施工进度计划,规划施工现场的平面布置,编制各种资源需求量计划,制定降低成本的技术组织措施和保证工程质量与安全文明施工的措施。

施工组织设计是项目管理规划的主要内容,从其作用来看总体分为两大类:一类是施工企业由组织的管理层或组织委托的项目管理单位编制的,用以投标的施工组织设计,简称标前设计;另一类是由项目经理组织编制的,中标后用于指导整个施工用的施工组织设计,简称标后设计。本章中的施工组织设计主要指标后施工组织设计。

单位工程施工组织设计具有如下具体的作用：

(1)单位工程施工组织设计是具体指导和组织单位工程施工的重要文件

在单位工程施工组织设计中，由于制定了单位工程的施工顺序、施工流向、施工方法、施工方案，编制了施工进度计划、施工中的技术经济指标，规划施工现场平面布置，所以在施工全过程中有了可靠的依据和具体的标准，只要按照施工组织设计文件中的规定执行，就一定能保证工程质量、促进安全生产、降低工程成本、提高经济效益、加快施工进度。

(2)单位工程施工组织设计是合理组织单位工程施工和加强施工管理的重要措施

单位工程施工组织设计是工程开工前最先完成的技术经济文件，它不仅是施工准备工作的重要依据，而且是做好施工各环节管理工作不可缺少的重要措施。经验证明：编制高质量的单位工程施工组织设计，才能使工程施工顺利进行，才能使施工管理井然有序，才会产生较大的经济效益和社会效益。

(3)单位工程施工组织设计是建筑企业参与工程投标竞争的主要内容

单位工程施工组织设计是企业进行投标的主要文件之一。它不仅是计算投标报价的依据之一，也是体现建筑企业施工水平、技术水平和管理水平高低的重要标志。中华人民共和国住房和城乡建设部规定：凡是实行招标的工程，施工企业必须有施工组织设计才能参与投标。实践证明：进行工程投标时，在某些时候施工组织设计的质量能起着关键性作用。

(4)单位工程施工组织设计是编制年、季、月各种计划的重要依据

在建筑工程施工过程中，需要大量的劳动力、施工机械和建筑材料、构配件，要想科学合理地调配，应分期编制各阶段所需要的资源量，以便进行合理劳动组合，科学地安排施工现场，正确地处理空间与时间、人力与物力、技术与组织、供应与消耗、生产与存储之间的关系，而编制各种计划的重要依据，就是单位工程施工组织设计。

4.1.2 编制依据

编制单位工程施工组织设计之前，应认真做好调查，掌握有关自然条件和技术经济资料，主要编制依据包括以下内容：

(1)上级主管部门对工程项目批准建设的文件及有关建设要求

如工程的开(竣)工日期、质量要求、对某些特殊施工技术的要求、采用何种先进的施工技术、对材料及设备的要求、对施工图纸的供应要求、对建设单位提供施工条件的要求等。

(2)施工合同

施工合同包括工程范围，工程开(竣)工日期，工程质量保修期及保修范围，工程检查验收程序，工程价款的支付、结算办法，技术资料的提供日期，材料和设备的供应和进场期限，双方相互协作事项，违约责任等。建设单位在施工招标文件中对工程进度、质量、造价等作了具体要求。

(3)设计文件对施工的要求

其中包括单位工程全部施工图纸、会审纪要、工程预算定额、劳动定额及标准图集等有关设计资料。对于较复杂的工业建筑、公共建筑及高层建筑等还要有设备、管道等设计图纸和安装要求，及设计单位对新材料、新技术和新工艺的要求。

(4)施工现场的自然条件

其中包括施工现场的地形、地貌,地上与地下障碍物,工程地质和水文地质情况,施工地区气象资料;永久性或临时水准点、控制线等;场地可利用的面积和范围;交通运输道路的情况,以及供水、供电、供气等情况。

(5)资源配备情况

资源配备情况包括施工中需要的劳动力、施工机具和设备、主要材料及半成品、预制构件和加工品等的供应能力和来源情况,运输条件、运输方式、运输距离和价格,供应时间、数量和方式。

(6)施工组织总设计

如果该工程是整个工程项目中的一个组成部分时,该工程的施工组织设计则应遵守施工组织总设计的有关施工部署和具体要求来进行编制,这样才能保证建设项目的完整性。

(7)建筑企业年度生产计划

建筑企业年度生产计划包括对本工程的安排和规定的有关指标,如进度、其他项目穿插施工的要求等。

(8)国家有关规范、规程、标准和工程预算文件

工程预算文件为编制施工组织设计提供了工程量和预算成本;国家有关的施工及验收规范、质量评定标准、安全操作规程和定额手册等,都是确定施工方案、编制施工进度计划的主要依据。

(9)建设单位可能提供的现场条件及施工条件

建设单位可能提供的现场条件包括建设单位可能提供的施工场地占用、临时施工用房数量及职工食堂、浴室、宿舍、医疗条件,水、电供应量,水压、电压能否满足施工要求等情况。

建设单位可能提供的施工条件包括劳动力、技术人员和管理人员情况,现有的施工机械设备,对本单位工程可提供的专业工人人数、施工机械的台班数等。

(10)其他有关参考资料及类似工程施工组织设计等

另外,建设地区的政治、经济、生活、文化、商业及市场供应情况,当地的风俗习惯和地方特色等资料,在编制单位工程施工组织设计时也要予以重视。

4.1.3 编制内容

单位工程施工组织设计一般应包括以下内容:

(1)工程概况

工程概况和施工条件分析是对拟建工程特点、地点特征、抗震设防的要求、工程的建筑面积和施工条件等所做的一个简要的、突出重点的介绍。

(2)施工准备

施工准备是单位工程施工组织设计的一项重要工作,包括施工前的技术准备、现场准备和资源准备等。

(3)施工方案

施工方案是单位工程施工组织设计的核心和重点内容,应着重于多种施工方案的技术

经济比较，力求采用先进技术，选择最优施工方案。包括施工程序及施工流程、施工顺序、施工流向的确定，主要分部分项工程的划分及其施工方法的选择、施工段的划分、施工机械的选择、技术组织措施的拟定等内容。

确定施工方案时应从以下几个方面进行：主要施工机械的选用，机械的布置位置及开行路线，现浇钢筋混凝土施工中各种模板的选用，混凝土水平与垂直运输方案的选择，降低地下水位的方案比较，各种材料运输方案的选择，主要经济指标的分析等。

(4)施工进度计划

施工进度计划是单位工程施工组织设计中的重要组成内容之一。主要包括划分施工过程和计算工程量、劳动量、机械台班使用量、施工班组人数、每天工作班次、工作持续时间，以及确定分部分项工程(施工过程)施工顺序及搭接关系，绘制进度计划表等。

不同的施工方案，会出现不同的施工进度。工程实践中最优的施工进度计划有两种情况：一是资源需用量均衡，工期合理或在规定的工期内完成；二是在合理使用资源的条件下，或不提高施工费用的基础上，力求使工期最短。

(5)施工计划

施工计划包括施工准备工作计划和劳动力、材料、构件和机械设备等需要量计划。

(6)施工平面图

科学合理的施工平面布置，是单位工程实现文明施工的基础。施工平面图主要包括起重运输机械位置的确定，搅拌站、仓库及材料堆场的布置，临时供水管线、供电管线、临时道路、临时设施用房的布置等内容。

(7)施工技术、组织和保证措施(应包括安全、节能、环保)

为了保证工程的质量，要针对不同的工作、工种和施工方法，制定出相应的技术措施和不同的质量保证措施，同时要保证文明施工、安全生产。其内容应包括：保证工期措施、保证施工安全措施、冬雨期施工措施、降低成本措施、文明施工措施、环境保护措施等内容。

(8)技术经济指标分析

技术经济指标分析主要包括工期指标、质量指标、安全指标、实物量消耗指标、降低成本指标分析等内容。

对于一般常见的建筑结构类型或规模不大的单位工程，其施工组织设计可以编制得简单一些，其内容一般以施工方案、施工进度计划、施工平面图为主，辅以简要的文字说明即可。

4.1.4 编制程序

我国工程建设程序可归纳为以下四个阶段：投资决策阶段、勘察设计阶段、项目施工阶段、竣工验收和交付使用阶段。

4.1.4.1 施工组织设计的编制原则

施工组织设计的编制必须遵循工程建设程序，并应符合下列原则：

(1) 合理安排施工顺序

按照施工的客观规律和建筑产品的工艺要求，坚持科学的施工程序和合理的施工顺序，是编制单位工程施工组织设计的重要原则，不论何种类型的工程施工，都有其客观的施工顺序，这是必须要严格遵守的。

在施工组织中，一般应将工程施工对象按工艺特征进行科学分解，然后在它们之间组织施工的流水作业，使之搭接最大、衔接紧凑、工期较短。合理的施工顺序，不仅要达到紧凑均衡的要求，而且还要注意施工的安全，尤其是立体交叉作业更要采取必要而可靠的安全措施。

(2) 采用先进的施工技术和施工组织措施

当今，先进的施工技术层出不穷。采用先进的施工技术是提高劳动生产率、保证工程质量、加快施工进度、降低施工成本、减轻劳动强度的重要途径，这是已被工程实践所证实的。但是，在具体编制单位工程施工组织设计时，应从企业的实际出发选用新技术，以实事求是的态度，在调查研究的基础上，经过科学分析和技术经济验证，慎重对待。既要考虑其先进性，更要考虑其适用性和经济性。

先进的组织管理是提高社会效益和经济效益的重要措施。通过采用科学、先进的施工组织措施(如组织施工流水作业、网络计划技术、计算机应用技术、项目经理制、岗位责任制等)，实现项目施工组织的科学化、规范化、高效管理，达到科学配置资源，合理布置施工现场，采取可行的季节性施工措施，实现连续、均衡施工，使经济技术指标合理。

(3) 专业工种的合理搭接和密切配合

随着科学技术的发展，社会进步和物质文化的提高，建筑施工对象也日趋复杂化、技术化。因此，要完成一个工程的施工，涉及的工种将越来越多，相互之间的配合对工程施工进度的影响也越来越大。单位工程的施工组织设计要有预见性和计划性，既要使各施工过程、专业工种顺利进行，又要使它们尽可能地实现搭接和交叉，以缩短施工工期，提高经济效益。在许多工程施工中，一些专业工种是相互联系、相互依存、相互制约的，这就需要在施工组织设计中做出科学合理的安排。

(4) 对多种施工方案要进行技术经济分析

任何一个工程的施工，必然会有多种施工方案可供选择，在单位工程施工组织设计中，应对主要工种工程的施工方案和主要施工机械的作业方案进行选择，根据各方面的实际情况进行充分的论证，通过技术经济的分析，选择技术上先进、经济上合理，且符合施工现场实际情况、适合施工企业的施工方案。

(5) 确保各项项目管理目标的实现

任何一个工程项目的管理都有具体的管理目标，是企业进行项目管理的根本，只有加强了对项目的管理，企业才能取得良好的社会效益和经济效益。在单位工程施工组织设计中，确定的各项管理目标要符合施工合同或招标文件中有关工程进度、质量、安全、环境保护、造价等方面的要求，同时还要制订切实可行、具有较强的针对性和可操作性的保证措施。

(6) 积极开发、使用新技术和新工艺，推广应用新材料和新设备

在目前市场经济条件下，企业应当积极利用工程特点，组织、开发、创新施工技术和施工工艺，这样做有利于保证工程管理目标的实现。

(7) 采取技术和管理措施，推广建筑节能和绿色施工

我国对建筑环境卫生、职业健康、安全文明施工进行了立法，并拟定了规范行业行为的

强制性条文,做到有法可依、执法有据。国家还制定了相关标准法规作为指导绿色施工的依据。国家定额还将安全文明施工费、环境保护费、建筑垃圾处理费等列入预算进行计取费用,可见国家对绿色环保施工的重视。

在基坑施工时,尽可能减小基坑开挖尺寸,采用可行性较强的支护和加快基础施工速度的办法,保持原土地质结构少受扰动,减少土方外运量,节省运输费用;为了保护环境,减少扬尘、噪声,在砌筑工程上使用环保型产品;对拌制水泥砂浆的搅拌机设置临时防护棚,现场临时道路定时洒水防止水泥灰尘土飞扬;建筑污水进入沉淀池沉淀,用水泵加压后可用于喷洒场地、洗车、冲洗厕所,还可用来浇灌工地的绿化区。

(8) 与质量、环境和职业健康安全三个管理体系有效结合

为持续满足过程能力和质量保证的要求,国家鼓励企业进行质量、环境和职业健康安全管理体系的认证制度,且目前该三个管理体系的认证在我国建筑行业中已较普及,并且建立了企业内部管理体系文件,编制施工组织设计时,不应违背上述管理体系文件的要求。

4.1.4.2 单位工程施工组织设计编制的程序

单位工程施工组织设计的编制程序,是指对其各组成部分形成的先后次序及相互之间的制约关系的处理,单位工程施工组织设计的编制程序见图 4.1。

(1) 熟悉、审查施工图纸,调查基础资料

通过对施工图纸的熟悉和审查来了解设计意图和工程的基本情况,通过对基础资料的调查来掌握施工现场的自然经济技术条件、施工条件。

(2) 计算工程量

通常可以利用工程预算中的工程量。工程量计算准确,才能保证劳动力和资源需要量计算的正确和分层分段流水作业的合理组织,故工程量必须根据图纸和较为准确的定额资料进行计算。如工程的分层分段按流水作业方法施工时,工程量也应相应地进行分层分段计算。

(3) 确定施工方案、施工方法

如果施工组织总设计已有原则规定,则该项工作的任务就是进一步具体化,否则应全面加以考虑。需要特别加以研究的是主要分部、分项工程的施工方法和施工机械的选择,因为它对整个单位工程的施工具有决定性的作用。具体施工顺序的安排和流水段的划分,也是需要重点考虑的。

(4) 组织流水作业,编制施工进度计划

根据流水作业的基本原理,按照工期要求、工作面的情况、工程结构对分层分段的影响以及其他因素,组织流水作业,决定劳动力和机械的具体需要量以及各工序的作业时间,编制网络计划,并按工作日排出施工进度。

(5) 计算各种资源的需要量和确定供应计划

依据采用的劳动定额和工程量及进度可以决定劳动量(以工日为单位)和每日的工人需要量。依据有关定额和工程量及进度,就可以计算确定主要材料和加工预制品的主要种类和数量及其供应计划。

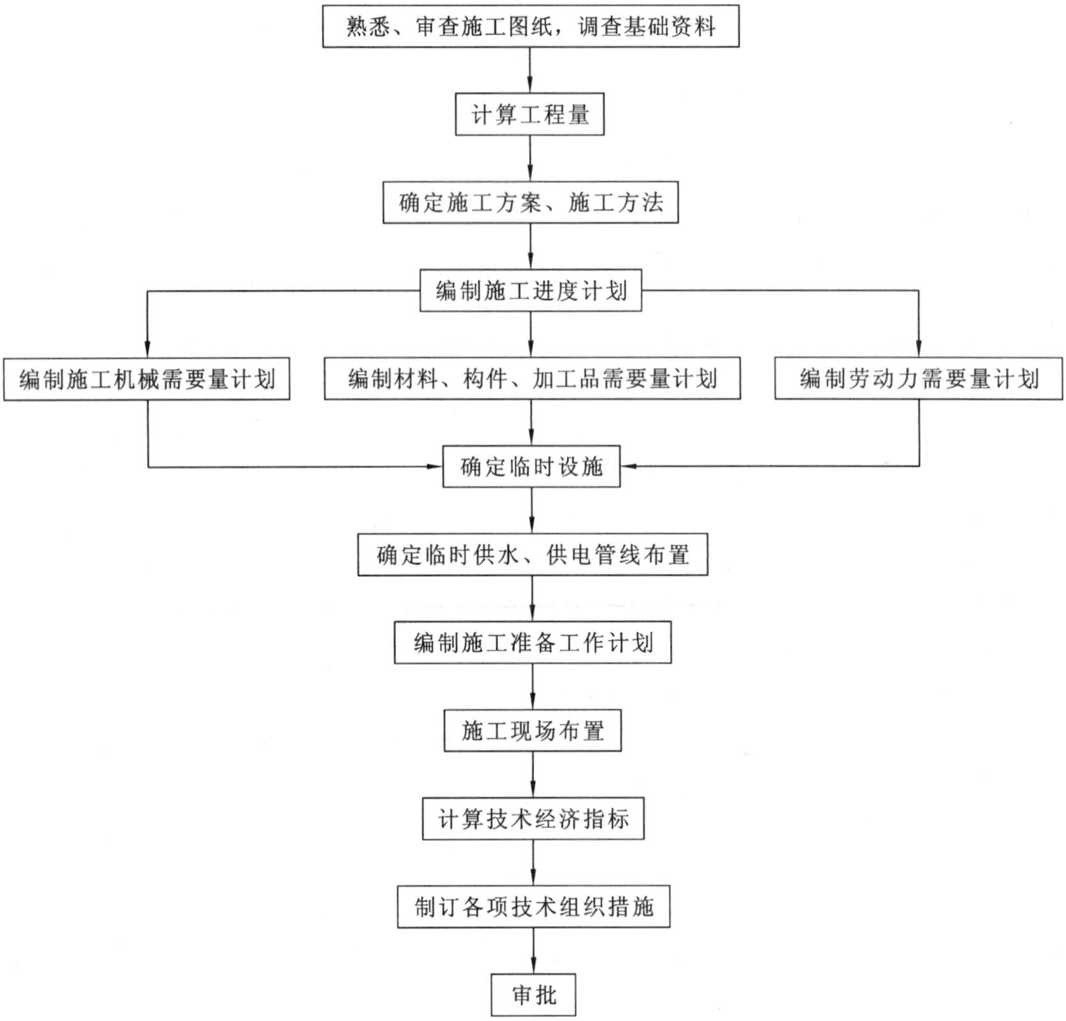

图 4.1　单位工程施工组织设计的编制程序

(6) 平衡劳动力、材料物资和施工机械的需要量并修正进度计划

根据对劳动力和材料物资的计算就可绘制出相应的曲线以检查其平衡状况。如果发现有过大的高峰或低谷，即应将进度计划作适当的调整与修改，使其尽可能趋于平衡，以便使劳动力的利用和物资的供应更为合理。

(7) 设计施工平面图

确定现场垂直运输机械、临时设施、道路、水电管线的布置，施工平面图应使生产要素在空间上的位置合理、互不干扰，能加快施工进度。

(8) 拟定各项技术组织措施，计算技术经济指标

为保证各项管理目标的实现，就要针对不同的管理目标制定针对性强、可操作性强的技术组织措施，同时，还要对单位工程施工组织设计的技术经济指标进行计算和分析，评价其在技术上是否先进可行，在经济上是否合理。

4.2 工程概况

单位工程施工组织设计中的工程概况，是对拟建工程的工程特点、地点特征和施工条件所做的一个简洁、明了、突出重点的文字介绍。

4.2.1 编制目的

单位工程施工组织设计中工程概况编制的目的主要有以下两点：一是编写者对工程的基本情况、施工条件和相关要求做到心中有数，以便合理选择施工方案，有针对性地制订实现工程管理目标的各项技术组织措施；二是审批人通过工程概况的审阅，对工程的基本情况有一个比较清晰的了解，以判断方案是否可行、合理、先进与经济，各项技术组织措施是否到位和有针对性，投入的施工机械是否满足施工的需要，施工进度计划与其支持性计划是否可行与合理，现场平面布置是否合理、有序等。

4.2.2 编制内容

4.2.2.1 工程建设概况

工程建设概况包括拟建工程的建设单位，工程名称，工程规模、性质、用途和建设目的，资金来源及工程投资额，开、竣工的日期，设计单位，施工单位(包括施工总承包单位和分包单位)，施工图纸情况，施工合同，主管部门的有关文件或要求，以及组织施工的指导思想等。

4.2.2.2 工程设计概况

工程设计概况是对工程全貌进行的综合说明，主要介绍以下几方面情况：

(1) 建筑设计特点

一般需说明：拟建工程的建筑面积、平面形状和平面组合情况，层数、层高、总高度、总长度、总宽度等尺寸及室内外的装修情况，并附平面、立面、剖面简图。

(2) 结构设计特点

一般需说明：基础的型式及埋置的深度，桩基础的根数及深度，主体结构的类型，墙、梁、板的材料及截面尺寸，预制构件的类型、重量及安装位置，楼梯构造及型式，抗震设防的烈度等。

4.2.2.3 工程施工特点

概括单位工程的施工特点，特别是施工中的重点和关键问题所在，以便在选择施工方案、组织资源供应、技术力量配备以及施工组织上采取有效的措施，能够突出重点、抓住关键，保证施工顺利进行，提高施工单位的经济效益和管理水平。

不同类型的建筑、不同条件下的工程施工，均有其不同的施工特点。如砖混结构住宅建筑的施工特点是：砖砌体和抹灰工程量大，水平与垂直运输量大等。又如现浇钢筋混凝土高层建筑的施工特点主要有：主体结构和施工机具的稳定性要求高，基坑土方开挖量大、开挖深度大，需要进行支护和地下水的控制，钢材加工量大、混凝土浇筑难度大，脚手架搭设要进行设计计算，安全问题突出，要有高效的垂直运输设备等。

4.2.2.4 建设地点的特征

包括拟建工程的位置、地形、工程地质条件，不同深度土层的分析、冻结时间与冻结厚度、地下水位、水质，气温、冬雨期期限、主导风向、风力和地震烈度等特征。

4.2.2.5 施工条件

包括“三通一平”（通水、通电、通路、平整场地）情况，现场周边的环境，施工场地的大小，地上、地下各种管线的位置，当地交通运输的条件，预制构件的生产及供应情况，预拌混凝土供应情况，施工企业机械、设备和劳动力的落实情况，劳动力的组织形式和内部承包方式等。

对于规模不大的工程可以采用表格的形式对工程概况进行说明。

4.3 施工方案

施工方案是整个单位工程施工组织设计的核心，是编制单位工程施工组织设计的重点。施工方案合理与否，不仅影响工程进度计划的安排和施工平面图的布置，而且它直接关系到工程施工的效率、质量、工期和经济效益，因此，必须引起足够的重视。

施工方案的选择主要包括确定施工程序和施工流程，确定施工顺序，选择主要分部工程的施工方法和施工机械，进行施工方案的技术经济比较等内容。

4.3.1 确定施工程序

4.3.1.1 熟悉施工图纸，研究施工条件

熟悉施工图纸是施工方案设计的基础工作，其目的是熟悉工程概况、领会设计意图、明确工程内容、分析工程特点、提出存在问题，为确定施工方案打下良好的基础。在熟悉施工图纸的过程中，一般应注意以下几个方面：

(1) 核对设计文件，检查施工图纸目录清单，检查施工图纸是否齐全、完备，缺失部分何时出图。

(2) 核对设计计算的假定和采用的计算方法是否符合实际情况，施工时是否有足够的稳定性，是否有利于安全施工。

(3) 核对设计是否符合施工条件。若需要特殊施工方法和特定技术措施时，在技术和设备上有无困难。

(4) 核对生产工艺和使用上对建筑安装的技术要求，施工是否能满足设计规定的质量标准。

(5) 核对施工图纸与设计说明有无矛盾，设计意图与实际设计是否一致，规定是否明确。

(6) 核对施工图纸中标注的主要尺寸、位置、标高等有无错误。

(7) 核对施工图纸中材料有无特殊要求，其品种、规格、数量等能否满足施工要求。

(8) 核对土建施工图与设备安装图有无矛盾，施工时应如何衔接和交叉。

在有关施工技术人员充分熟悉施工图纸的基础上，会同设计单位、建设单位、监理单位

等有关人员进行“图纸会审”。首先，由设计人员向施工单位进行技术交底，讲清设计意图和施工中的主要需要；然后，施工技术人员对施工图纸和工程中的有关问题提出询问或建议，并详定记录解答，作为今后施工的依据；最后，对于会审中提出的问题和建议进行研讨，并取得一致意见，如需要变更设计或作补充设计时，应办理设计变更签证手续。但未经设计单位同意，其他单位无权随意修改设计。

在熟悉施工图纸后，还必须充分研究施工条件和有关工程资料。如施工现场的“三通一平”条件、劳动力、主要材料、构件、加工品的供应情况；施工机具和模板的供应条件；施工现场的工程地质与水文地质勘察资料；现行的施工规范、定额等资料；施工组织总设计；上级主管部门对该单位工程的指示等。

4.3.1.2 确定施工程序

施工程序是指单位工程中各分部工程或施工阶段的先后次序及其制约关系。工程施工受到自然条件和物质条件的制约，它在不同施工阶段的不同工作内容按其固有的、不可违背的先后次序循序渐进地向前开展，它们之间有着不可分割的联系，既不能相互代替，也不允许颠倒或跨越。

单位工程的施工程序一般为：接受施工任务阶段→开工前准备阶段→全面施工阶段→交工验收阶段。各阶段必须完成规定的内容，并为下一阶段的工作创造良好条件。

(1) 接受施工任务阶段

接受施工任务阶段是各个阶段的前提条件。施工单位在这个阶段的主要任务是承接施工任务，签订工程承包合同，明确拟建的单位工程。根据我国的国情，施工企业接受施工任务的形式主要有以下三种：一是上级主管部门直接下达任务；二是接受建设单位的邀请接受任务；三是通过工程招标投标，在中标后承接任务。

(2) 开工前准备阶段

开工前准备阶段是继接受任务阶段之后为单位工程顺利开工创造必要条件的阶段。工程实践证明，一般单位工程开工必须具备以下条件：

① 施工许可已办理；

② 施工图纸已经会审，施工预算已编制；

③ 施工组织设计已被批准；

④ 场地平整、障碍物清除、场内外交通道路已基本完成；

⑤ 供水、供电、排水系统均满足施工需要；

⑥ 永久性或半永久性坐标或水准点已设置；

⑦ 材料、成品、半成品能陆续进场，并保证连续施工；

⑧ 施工机械已进入施工现场；

⑨ 临时设施和附属加工企业已基本满足生产和生活需要；

⑩ 劳动计划已落实，已经进行了安全教育。

(3) 全面施工阶段

全面施工阶段是建设过程中历时最长、资源消耗最多、工作难度最大的阶段。此阶段主要是全面控制工程质量、安全生产、进度和投资，以最好的工程质量、最快的施工速度和最低的施工成本，科学合理地进行施工组织。

(4) 交工验收阶段

交工验收工作一般按单位工程进行，即按照设计文件所规定的内容，按照交工验收的依据和标准，对工程进行全面评价，并评定出质量等级。建筑安装企业在单位工程交工前，应首先进行自检，并收集、整理好各项交工验收资料，做好交工验收的各项准备工作，待达到竣工验收标准时，可由建设单位负责，施工单位、监理单位、勘察单位、设计单位参加，对整个项目进行验收。

4.3.1.3　确定施工程序时，应遵循的原则

先准备后施工→先地下后地上→先土建后安装→先主体后围护→先结构后装饰。

4.3.2　确定施工起点流程

施工流程是指施工活动在平面上或空间上的施工进展方向和施工顺序，对单层建筑要合理划分施工流水段及施工的起点及流向；对多层或高层建筑，还要考虑分层施工的流向。施工流向就是确定施工段施工的先后顺序。

确定单位工程施工流程时，一般应考虑以下因素：

(1) 满足用户使用要求

满足用户使用上的要求，合理安排施工的先后顺序及穿插搭接情况。

(2) 生产性建筑要考虑生产工艺流程及投产的先后顺序

先投产、先使用的施工区段先施工、先交工。工业厂房两跨并列时，应从并列处开始。

(3) 工程场地条件

应当根据施工场地的大小、道路布置来确定施工流程。

(4) 单位工程各部分的繁简程度

一般对技术复杂、工程量大、施工进度较慢、工期长的区段或部位应先施工。例如，高层现浇钢筋混凝土结构房屋，主楼部分应先施工，裙房部分后施工。

(5) 施工方法

选择不同的施工方法，施工流程也可能发生变化。如一幢带有地下室的建筑物要用正常的施工方法，它的施工流程为：向下挖土方→底板施工→向上地下室墙柱施工→地下室顶板施工→上部结构施工。

而采用逆作法施工，其施工流程为：±0.000 标高结构层施工→向下地下室结构施工，同时向上一层结构施工→底板施工并做各层柱，完成地下室施工→完成上部结构。

(6) 施工阶段的特点及其相互关系

如基础工程由施工机械和施工方法决定其平面的施工流程；主体结构工程从平面上看，从哪边先开始施工都可以，但竖向一般应自下而上施工；密切相关的分部工程或施工阶段，一旦前面施工过程的流程确定之后，则后续施工过程的流程便随之而定。如单层工业厂房的土方工程和流程决定了柱基础施工过程和某些构件预制、吊装施工过程的流程。

(7) 施工技术和施工组织上的要求

施工组织的分层分段，划分施工层、施工段的部位，伸缩缝、沉降缝、施工缝，也是决定

其施工流程应考虑的因素。如：

① 多层建筑物层高不等时采取图 4.2 所示的施工流向，可使各施工过程的施工队在各施工段上连续施工，使施工更加流畅。其中图 4.2(a)从层数较高的第Ⅱ段开始施工，再进入施工段Ⅲ和施工段Ⅰ进行施工，然后依次逐层按顺序施工；图 4.2(b)从有地下室的施工段Ⅱ开始施工，再进入第一层的施工段Ⅲ、施工段Ⅰ施工，继而又从第一层的施工段Ⅱ开始由下向上逐层逐段以此顺序进行施工。

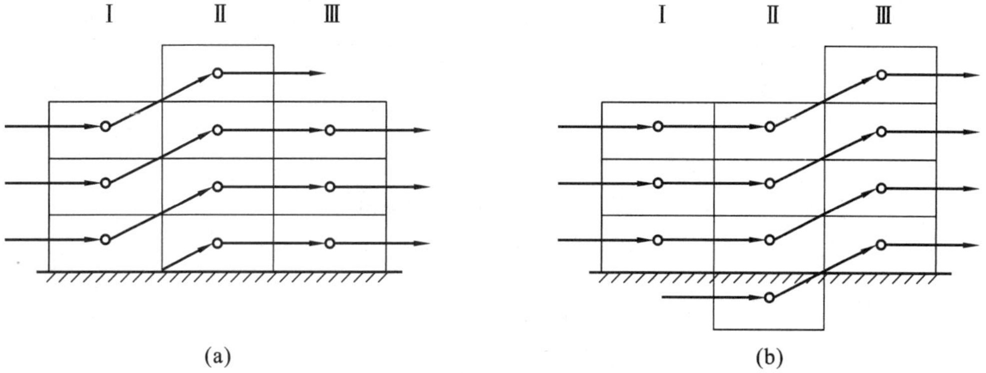

图 4.2 不等层高多层房屋施工流向图

② 屋面防水施工应按先低后高的顺序施工。

③ 土方工程施工时，如需外运土方，施工流向应从离道路远的部位开始，按由远而近的流向进行。

④ 基础埋深不同时应先深后浅。

(8) 装饰工程

装饰工程一般分室内装饰和室外装饰。装饰工程竖向流程比较复杂，室外装饰通常是自上而下进行，但有特殊情况时可以不按自上而下的顺序进行，如商业性建筑为满足业主营业的要求，可采取自中而下的顺序进行，保证营业部分的外装饰先完成。这种顺序的不足之处是在上部进行外装饰时，易损坏污染下部的装饰。室内装饰可以采取主体封顶后自上而下进行，如图 4.3(a)所示；也可以采取自下而上进行，如图 4.3(b)所示；另外还可以采用自中而下再自上而中进行。

4.3.3 确定分部(项)工程施工顺序

施工顺序是指各分部(项)工程或施工过程之间的先后次序。确定各施工过程的施工顺序，必须符合由建筑结构构造确定的工艺顺序，同时还要考虑施工组织、施工质量、采用的施工方法、安全技术的要求，以及当地气候条件等因素。施工顺序的确定应符合施工组织的客观规律，使各施工过程的专业工作队紧密配合，平行、搭接、穿插施工，既能保证施工的质量与安全，又能充分利用空间，争取时间，缩短工期。合理地确定施工顺序是编制施工进度计划的需要。

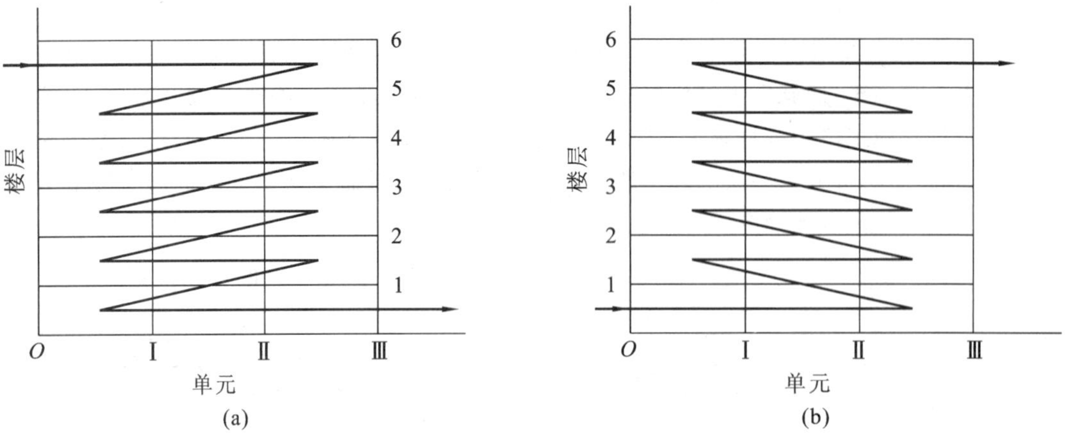

图 4.3　室内装饰施工流向

(a)自上而下的流向;(b)自下而上的流向

4.3.3.1　确定施工顺序时应考虑的因素

(1) 施工程序

施工程序决定施工阶段或分部工程之间的先后次序,确定了施工顺序必须遵循的施工程序。

(2) 施工工艺要求

建筑物在各个施工过程之间,都存在一定的工艺顺序关系,这种顺序随着建筑功能和结构特点而不同,在确定施工顺序时,应注意分析建筑物各施工过程的工艺要求和工艺关系,反映出施工工艺上存在的客观规律和相互间的制约关系,这种关系一般是不可违背的。如现浇钢筋混凝土梁板的施工顺序为:支模板→绑扎钢筋→浇混凝土→养护→拆模。而现浇钢筋混凝土柱的施工顺序为:绑扎钢筋→支模板→浇混凝土→养护→拆模。

(3) 施工方法和施工机械

工程采用的施工方法和施工机械不同,其施工顺序也不一样。如单层工业厂房结构吊装工程的施工顺序,当采用分件吊装法时,施工顺序为:吊柱→吊梁→吊屋盖系统;当采用综合吊装法时,则施工顺序为:第一节间吊柱、梁和屋盖系统→第二节间吊柱、梁和屋盖系统→…→最后节间吊柱、梁和屋盖系统。

(4) 施工组织要求

当工程的施工顺序有几种方案时,就应从施工组织的角度进行综合分析和反复比较,选出最经济合理、有利于施工和开展工作的顺序。如在重型工业厂房施工时,由于该车间通常都有较大较深的设备基础,如果先进行车间土建结构施工,后进行设备基础施工,在设备基础挖土方时可能会破坏厂房结构基础,在这种情况下,应当先进行设备基础施工,后进行厂房基础施工。

(5) 施工质量要求

工程质量是施工企业的生命,是工程施工的永恒主题。所以,在安排施工顺序时,必须以确保工程质量为前提,当施工顺序影响工程质量时,必须调整或重新安排原来的施工顺序。如为了保证质量,楼梯抹面在全部墙面、地面和天棚抹灰完成之后,自上而下一次完成。

(6) 施工安全需要

安全施工是保证工程质量、施工进度的基础，任何施工顺序都必须符合安全技术要求，这也是对施工组织的基本要求。合理的施工顺序必须使各施工过程的搭接不至于产生安全事故。如在多层房屋施工时，为了安全施工，只有在有充分的技术保证和措施条件下，才能拆除下层模板，允许同时在各楼层展开立体交叉施工。

(7) 受当地气候条件影响

建设地区的气候条件是影响工程质量的重要因素，也是决定施工顺序的重要条件。如在严寒地区，土方开挖、外装修和混凝土浇筑尽量不要在零度以下进行；冬雨季室内装饰施工时，应先安门窗扇的玻璃，后做其他装饰工程。

现在以多层混合结构建筑、全现浇钢筋混凝土结构建筑以及装配式单层工业厂房为例，分别介绍不同结构形式建筑物的施工顺序。

4.3.3.2 多层砖混结构民用房屋的施工顺序

多层砖混结构民用房屋的施工，一般可划分为基础工程施工、主体结构工程施工、屋面工程和装饰工程施工三个阶段，其一般的施工顺序如图 4.4 所示。

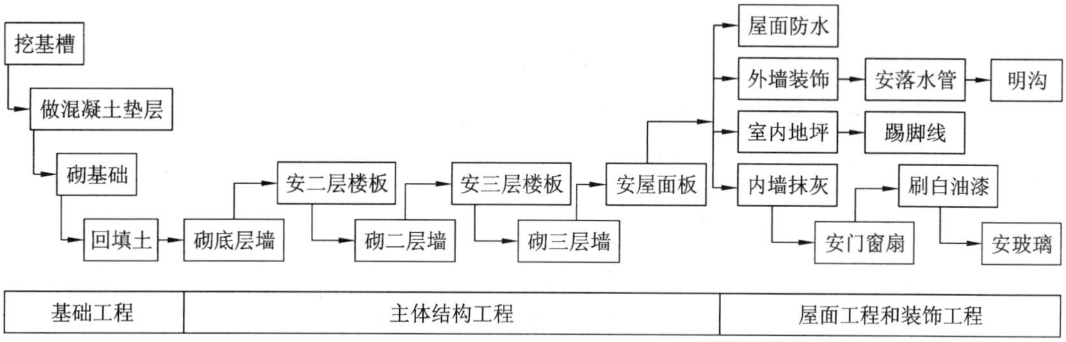

图 4.4 多层砖混结构民用房屋的施工顺序

(1) 基础施工阶段

基础施工阶段是指室内地坪(±0.000)以下的工序项目，除有地下洞穴、地下障碍物和软弱地基需要处理的情况外，其施工顺序一般是：挖基槽(坑)→做混凝土垫层→砌基础→地圈梁→回填土。其中，基础常用砖基础和混凝土基础(条基或片筏基础)。砖基础的砌筑中有时要穿插进行地梁的浇筑，砖基础的顶面还要浇筑防潮层。钢筋混凝土基础则包括支模板→绑扎钢筋→浇筑混凝土→养护→拆模。如果基础开挖深度大、地下水位较高，则在挖土前尚应进行土壁支护及降水工作。

若有桩基，则其施工顺序为：打桩(或灌注桩)→挖土→垫层→承台→回填土。

若有地下室，则基础工程中应包括地下室的施工。

基槽(坑)开挖完成后，立即验槽做垫层，其时间间隔不能太长，以防止地基土长期暴露，被雨水浸泡而影响其承载力。在实际施工中，若由于技术或组织上的原因不能立即验槽做垫层时，应在开挖时预留 20～30 cm 的土层，以保护地基土，待有条件进行下一步施工时，再挖去预留的土层。

回填土一般是在基础工程完工并验收合格之后立即进行，分层夯实填完。这样既可避免基础受雨水浸泡，又可以为主体结构工程阶段施工创造良好的工作条件，如它为搭外脚手架及底层砌墙创造了比较平整的工作面。房心回填土最好与基槽回填土同时进行施工，也可留在装饰工程之前完成。对于有局部现浇钢筋混凝土框架或现浇大梁的结构，房心回填土应尽早安排，以便为框架梁、板的模板支撑提供坚实牢靠的地面。特别是当基础比较深，回填土层较大的情况下，回填土最好在砌墙以前填完，在工期紧张的情况下，也可以与砌墙平行施工。

(2) 主体结构工程阶段

多层砖混结构房屋主体结构工程的施工顺序一般为：搭脚手架→砌墙（包括安装门窗框、吊装预制门窗过梁）→现浇筑钢筋混凝土构造柱、圈梁、局部大梁和板混凝土、楼梯→浇筑雨篷等。其中砌墙和安装楼板的工程量大、用工多、工期长，是主体结构工程阶段的主导工序，故在组织砖混结构单个建筑物的主体结构工程施工时，应把主体结构工程归并成砌墙和吊装楼板两个主导施工过程来组织流水施工，使主导工序能连续进行。

在安排主体结构工程施工时，应同时安排楼梯的施工。若楼梯为预制时，其楼梯段的安装应与砌墙紧密配合；当为现浇楼梯时，则应与楼层施工紧密配合，以免由于混凝土的养护时间过长使后续工序无法如期进行而延误了工期。

(3) 屋面工程阶段

屋面工程的施工顺序总是按照屋面建筑构造的层次，由下向上逐层施工，屋面工程与室外装饰工程可同时施工，相互影响不大。

卷材屋面防水层的施工顺序是：铺保温层（如需要）→铺找平层→刷冷底子油→铺卷材防水层→保护层。

对于刚性防水屋面的现浇钢筋混凝土防水层，分格缝施工应在主体结构完成后开始，并应尽快完成以便为室内装饰创造条件。一般情况下，屋面工程可以和装饰工程搭接或平行施工。

(4) 装饰工程阶段

装饰工程施工阶段分项工程多、消耗的劳动量大、手工操作多、所占工期较长（占总工期的30%～40%），其施工顺序的方案也较多。本阶段对砖混结构施工的质量有较大的影响，因而必须确定合理的施工顺序与方法来组织施工。装饰工程按其部位可划分为室内装饰、室外装饰和楼地面工程。

室内装饰工程在同一楼层上各工序的施工顺序一般为：顶棚、内墙抹灰→楼地面→踢脚线→安装门窗扇→油漆门窗→安装玻璃→喷白或刷涂料等工序。其中顶棚、内墙抹灰和楼地面装饰是主导工序，应尽量使其连续施工。

室内抹灰的施工顺序从整体上通常采用自上而下、自下而上、自中而下再自上而中三种施工方案。

① 自上而下的施工顺序。该顺序通常在主体工程封顶做好屋面防水层后，由顶层开始逐层向下施工。其优点是主体结构完成后，建筑物已有一定的沉降时间，且屋面防水已做好，可防止雨水渗漏，保证室内抹灰的施工质量。此外，采用自上而下的施工顺序，交叉工序少，工序之间相互影响小，便于组织施工和管理，保证施工安全。其缺点是不能与主体工

程搭接施工，因而工期较长；该施工顺序常用于多层建筑的施工。

② 自下而上的施工顺序。该顺序通常与主体结构间隔二到三层平行施工。其优点是可以与主体结构搭接施工，所占工期较短。其缺点是交叉工序多，不利于组织施工和管理，也不利于安全控制。另外，上面主体结构的施工用水，容易渗漏到下面的抹灰层上，不利于室内抹灰的质量。该施工顺序通常用于高层、超高层建筑和工期紧张的工程。

③ 自中而下再自上而中的施工顺序。该顺序是结合了上述两种施工顺序的优、缺点。一般在主体结构进行到一半时，主体结构继续向上施工，而室内抹灰则向下施工，这样，使得抹灰工程距离主体结构施工的工作面越来越远，相互之间的影响也减小。该施工顺序常用于层数较多的工程施工。

室内同一层的天棚、墙面、地面的抹灰施工顺序通常有两种：一种是“地面→天棚→墙面”，这种顺序便于室内清理，有利于保证地面施工质量，且有利于收集天棚、墙面的落地灰，节省材料。但地面施工完成以后，需要一定的养护时间才能进行天棚、墙面施工，因而工期较长。另外，还需注意地面的保护。另一种是“天棚→墙面→地面”，这种施工顺序的好处是工期短。但施工时，如不注意清理落地灰，会影响地面抹灰与基层的黏结，造成地面起拱。

楼梯和过道是施工时运输材料的主要通道，它们通常在室内抹灰完成以后，再自上而下施工。楼梯、过道室内抹灰全部完成以后，进行门窗扇的安装，然后进行油漆工程，最后安装门窗玻璃和五金。

室外装饰工程各工序的施工顺序一般为：外墙面抹灰→安装落水管、明沟→散水、台阶。室外装饰的施工顺序一般为自上而下施工，同时拆除脚手架。

室内外装饰工程的施工顺序通常有先内后外、先外后内、内外同时进行三种顺序，具体确定为哪种顺序应视施工条件和气候条件而定。通常室外装饰应避开冬季和雨季；当室内为水磨石楼面，为防止楼面施工时水的渗漏对外墙面的影响，应先完成水磨石的施工；如果为了加速脚手架的周转或赶在冬雨期到来之前完成室外装修，则应采取先外后内的顺序。

(5) 水、暖、电、卫等工程

水、暖、电、卫工程不同于土建工程，可以分成几个明显的施工阶段，它一般应与土建工程中有关的分部分项工程进行交叉施工、密切配合。

① 在基础施工时，最好将上下管沟的垫层、地沟墙做好，最后回填土，不具备条件时应预留位置；

② 在主体结构施工时，应预留有关孔洞、沟槽和预埋件等；

③ 在装饰工程施工前，则应安设好各种管道和电气照明的墙内暗管、接线盒等。明线及设备安装可在抹灰后进行。水、暖、电、卫安装一般在楼地面和墙面抹灰前(后)穿插施工。

4.3.3.3 多层全现浇钢筋混凝土结构建筑的施工顺序

全现浇钢筋混凝土结构建筑是目前应用最广泛的建筑形式，多用于民用房屋和工业厂房，也常用于高层建筑。这类房屋施工，一般可划分为基础工程、主体结构工程、围护工程、装饰工程和设备安装工程四个施工阶段。图 4.5 为带地下室的九层现浇钢筋混凝土框架结构房屋施工顺序示意图。

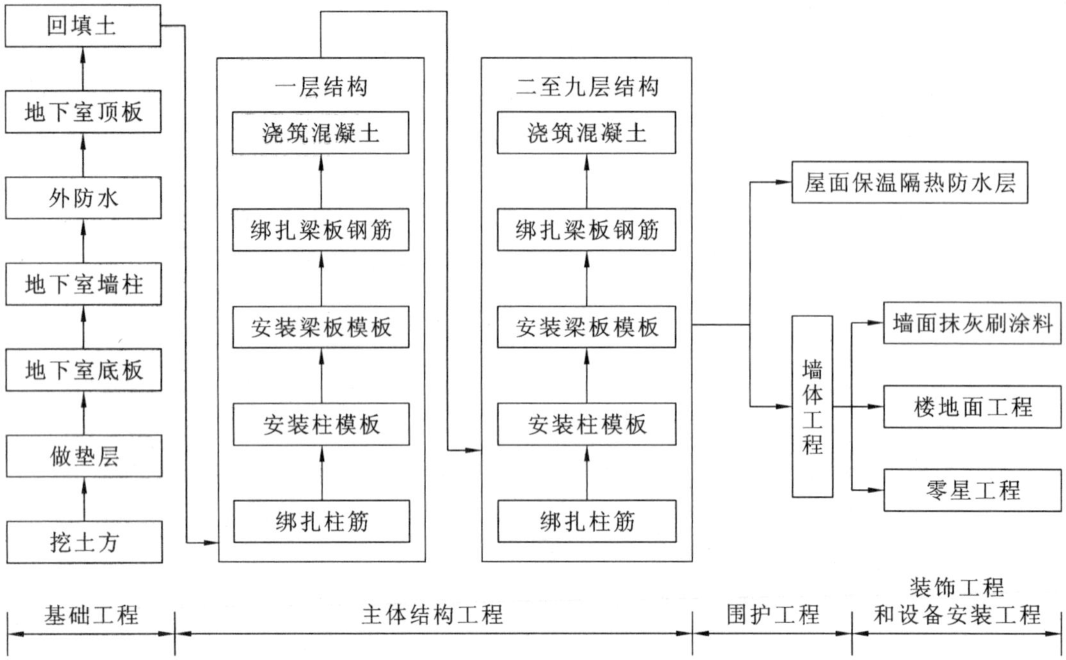

图 4.5　九层现浇钢筋混凝土框架结构房屋施工顺序

(1) 基础工程施工顺序

对于多层全现浇钢筋混凝土结构房屋,基础一般分为有地下室基础工程和无地下室基础工程。

若有地下室,其基础工程的施工顺序一般为:桩基→土方开挖→垫层→地下室底板→地下室墙、柱(防水处理)→地下室顶板→回填土。若无地下室,且房屋建造在土质较好的地区时,基础工程的施工顺序一般为:挖土→垫层→基础(绑扎钢筋、支模、浇筑混凝土、养护、拆模)→回填土。

多层全现浇钢筋混凝土结构房屋的基础形式有:桩基础、独立基础、筏形基础、箱形基础以及复合基础等,不同的基础其施工顺序(工艺)不同。

① 桩基础的施工顺序。对人工挖孔灌注桩,其施工顺序一般为:人工成孔→验孔→落放钢筋骨架→浇筑混凝土。对于钻孔灌注桩,其顺序一般为:泥浆护壁成孔→清孔→落放钢筋骨架→水下浇筑混凝土。对于预制桩,其施工顺序一般为:放线定校位→打桩设备及桩就位→打设沉桩→检测。

② 钢筋混凝土独立基础的施工顺序。一般施工顺序为:开挖基坑→验槽→做混凝土垫层→绑扎钢筋、支模板→浇筑混凝土→养护→回填土。

③ 箱形基础的施工顺序。一般施工顺序为:开挖基坑→做垫层→箱底板钢筋、模板、混凝土施工→箱墙钢筋、模板、混凝土施工→箱顶钢筋、模板、混凝土施工→回填土。在箱形、筏形基础施工中,土方开挖时应做好支护、降水等工作,防止塌方,对于大体积混凝土应采取措施防止裂缝产生。

(2) 主体结构工程施工顺序

对于全现浇钢筋混凝土结构的主体工程，总体上可以分为两大类构件。一类是竖向构件，如墙、柱等；另一类是水平构件，如梁、板等，因而其施工总的顺序为“先竖向再水平”。

① 竖向构件施工顺序。对于柱与墙，其施工顺序基本相同，即放线→绑扎钢筋→预留预埋→支模板及脚手架→浇筑混凝土→养护；对于剪力墙也可先支设一侧模板，绑扎钢筋后再支设另一侧模板并进行固定。

③ 水平构件施工顺序。对于梁、板，一般同时施工，其顺序为：放线→搭脚手架→支梁底模、侧模→扎梁钢筋→支板底模→扎板钢筋→预留预埋→浇筑混凝土→养护。

随着商品混凝土的广泛应用，一般同一楼层的竖向构件与水平构件混凝土同时浇筑。

(3) 围护结构的施工顺序

围护结构包括墙体工程和屋面工程。墙体工程主要是内外围护墙的砌筑，另外还有砌筑用的脚手架的搭拆等辅助工程。脚手架应配合砌筑工程搭设，在室外装饰之后、做散水之前拆除。外墙一般由砖或砌块砌筑而成，内墙有砖砌内墙、砌块内墙以及轻质内墙等。不同材质的墙体施工方法也不尽相同。为了保证围护结构的稳定性，在浇筑框架柱时一般先预留拉结钢筋。

墙体工程一般在框架结构完成后进行，如果施工工期较紧，可在数层框架完成，下层框架梁板达到脱模强度，拆除模板后穿插进行墙体施工。

屋面工程可分为刚性防水屋面和柔性防水屋面，其施工方法参见混合结构房屋施工顺序。应密切配合，如在主体结构工程结束之后，先进行屋面保温层、找平层施工，待外墙砌筑到顶后，再进行屋面卷材防水层施工。

(4) 装饰与设备安装工程施工顺序

装饰工程的施工分为室内装饰和室外装饰。室内装饰包括天棚、墙面、楼地面、楼梯等抹灰、门窗安装；室外装饰包括外墙抹灰、涂料或面砖、勒脚、散水、台阶、明沟等施工。总体施工顺序与前面讲述的混合结构装饰工程施工顺序相同，即“先外后内，室外由上到下，室内既可以由上向下，也可以由下向上”。对于多层、小高层或高层钢筋混凝土结构建筑，特别是高层建筑，为了缩短工期，其装饰工程和水、电、暖通设备是与主体结构施工搭接进行的，一般是主体结构做好几层后随即开始。装饰工程和水、电、暖通设备安装阶段的分项工程很多，各分项工程之间、一个分项工程中的各个工序之间，均需要按一定的施工顺序进行。虽然有许多楼层的工作面可组织立体交叉作业，基本要求与混合结构的装修工程相同，但高层建筑的内部管线多，施工复杂，组织立体交叉作业尤其要注意相互关系的协调以及质量和安全问题。

4.3.3.4 装配式单层工业厂房施工顺序

装配式钢筋混凝土单层工业厂房的施工可分为基础工程、预制工程、结构安装工程、围护工程和装饰工程这五个主要阶段。由于基础工程与预制工程之间没有相互制约的关系，所以相互之间就没有既定的顺序，只要保证在结构安装工程之前完成，并满足吊装的强度要求即可。各施工阶段的工作内容与施工顺序如图 4.6 所示。

(1) 基础工程阶段

装配式钢筋混凝土单层工业厂房的基础一般为现浇杯形基础。其施工顺序与现浇钢

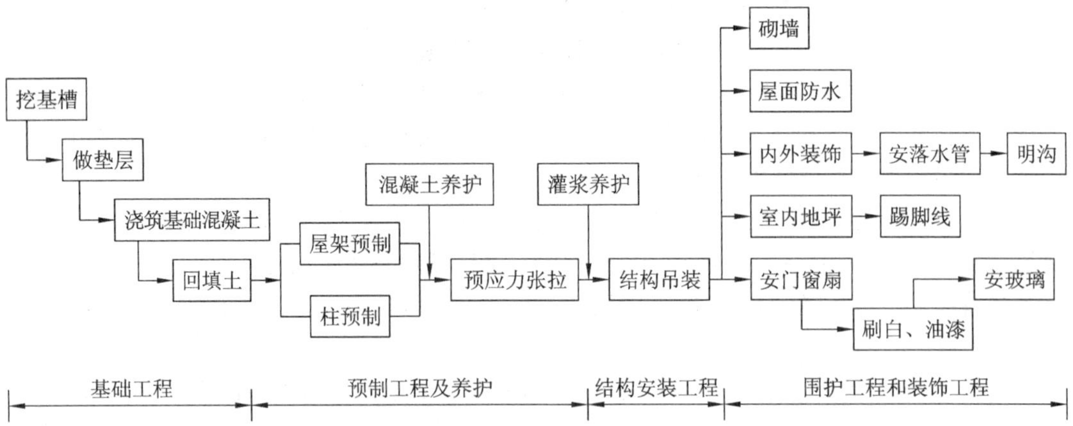

图 4.6　装配式钢筋混凝土单层工业厂房施工顺序示意图

筋混凝土框架结构的独立基础施工顺序基本相同，主要差异在杯芯模的制作和安装上。

基本施工顺序是基坑开挖、做垫层、浇筑杯形基础混凝土、回填土。若是重型工业厂房基础，对土质较差的工程则需打桩或进行其他人工地基处理；如遇深基础或地下水位较高的工程，则需人工降低地下水位。

对于厂房的设备基础，由于与其厂房柱基础施工程序不同，故常常会影响到主体结构的安装方法和设备安装投入的时间。因此，需根据具体情况决定其施工顺序，要考虑设备基础与厂房主体结构施工的先后顺序问题，根据情况选择采取“开敞式”施工或“封闭式”施工方案。

①“封闭式”施工：即厂房柱基础先施工，设备基础后施工

“封闭式”施工方案指在主体结构施工完成后再开始设备基础的施工。这种方案的优点在于：厂房基础施工和构件预制的工作面较宽敞，便于布置机械开行路线，可加快主体结构的施工进度；设备基础在室内施工，不受气候的影响；可提前安装厂房内的桥式吊车为设备基础施工服务。其缺点在于：设备基础的土方工程施工条件较差，不利于采用机械化施工；不能提前为设备安装提供条件，总工期较长；出现某些重复性工作，如厂房内部分柱基回填土的重复挖填和临时道路的重复铺设等。

②“开敞式”施工：即设备基础与厂房柱基础同时施工

“开敞式”施工是先施工设备基础，后施工厂房主体结构。该方法的优、缺点与“封闭式”施工方案正好相反。

确定工业厂房的施工方案时，应根据具体情况进行分析。一般而言，当设备基础较浅或其底部标高不低于柱基础且不靠近柱基础时，宜采用封闭式施工方案；当设备基础体积较大、埋置较深，采取封闭式施工对主体结构的稳定性有影响时，则应采取开敞式施工方案。对于大而深的设备基础，如采取特殊的施工方法，如沉箱工艺，仍可采用封闭式施工方案。如果土建工程为设备安装创造了条件，同时又采取防止设备被砂浆、垃圾等污染的措施时，可采取主体结构与设备安装工程同步施工的平行施工方案，如水泥厂的建造。

单层工业厂房基础工程施工应当根据现场施工条件、工程量大小，分段进行平面流水

施工。施工时应根据当时的气候条件，加强对钢筋混凝土垫层和基础的养护，在基础混凝土达到脱模强度时及时拆模，并提早回填土，从而为现场预制工程创造条件。

(2) 预制工程的施工顺序

单层工业厂房的结构构件的预制方式有现场预制和工厂预制两大类。

在具体确定预制方式时，应结合构件技术特征、当地加工厂的生产能力、工程的工期要求、现场施工及运输条件等因素，经过技术经济分析之后确定。首先确定哪些构件在现场预制，哪些构件在构件厂预制。一般来说，对于尺寸大、自重大的大型构件，因运输困难而带来较多问题，所以多采用在拟建厂房内部就地预制，如单层工业厂房的牛腿柱、托架梁、屋架、鱼腹式预应力吊车梁等；对于种类及规格繁多的异形构件，可在拟建厂房外部集中预制，如门窗过梁等；对于数量较多的中小型标准构件，可在加工厂预制，如屋面板、天窗架、吊车梁、支撑、腹杆及连系梁等。加工厂生产的预制构件应事先制定供应计划，随着厂房结构安装工程的进展分批运到现场，以便安装。

单层工业厂房钢筋混凝土预制构件可分为普通预制构件(如柱、连系梁等)和预应力预制构件(如屋架)。

预应力预制构件现场预制的施工顺序为：场地平整夯实→支模→扎非预应力筋(有时先扎筋后支模)→预留孔道→浇筑混凝土→养护→拆模→穿预应力钢筋→张拉预应力钢筋→锚固→灌浆。

对普通预制构件，其施工顺序为：场地平整夯实→支模→扎筋(有时先扎筋后支模)→浇筑混凝土→养护→拆模。

由于现场预制构件时间较长，为了缩短工期，原则上，先安装的构件如柱等应先预制。但总体上，现场预制构件如屋架、柱等应提前预制，以满足一旦杯形基础施工完成，达到规定的强度后就可以吊装柱子，柱子吊装完成，灌浆固定养护达到规定的强度后就可以吊装屋架，从而达到缩短工期的目的。

构件在平面上的布置、制作的流向和先后次序，主要取决于构件的安装方法、所选择的起重机性能及构件的制作方法；制作的流向应与基础工程的施工流向一致，这样既能使构件早日开始制作，又能及早让出工作面，为结构安装工程提早开工创造条件。

① 当预制构件采用分件安装方法时，预制构件的施工有三种方案：一是若场地狭窄而工期允许时，不同类型的构件可分别进行制作，首先制作柱和吊车梁，待柱和吊车梁安装完毕再进行屋架制作；二是若场地宽敞时，可以依次安排柱、梁及屋架的连续制作；三是若场地狭窄而工期又要求紧迫，可首先将柱和梁等构件在拟建厂房内就地制作，接着或同时对屋架的拟建厂房外部进行制作。

② 当预制构件采用综合安装法时，由于是分节间安装完各种类型的所有构件，因此构件需要一次制作。在构件的平面布置问题上，综合安装法要比分件安装法困难得多，需视场地的具体情况确定构件是全部在拟建厂房内就地预制，还是一部分在拟建厂房外预制。

(3) 结构安装工程施工顺序

结构安装工程的施工顺序取决于安装方法。

装配式单层工业厂房的结构安装是整个厂房施工的主导施工过程，一般的安装顺序为:柱子安装校正固定→连系梁的安装→吊车梁安装→屋盖结构安装(包括屋架、屋面板、天窗等)。在编制施工组织计划时,应绘制构件现场吊装就位图、起重机的开行路线图(包括每次开行吊装的构件及构件编号图)。

安装前应做好其他准备工作,包括构件强度核算、基础杯底抄平、杯口弹线、构件的吊装验算和加固、起重机稳定性及起重能力核算、起吊各种构件的索具准备等。单层厂房安装顺序有两种:一种是分件吊装法,即先依次安装和校正全部柱子,然后安装屋盖系统等。在这种方式下工作的起重机在同一时间安装同一类型构件,包括就位、绑扎、临时固定、校正等工序并且使用同一种索具,劳动组织不变,可提高安装效率;缺点是增加起重机开行路线。另一种是综合吊装法,即逐个节间安装,连续向前推进。即先安装四根柱子,立即校正后安装吊车梁与屋盖系统,一次性安装好纵向一个柱距的节间。这种方式可缩短起重机的开行路线,并且可为后续工序提前创造工作面,实现最大搭接施工;缺点是安装索具和劳动力组织有周期性变化而影响生产率。上述两种方法在单层工业厂房安装工程中均有采用。一般实践中,综合吊装法应用相对较少。

对于厂房两端山墙的抗风柱,其安装通常也有两种方法。一种是随一般柱一起安装,即起重机从厂房一端开始,首先安装抗风柱,安装就位后立即校正固定。另一种方法是待单层厂房的其他构件全部安装完毕后安装抗风柱,校正后立即与屋盖连接。

结构安装工程是装配式单层工业厂房的主导施工阶段,应单独编制结构安装工程的施工作业设计。其中,结构吊装的流向应与预制构件制作的流向一致。当厂房为多跨且有高低跨时,构件安装应从高低跨柱列开始,先安装高跨,后安装低跨,以适应安装工艺的要求。

(4) 围护、屋面及其他工程施工

围护、屋面及其他工程施工主要包括砌墙、屋面防水、地坪工程等,对这类工程可以组织平行作业,尽量利用工作面安排施工。一般当屋盖安装后先进行屋面灌缝,随即进行地坪施工,并同时进行砌墙,砌墙结束后跟着进行内外粉刷。

屋面防水工程一般应在屋面板安装后马上进行。屋面板吊装固定之后随即可进行灌缝及抹水泥砂浆,做找平层。若做柔性防水层面,则应等找平层干燥后再开始做防水层,在做防水层之前应将天窗扇和玻璃安装好并油漆完毕,还要避免在刚做好防水层的屋面上行走和堆放材料、工具等物,以防损坏防水层。

(5) 装饰工程施工

装饰工程的施工分为室内装饰和室外装饰。室内装饰包括地面的平整、垫层、面层、内墙抹灰、刷涂料、门窗安装、天棚涂料等分项工程;室外装饰包括抹灰、涂料、勒脚、散水等分项工程。

一般单层工业厂房的装饰工程施工是不占总工期的,常与其他施工过程穿插进行。如门窗油漆可以在内墙刷白以后马上进行,也可以与设备安装同时进行。地坪应在地下管道、电缆完成后进行,以免凿开嵌补。

(6) 水、暖、电、卫等工程施工

生产设备的安装,由于其专业性强、技术要求高,一般由专业安装公司或设备供应厂商根据规范标准以及设计要求进行。

水、暖、电、卫等工程与混合结构居住房屋的水、暖、电、卫等工程的施工顺序基本相同。

以上针对砖混结构、钢筋混凝土结构及装配式单层工业厂房施工的施工顺序安排作了一般说明，是施工顺序的一般规律。建筑施工是一个复杂的过程，建筑结构、现场条件、施工环境不同，均会对施工过程及其顺序的安排产生不同的影响。在实践中，由于影响施工的因素很多，各具体施工项目的施工条件各不相同，因而在组织施工时应结合具体情况和本单位的施工经验，因地制宜地确定施工顺序，组织立体交叉、流水施工，高效、经济和快速地完成施工任务。

4.3.4 确定施工方法

选择施工方法和施工机械是施工方案中的关键问题，它直接影响着施工进度、质量、安全及工程成本。因此在编制施工组织设计时，必须根据建筑结构特点、抗震要求、工程量大小、工期长短、资源供应情况、施工现场情况和周围环境等因素，制定出可行方案，并进行技术经济比较，确定出最优方案。

选择施工方法时，应重点考虑影响整个单位工程施工的分部分项工程的施工方法，主要是选择工程量大且在单位工程中占主导地位的分部分项工程，或施工技术复杂或采用新技术、新工艺及对工程质量起关键作用的分部分项工程。不熟悉的特殊结构工程或由专业施工单位施工的特殊专业工程的施工方法，要求详细而具体，必要时应编制单独的分部分项工程的施工作业设计，提出质量要求及达到这些质量要求的技术措施，指出可能发生的问题并提出预防措施和必要的安全措施。

在选择主要的分部或分项工程施工方法时，应包括以下内容：

4.3.4.1 土石方工程

(1) 计算土石方工程量，确定开挖或爆破方法，选择相应的施工机械。当采用人工开挖时应按工期要求确定劳动力数量，并确定如何分区分段施工。当采用机械开挖时应选择机械挖土的方式，确定挖掘机型号、数量和行走线路，以充分利用机械能力，达到最高的挖土效率。

(2) 地形复杂的地区进行场地平整时，确定土石方调配方案、土方运输方法、所需设备的型号及数量。

(3) 基坑深度低于地下水位时，应选择降低地下水位的方法，并确定降低地下水所需设备。

(4) 当基坑较深时，应根据土壤类别确定边坡坡度、边坡支护方法，确保安全施工。

4.3.4.2 基础工程

(1) 基础需设施工缝时，应明确留设位置和技术要求。

(2) 确定浅基础的垫层、混凝土和钢筋混凝土基础施工的技术要求或有地下室时的防水施工技术要求。

(3) 确定桩基础的施工方法和施工机械。

4.3.4.3 砌筑工程

(1) 应明确砖墙的砌筑方法和质量要求。

(2) 明确砌筑施工中的流水分段和劳动力组合形式等。

(3) 确定脚手架搭设方法和技术要求。

4.3.4.4 混凝土及钢筋混凝土工程

(1) 确定混凝土工程施工方案,如滑模法、爬升法或其他方法等。

(2) 确定模板类型和支模方法,重点应考虑提高模板周转利用次数。节约人力和降低成本,对于复杂工程还需进行模板设计和绘制模板放样图或排列图。

(3) 钢筋工程应选择恰当的加工、绑扎和连接方法。如钢筋作现场预应力张拉时,应详细制定预应力钢筋的加工、运输、安装和检测方法。

(4) 选择混凝土的制备方案,如采用商品混凝土还是现场制备混凝土;选择浇筑顺序和方法;选择泵送混凝土和普通垂直运输混凝土机械。

(5) 选择混凝土搅拌、振捣设备的类型和规格,确定施工缝的留设位置。

(6) 如采用预应力混凝土,应确定预应力混凝土的施工方法、控制应力和张拉设备。

4.3.4.5 结构吊装工程

(1) 确定构件尺寸、自重、安装高度。

(2) 根据选用的机械设备确定结构吊装方法,安排吊装顺序、机械位置、开行路线及构件的制作、拼装场地。

(3) 确定构件的运输、装卸、堆放方法,确定所需的机具和设备的型号、数量及对运输道路的要求。

4.3.4.6 装饰工程

(1) 围绕室内外装修,确定采用工厂化、机械化的施工方法。

(2) 确定工艺流程、劳动组织和流水施工组织。

(3) 确定所需机械设备,确定材料堆放、平面布置和储存要求。

4.3.4.7 现场垂直、水平运输

(1) 确定垂直运输量(有标准层的要确定标准层的运输量),选择垂直运输方式及搭设方案。

(2) 确定水平运输方式及设备的型号、数量,配套使用的专用工具、设备(如混凝土车、灰浆车、料斗、砖车、砖笼等),确定地面和楼层上水平运输的行驶路线。

(3) 合理地布置垂直运输设施的位置,综合安排各种垂直运输设施的任务和服务范围,及混凝土后台上料方式。

4.3.4.8 特殊项目

(1) 对"四新"(新结构、新工艺、新材料、新技术)项目,高耸、大跨、重型构件,水下、深基础、软弱地基,冬季施工等项目均应单独编制,单独编制的内容包括:工程平(剖)面示意图、工程量、施工方法、工艺流程、劳动组织、施工进度、技术要求与质量、安全措施、材料、构件及机具设备需要量。

(2) 对大型土方、打桩、构件吊装等项目,无论内、外分包均应由分包单位提出单项施工方法与技术组织措施。

4.3.5 施工机械的选择

施工机械的选择是施工方法选择的中心环节。选择施工机械时应着重考虑以下几个方面：

(1)根据主导施工过程选择主导施工机械

选择施工机械时，应首先根据工程特点，选择适宜主导工程的施工机械。如地下工程的土方机械，主体结构工程的垂直、水平运输机械，结构吊装工程的起重机械等。在选择装配式单层工业厂房结构安装用的起重机类型时，当工程量较小或工程量虽大却相当分散时，采用无轨自行式起重机较为经济；当工程量较大且集中时，可以用生产效率较高的塔式起重机。在选择起重机型号时，应协调好起重机起重量、起重半径及安装高度的关系，使之能够满足工程施工要求。

(2)辅助施工机械与主导施工机械相匹配

在选择辅助施工机械时，必须充分发挥主导施工机械的生产效率，要使两者的台班生产能力协调一致，并确定出辅助施工机械的类型、型号和台数。如土方工程中自卸汽车的载重量应为挖掘机斗容量的整数倍，汽车的数量应保证挖掘机连续工作，使挖掘机的效率充分发挥。

(3)同一工地所用机械型号尽可能少

为便于施工机械化管理，同一施工现场的机械型号尽可能少，以利于加强机械管理。应当根据工程实际情况决定是选择一机多用还是专机专用。当工程量大而且集中时，应选用专业化施工机械，以提高效率；当工程量小而分散时，可选择多用途施工机械。如挖土机既可用于挖土，又能用于装卸、起重和打桩，以节约施工成本。

(4)施工机械数量与施工组织相协调

选择施工机械的数量时，还需要考虑与劳动力和材料供应能力之间的协调性，以满足施工进度的要求。

(5)充分发挥施工单位现有的机械能力

施工机械的选择还应考虑充分发挥施工单位现有的机械能力，以减少施工的投资额，提高现有机械的利用率，降低成本。当现有施工机械不能满足工程需要时，则购置或租赁所需新型机械。

4.3.6 施工方案的评价

工程项目施工方案选择的目的是寻求适合本工程特点的最佳方案，在技术上要可行、先进，在经济上合理，做到技术与经济相统一。对施工方案评价是选择最优施工方案的重要环节之一。因为任何一分部(分项)工程，都有几个可能的施工方案，而对施工方案进行技术经济评价的目的，就是为了避免施工方案的盲目性、片面性，对每一分部(分项)工程的施工方案，在方案付诸实施之前就能分析出其经济效益，保证所选方案的科学性、有效性和经济性，达到提高质量、缩短工期、减少材料消耗、合理安排劳动组织和劳动力的作用，进而提高工程施工的经济效益。

施工方案的技术经济评价涉及的因素多而复杂，一般只需对一些主要分部工程的方案进行技术经济评价。当然，有时也需要对一些重大工程项目的总体方案进行全面技术经济评价。

一般来说，施工方案的技术经济分析方法可分为定性分析评价和定量分析评价两种。

4.3.6.1 定性分析评价

施工方案的定性技术经济分析评价是结合施工实际经验，泛泛地分析若干个方案的优、缺点。如技术上是否可行、施工操作上的复杂与难易程度、安全可靠与否；可否为后续工序提供有利条件；冬季或雨季对施工影响的大小；是否可利用某些现有的机械和设备，能否一机多用；能否给现场文明施工创造有利条件；保证项目管理目标实现的各项技术组织措施是否完善、可靠、有针对性，对冬雨季施工带来多大困难等。评价时易受评价人的主观因素影响，故只用于方案初步评价。

4.3.6.2 定量分析评价

施工方案的定量技术经济分析评价是通过计算各方案的几个主要技术经济指标，进行综合比较分析，从中选择技术经济指标较佳的方案。定量技术经济分析评价是以数据为基础，客观可信，所以定量技术经济分析评价是施工方案评价的主要方法。

(1) 多指标分析方法

它是用技术指标、工期指标、价值指标、实物指标等一系列单个技术经济指标对各个方案进行分析对比，从中选优的方法。

① 技术指标。技术指标一般用各种参数表示，如加深基坑支护中，若选用板桩支护，则指标有板桩的最小挖土深度、桩间距、桩的截面尺寸等；大体积混凝土施工时为了防止裂缝的出现，现浇筑方案的指标有浇筑速度、浇筑厚度、水泥用量等；模板方案的指标有模板面积、型号、支撑间距等。这些技术指标，应结合具体的施工对象来确定。

② 工期指标。当要求工程尽快完成以便尽早投入生产或使用时，选择施工方案就要在保证工程质量、确保安全生产和成本较低的条件下，优先考虑缩短工期。

③ 劳动量指标。它能反映施工机械化程度和劳动生产率水平。通常，在方案中劳动量消耗越小，机械化程度和劳动生产率越高。劳动消耗指标以工日数计算。

④ 主要材料消耗指标。主要反映若干施工方案为完成任务必须消耗的主要材料和节约情况。如工程施工的钢材、木材、水泥(混凝土)等材料消耗量等，这些指标能评价方案是否经济合理。

⑤ 成本指标。反映施工方案成本高低，一般需要计算方案所用的直接费和间接费。

⑥ 投资额指标。当选定的施工方案需要增加新的投资(如需要新购施工机械)时，则需对此进行比较分析。

(2) 综合指标分析法

即以多指标为基础，根据多指标中各个指标在评价中重要性的相对程度列出其权重；同时根据各施工方案在同一指标的优劣程度确定相应分值，进行综合后得到一个综合指标进行评价，综合指标值最大者为最优方案。

4.4 单位工程施工计划

单位工程施工计划是控制施工进度，为工程开工创造有利条件，保证施工进度计划顺利实施的基础。

施工计划按性质可分为：

(1) 施工进度计划：控制性进度计划和实施性进度计划；

(2) 施工准备工作计划：开工前准备工作计划、分部分项工程作业条件准备工作计划等；

(3) 资源需要量计划：劳动力需要量计划、主要材料需要量计划、预制件和成品需要量计划、机械设备需要量计划等。

4.4.1 施工进度计划

单位工程施工进度计划是在确定了总体安排和施工方案基础上，根据规定工期和各种资源供应条件，按照施工过程的合理施工顺序及组织管理的原则，对一个工程从开始施工到工程全部竣工的各施工工序，用图表形式（横道图或网络计划图）确定其在时间上的安排和相互间的搭接关系。

4.4.1.1 施工进度计划的作用

单位工程施工进度计划是施工方案在时间上的具体反映，是指导单位工程施工的基本文件之一。它的主要任务是以施工方案为依据，安排单位工程中各施工过程的施工顺序和施工时间，使单位工程在规定的时间内，有条不紊地完成施工任务。

施工进度计划的主要作用是：①控制单位工程施工进度，保证在规定工期内完成符合质量要求的工程任务；②确定单位工程的各个施工过程的施工顺序、施工持续时间及相互衔接和合理配合关系；③为编制企业季度、月度生产计划提供依据，也为平衡劳动力、调配和供应各种施工机械和各种物资资源提供依据，同时也为确定施工现场的临时设施数量和动力配备等提供依据。至于施工进度计划与其他各方面，如施工方法是否合理，工期是否满足要求等更是有着直接的关系，而这些因素往往是相互影响和相互制约的。因此，编制施工进度计划应细致地、周密地考虑这些因素。

4.4.1.2 施工进度计划的分类

(1) 根据进度计划的形式分类

根据进度计划的表达形式，可以分为横道图计划、网络计划和时标网络计划。

横道图计划形象直观，能确定工作的开始和结束日期，能按天统计资源消耗，但不能抓住工作间的主次关系，且逻辑关系不明确。

网络计划能反映各工作间的逻辑关系，利于重点控制，但工作的开始与结束时间不直观，也不能按天统计资源。

时标网络计划结合了横道图计划和普通网络计划的优点，是实际中应用较普遍的一种进度计划表达形式。

(2) 根据进度计划的作用分类

根据其对施工的指导作用的不同,可分为控制性施工进度计划和实施性施工进度计划两类。

控制性施工进度计划一般在工程的施工工期较长、结构比较复杂、资源供应暂时无法全部落实的情况下采用,或者工程的工作内容可能发生变化及某些构件(结构)的施工方法暂时还不能全部确定的情况下采用。这时不可能也没有必要编制较详细的施工进度计划,往往就编制以分部工程项目为划分对象的施工进度计划,以便控制各分部工程的施工进度。但在进行分部工程施工前应按分项工程编制详细的施工进度计划,以便具体指导分部工程的现场施工。

实施性施工进度计划是控制性施工进度计划的补充,是各分部工程施工时施工顺序和施工时间的具体依据。该类施工进度计划的项目划分必须详细,各分项工程彼此间的衔接关系必须明确。它可与控制性进度计划同时编制,有的可缓些时候,待条件成熟时再编制。对于比较简单的单位工程,一般可以直接编制出单位工程施工进度计划。

这两种计划形式是相互联系、互为依据的,在实际中可以结合具体情况来编制。若工程规模大,且较复杂,可以先编制控制性施工进度计划,接着针对每个分部工程编制详细的实施性施工进度计划。

4.4.1.3 施工进度计划编制依据

单位工程施工进度计划编制依据:项目管理目标责任书,施工总进度计划,施工方案,主要材料和设备供应能力,施工人员的技术素质及劳动效率,施工现场条件、气候条件、环境条件,已建成的同类工程的实际进度及经济指标。现就单位工程进度计划编制依据分述如下:

(1) 项目管理目标责任书

《建设工程项目管理规范》中规定的“项目管理目标责任书”中的内容,均与单位工程施工进度计划有关,但最主要的还是其中“应达到的项目进度目标”。这个目标既不是合同目标,又不是定额工期,而是项目管理的责任目标,不仅有工期,而且还有开工时间和竣工时间,还有主要搭接关系、里程碑事件等。总之,凡是项目管理目标责任书中对进度的要求,均是编制单位工程施工进度计划的依据。

(2) 施工总进度计划

单位工程施工进度计划应执行施工总进度计划中的开、竣工时间,工期安排,搭接关系以及其说明书。如果需要调整,应征得施工总进度计划审批者(一般是企业经理或技术主管)的同意,且不能打乱原计划的部署。

(3) 施工方案

主要分部分项工程的施工方案,包括施工程序、施工段划分、施工流程、施工顺序、施工方法、技术及经济措施等。施工方案中所包含的内容都对进度计划有约束作用。其中的施工顺序,亦是施工进度计划的施工顺序,施工方法直接影响施工进度。施工机械的选择,既影响所涉及项目的持续时间,又影响总工期,对施工顺序亦有制约。至于施工段的划分,则涉及流水施工和施工进度计划的结构。

(4) 主要材料和设备的供应能力

施工进度计划编制过程中,必须考虑主要材料和机械设备的供应能力,主要看其是否满足质量要求。因此就产生了进度需要与供应能力的反复平衡问题，一旦进度确定，则供应能力必须满足进度需要。

(5) 施工人员的技术素质及劳动效率

编制施工进度计划的目的是确定施工速度。施工项目的活动是以人工为主、机械为辅，施工人员的技术素质高低，影响着进度和质量，应按劳务分包企业的标准对劳动力进行衡量和检查。作业人员的劳动效率以历史情况为依据，不能过于乐观或过于保守，应考虑平均先进水平。同时还要考虑劳动定额、机械台班定额及本企业施工水平。

(6) 施工现场条件、气候条件、环境条件

这三种条件以施工准备过程中的调查、考察和研究为依据。如果是施工组织总设计已经编制，可继续使用它的依据，否则要重新进行调查。这个调查是为了满足实施的需要，故要细致。施工现场条件要认真踏勘，气候条件既要看历史资料，又要掌握预报情况；环境条件也要依靠踏勘，如果是供应环境和其他支持性环境，则要通过市场调查来掌握资料。

(7) 已建成的同类工程的实际进度及经济指标

这项依据既可参照、模仿，又可用来分析在编的施工进度计划水平，一个企业应大量积累资料，它的用途很广泛。

另外，经过审批的建筑总平面图、地形图、单位工程施工图、设备及基础图、适用的标准图及技术资料，施工组织总设计对本单位工程的有关规定，工程承包合同及建设单位的合理要求等也是单位工程施工进度计划的编制依据。

4.4.1.4　施工进度计划的编制程序与步骤

(1) 编制程序

单位工程施工进度计划编制的一般程序如图 4.7 所示。

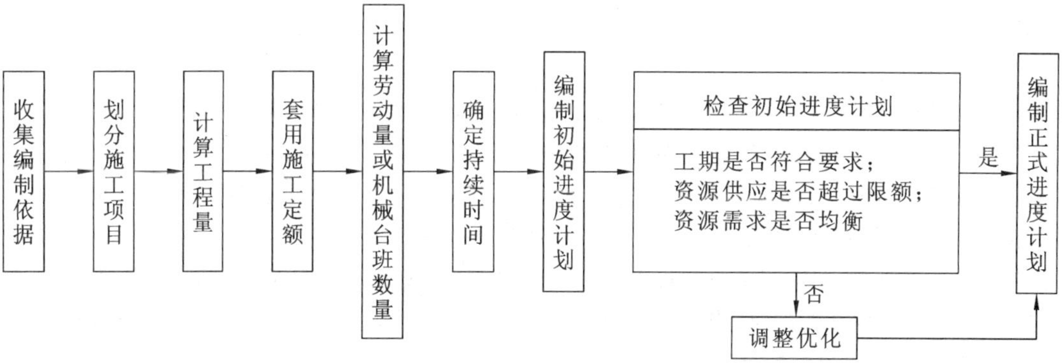

图 4.7　单位工程施工进度计划编制程序

(2) 编制步骤

① 划分施工项目

施工项目是施工进度计划的基本组成单元，其划分的粗细程度、适当与否关系到进度计划的安排。因而，在编制施工进度计划时，首先根据设计文件和工程结构形式列出拟建工程的各个施工过程，并结合具体的施工方法、施工条件、劳动组织等因素，加以适当调整，使之成为编制施工进度计划所需的施工项目。

单位工程施工进度计划的施工项目主要指主导性施工过程，主要包括直接在建筑物（或构筑物）上进行施工的所有建造类施工过程；不包括加工厂的预制加工及运输的制备类、运输类和搭设类这些辅助性施工过程，一般这些施工过程不占用工期，可以提前完成，不影响进度，不列入进度计划中。但如占用工期，则需将这些施工过程列入施工进度计划中。

在确定施工项目时，应注意以下几个问题：

a. 施工项目划分的粗细程度，主要取决于进度计划的客观需要。编制控制性进度计划时，施工项目应划分得粗一些，通常只列出分部工程名称，确定开工、完成、主体结构结束、竣工里程碑事件的时间，并将其作为控制依据；而编制实施性施工进度计划时，项目划分要细一些，特别是其中的主导工程和主要分部工程，应尽量详细而且不漏项，以便于指导施工作业的要求，如屋面工程应划分为找平层、隔气层、保温层、防水层等分项工程。

b. 施工过程的划分要结合所选择的施工方案。施工方案不同，施工过程的名称、数量和内容也会有所不同。

c. 适当简化施工进度计划内容，避免工程项目划分过细、重点不突出。一个单位工程包括众多工序，编制时可考虑将某些穿插性分项工程合并到主要分项工程中去，如安装门窗框可以并入砌墙工程。对于在同一时间内，由同一时间同一工程队施工的过程可以合并为施工过程，如外墙装修中饰面砖的粘贴、勒脚等可合并为外墙装饰施工过程，基础防潮层可并入砖基础砌筑工程。而对于次要的零星分项工程，可合并为“其他工程”一项。

d. 水、暖、电、卫工程和设备安装工程通常由专业施工队负责施工。因此，在施工进度计划中只要反映出这些工程与土建工程如何配合即可，不必细分，此项目一般穿插进行。

e. 所有施工过程应大致按施工顺序先后排列，所采用的施工项目名称可参考现行定额手册上的项目名称。

总之，划分施工过程要粗细得当，最后根据划分的施工过程列出施工过程一览表以供使用。

② 计算工程量

工程量是计算劳动量、施工过程持续时间和安排资源投入量的基础。计算应严格按照施工图纸和有关工程量计算规则及相应的施工方法进行。当编制施工进度计划时如已经有了预算文件，则可直接利用预算文件中有关的工程量。若某些项目的工程量有出入但相差不大时，可结合工程项目的实际情况做一些调整或补充。工程招投标时，在招标文件中往往附有工程量清单，故在编制单位工程施工进度计划时，只要对工程量清单进行复核，然后套用工程量清单。需要注意的是，当工程划分为若干个流水段时，必须按每一流水段分别计算。

③确定劳动量和机械台班数量

根据所划分的施工项目的工程量和施工方法，即可套用施工定额（当地实际采用的劳动定额及机械台班定额），以确定劳动量和机械台班数量。

施工定额有两种形式：即时间定额和产量定额。时间定额是指某专业、某种技术等级的工人小组或个人在合理的技术组织条件下，完成合格的建筑产品所必需的工作时间，一般用符号 H_i 表示，它的单位有：工日/ m^3、工日/m^2、工日/m、工日/t 等。因为时间定额是以劳动工日数为单位，便于综合计算，故在劳动量统计中用得比较普遍。产量定额是指在合理的技术组织条件下，某专业、某种技术等级的工人小组或个人在单位时间内所应完成合格的建筑产品数量，一般用符号 S_i 表示，它的单位有：m^3/工日、m^2/工日、m /工日、t/工日等。因为产量定额是以建筑产品的数量来表示的，具有形象化的特点，故在分配施工任务时用得比较普遍。时间定额和产量定额是互为倒数的关系。

计算完每个施工段各施工过程的工程量后，可以根据劳动定额计算相应的劳动量和机械台班数。

劳动量按下式计算：

$$P=Q\cdot H=\frac{Q}{S} \tag{4.1}$$

式中 P——完成某施工过程所需的劳动量（工日）；

Q——完成某施工过程的工程量；

H——某施工过程采用的时间定额；

S——某施工过程采用的产量定额。

机械台班数量可按下式计算：

$$D=Q\cdot H=\frac{Q}{S} \tag{4.2}$$

式中 D——完成某施工过程所需的机械台班量（台班）；

Q——完成某施工过程的工程量；

H——某施工过程采用的机械台班时间定额；

S——某施工过程采用的机械台班产量定额。

若某施工过程由两种以上工种组成（如钢筋混凝土工程包括支模、绑扎钢筋和浇筑混凝土三个工种）时，可根据各工种工程量采用各自定额，分别计算各工种的劳动量或机械台班量，然后再将其汇总。

当某一分项工程是由若干个具有同一性质而不同类型的分项工程合并而成时，应根据各个不同分项工程的劳动定额和工程量，按合并前后总劳动量不变的原则计算合并后的综合时间定额（或综合产量定额）。计算公式如下：

$$S=\frac{Q_1S_1+Q_2S_2+\cdots+Q_nS_n}{Q_1+Q_2+\cdots+Q_n} \tag{4.3}$$

式中 S——综合时间定额；

$Q_1,Q_2,\cdots,Q_n$——组成某分部工程的各分项工程工程量；

$S_1,S_2,\cdots,S_n$——组成某分部工程的各分项工程时间定额。

对于有些采用新技术、新材料、新工艺或特殊的施工方法无定额可遵循时，可将类似项目的定额进行换算或根据经验资料确定，或采用三点估算法确定综合定额。三点估算法计算公式如下：

$$P=\frac{a+4m+b}{6} \tag{4.4}$$

式中 P——综合产量定额；

a——最乐观估计的产量定额；

b——最保守估计的产量定额；

m——最可能估计的产量定额。

对于有些采用新技术、新材料、新工艺或特殊施工方法的项目，可参考类似项目、经验资料，或按实际情况确定。

对于零星工程的劳动量或机械台班量，可根据其内容和数量，并结合施工现场和施工单位具体情况，采用占劳动量的百分比(一般为10%～20%)进行计算。

④ 确定各施工过程的持续时间

计算出各施工过程的劳动量(或机械台班)后，可以根据现行的人力或机械来确定各施工过程的作业时间。

a.能定量化的工程活动

对于确定的工作范围和工程量，又可以确定劳动效率的工程活动，可以比较精确地计算持续时间。其步骤为：

ⓐ 工程范围的确定及工作量的计算。这可由合同、规范、图纸、工作量得到。

ⓑ 劳动组合和资源投入量的确定。在工程中，完成上述工程活动需要什么工种的劳动力、什么样的班组(人数、工种级配和技术级配)。这里要注意：项目可用的总资源限制，如劳动力限制、运输设备限制，这些常常被放到企业的总计划的资源平衡中考虑；合理的专业技术级配，如混合班组中各专业的搭配，技工、操作工、普通工人数比例合理，可以按工作性质安排人员，达到经济、高效率的组合；各工序(或操作活动)人数安排比例合理，例如混凝土班组中上料、拌制、运输、浇捣、表面处理等工序人数比例合理，使各环节都达到高效率，不浪费人工和机械；保证一定的工作面，工作面小会造成互相影响，降低工作效率。

ⓒ 确定劳动定额。在确定劳动定额时，通常会考虑一个工程小组在单位时间内的生产能力，或完成该工程活动所需的时间(包括各种准备、合理休息、必要的间歇等因素)。

ⓓ 计算持续时间。单个工序的持续时间是易于确定的，它可由下式计算确定：

$$T=\frac{Q}{R\cdot N\cdot S}=\frac{Q\cdot H}{R\cdot N} \tag{4.5}$$

式中 T——完成某工序的持续时间；

Q——完成某施工过程的工程量；

H——某施工过程采用的时间定额；

R——投入施工班组的人数；

N——投入施工的工作班次；

S——某施工过程采用的产量定额。

【例4.1】 某基础混凝土300 m^3，投入三个混凝土小组，每组8个人，预计人均产量效率为3 m^3/工日，采用三班制连续作业。试求混凝土浇筑的持续时间。

【解】

$$T=\frac{300}{8\times3\times3}=4.2\ \text{d}\approx4\ \text{d}$$

而对一个含有数项工序的施工过程，情况就会复杂一点，它需要考虑该施工过程各工序的安排方式。

工作的安排方式可以分为：

ⓐ 将这个工作队直接落实给一个混合班组，可以根据各工种工程量及各自定额分别计算各工种的劳动量或机械台班量，然后再将其汇总。再根据班组人数及工作班次计算出该

项活动的持续时间,而详细活动由班组自己安排。

ⓑ 上述安排并不太恰当和符合实际,由于这些工作需要不同的工种,但是各工种工作时间集中。如基础工程,经过计算,支模板共需 513 工日,绑扎钢筋需要 564 工日,浇筑混凝土需要 254 工日,回填土需要 513 工日。开始阶段主要用木工(支模板),然后是钢筋工,接下来是混凝土工,最后用普通工回填土。所以可以按次序作更详细的计划,可以考虑安排 26 个木工,40 个钢筋工,85 个普通工按次序施工。则模板需要 20 d,钢筋需要 6 d(钢筋工程 60%工作量为场外制作,则现场仅需要 6 d,其余 8 d 另外先行安排),浇筑混凝土需要 10 d,回填土需要 6 d,则总工期为 42 d。

ⓒ 如果场地允许,在上述安排的基础上,可划分为若干流水段进行流水施工,可缩短工期。

由上可见,不同的安排产生不同的持续时间,其工作效率没有变化,但在持续时间上劳动力投入量发生变化。

在确定持续时间时应考虑工程活动交接处需要的质量检查等管理工作所需时间。

b. 倒排工期

对于工期要求比较严格的工程,不可能根据企业现有人数来确定各施工过程的持续时间,否则,总持续时间就不能满足工期要求。对此,一般根据总工期和施工经验,确定各分部工程持续时间,再进一步确定各分项工程的持续时间。在得到各施工过程持续时间后,再确定每一分部分项工程所需投入的班组人数,或机械数量。班组投入人数可按照下式计算确定:

$$R=\frac{Q}{S\cdot T\cdot N} \tag{4.6}$$

式中 R——投入施工班组的人数;

Q——完成某施工过程的工程量;

T——完成某工序的持续时间;

N——投入施工的工作班次;

S——某施工过程采用的产量定额。

c. 非定量化的工作

有些工程活动,例如项目的隐蔽工程验收、测量等,其持续时间无法定量计算得到,因为其工作量和生产效率无法定量化。因此,这些可以考虑:按过去工程的经验或资料确定;充分地与任务承担者协商确定,在给他们下达任务前应认真协商,确定持续时间,并以书面(合同)的形式确定下来。在这里要分析研究他们的能力,在对他们的进度进行管理时经常要考虑到行为科学的作用。

d. 持续时间不确定情况分析

有些活动持续时间不能确定,这通常由于:工作量不确定;工作性质不确定,如基坑挖土,土的类别会有变化,劳动效率也会有很大的变化;受其他方面的制约,例如监理工程师的审查批准期;环境变化,如气候对持续时间的影响。

这在实际工作中很普遍,也很重要,但没有很实用的计算方法。可请有实践经验的工程专家对持续时间进行评议,评议时,应尽可能多地向他们提供工程的技术和环境资料。

用三种时间的估计办法可对一个活动的持续时间分析各种影响因素,持续时间可按下式计算:

$$t=\frac{a+4c+b}{6} \tag{4.7}$$

式中 t——施工过程的持续时间；

a——施工过程最乐观的(一切顺利)的持续时间；

b——施工过程最悲观的(各种不利影响都发生)的持续时间；

c——施工过程最可能的持续时间。

【例 4.2】 某工程基础混凝土施工，施工工期在 6 月份，若一切顺利(如天气晴朗，没有周围环境干扰)，则需要的施工工期为 42 d(即 a)；若出现最不利的天气条件，同时发生一些周边环境干扰，施工工期为 52 d(即 b)；按照过去的气象资料以及现场可能的情况分析，最大可能的工期为 50 d(即 c)。试求该混凝土工程的持续时间。

【解】

$$t=\frac{42+4\times50+52}{6}=49\text{ d}$$

这种方法在实际工作中用得较多。这里的变动幅度($b-a$)对后面的工程压缩有很大的作用。人们常将它与德尔菲专家评议法结合，即用专家评议法确定 a、c 和 b。

⑤ 编制施工进度计划的初始方案

根据选择的施工方案、各施工过程的持续时间，划分施工段和施工层并找出主导施工过程，必须充分考虑各分部分项工程的合理施工顺序，力求主要工种的施工班组连续施工，按照流水施工的原则来组织流水施工，绘制初始的横道图或网络计划，形成初始方案。其编制方法为：

a. 对各分部工程组织分部工程流水。先安排其中主导过程的施工进度，使其尽可能连续施工，其他穿插施工过程尽可能与主导施工过程配合、穿插、搭接。如砖混结构房屋中的主体结构工程，其主导施工过程为砖墙砌筑和现浇钢筋混凝土梁板；现浇钢筋混凝土框架结构房屋中的主体结构工程，其主导施工过程为钢筋混凝土框架的支模、绑筋和浇筑混凝土。

b. 配合主要施工阶段，安排其他施工阶段(分部工程)的施工进度。

c. 按照工艺的合理性和施工过程间尽量配合、穿插、搭接的原则，将各施工阶段(分部工程)的流水作业图表搭接起来，即得到了单位工程施工进度计划的初始方案。

⑥ 施工进度计划的检查与调整

无论采用流水作业法还是网络计划，施工进度计划的初始方案均应进行检查、调整和优化，其目标在于使施工进度计划的初始方案满足规定的目标。一般从以下几个方面进行检查与调整：

a. 施工组织方面，各施工过程的施工顺序是否正确，流水施工的组织方法应用得是否正确，平行搭接和技术间歇是否合理。

b. 工期方面，初始方案的计划工期能否满足合同规定的工期要求。

c. 物资方面，主要机械、设备、材料等的利用是否均衡，材料消耗是否超过单位时间材料供应限额，施工机械是否充分利用。其中，主要机械通常是指混凝土搅拌机、灰浆搅拌机、自升式起重机和挖土机等。机械利用情况是通过机械的利用程度来反映的。

d. 劳动力方面，主要工种工人是否连续施工，劳动力消耗是否均衡。其中，劳动力消耗的均衡性是针对整个单位工程或各个工种而言，应力求每天出勤的工人人数不发生过大变动。

为反映劳动力消耗指标的均衡情况，通常采用劳动力消耗动态图来表示。对于单位工程的劳动力消耗动态图，一般绘制在施工进度计划表右边表格部分的下方。

劳动力消耗的均衡性指标可以采用劳动力不均衡系数(K)来评估：

$$K=\frac{\text{高峰期工人人数}}{\text{平均施工人数}} \tag{4.8}$$

式中，平均施工人数为工程总劳动量除以总工期。

最为理想的情况是劳动力不均衡系数(K)接近1。劳动力不均衡系数(K)在2以内为较好，超过2则不正常。

根据对初始方案的检查结果，对不符合要求的部分进行调整。调整方法一般有：增加或缩短某施工过程的施工持续时间；在满足工艺关系的条件下，将某些施工过程的施工时间向前或向后移动；必要时，可以改变施工法或施工技术组织措施等。总之，通过调整，在满足工期的条件下，使劳动力、材料、设备需要趋于均衡，主要施工机械利用合理。

施工进度计划的实现离不开管理上和技术上的具体措施。另外，在工程施工进度计划执行过程中，往往会因人力、物力及现场客观条件的变化经常使实际进度脱离原计划，因此，在施工过程中，就需要施工管理者随时掌握工程施工进度的动态，经常检查和分析进度计划的实施情况，及时进行必要的调整，保证施工进度总目标的完成。

4.4.2 施工准备工作计划

施工准备工作既是单位工程的开工条件，也是施工中的一项重要内容，开工之前必须为开工创造条件，开工以后必须为作业创造条件，包括开工前的准备、分部分项工程作业条件的准备。因此，它贯穿于整个施工活动过程的始终，根据施工顺序的先后，有计划、有步骤、分阶段进行。按准备工作的性质，大致可归纳为五个方面。

4.4.2.1 技术准备

(1) 审查设计图纸，熟悉有关资料

检查图纸是否齐全，图纸本身有无错误和矛盾，设计内容与施工条件能否一致，各工种之间搭接配合是否有问题等。同时应熟悉有关设计数据、结构特点及土层、地质、水文、工期要求等资料。

(2) 搜集资料，摸清情况

搜集当地的自然条件资料和技术经验资料，深入实地摸清施工现场情况。

(3) 编制施工组织设计和施工预算。

4.4.2.2 施工现场准备

(1) 建立测量控制网点

按照施工现场平面图的要求布置测量点，设置永久性的经纬坐标桩及水平桩，组成测量控制网。

(2) 搞好“三通一平”(通水、通电、通路、平整场地)

修通场区主要运输干道，接通工地用电线路，布置生产、生活供水管网和现场排水系统。按施工现场平面确定的标高组织土方工程的挖填、找平工作等。

（3）修建大型临时设施

包括各种附属加工场、仓库、食堂、宿舍、厕所、办公室以及公用设施等。

4.4.2.3 物资准备

（1）做好建筑材料需要量计划和货源安排

对地方材料要落实货源办理订购手续，对特殊材料要组织人员提早采购。

（2）构件、半成品订货

对钢筋混凝土预制构件、钢构件、铁件、门窗等做好加工委托或生产安排。

（3）做好施工机械的进场

做好施工机械和机具的准备，对已有的机械机具做好维修试车工作，对尚缺的机械机具要立即订购、租赁或制作。

4.4.2.4 施工队伍准备

（1）健全、充实、调整施工组织机构；

（2）调配、安排劳动班子组合；

（3）对职工进行计划、技术、安全交底。

4.4.2.5 下达作业计划或施工任务书

（1）明确工作项目、工程数量、劳动定额、计划工日数、开工和完工日期、质量和安全要求；

（2）印发小组记工单、班组考勤表；

（3）分配限额领料卡。

施工准备工作应有计划地进行，方便检查、监督施工准备工作进展情况，使各项施工准备工作的内容有明确的分工，有专人负责，并规定期限，可编制施工准备工作计划，并拟在施工进度计划编制完成之后进行，其表格形式可参见表4.1。

表4.1 施工准备工作计划表

序号	准备工作项目	工程量		简要内容	负责单位或负责人	起止时间		备注
		单位	数量			日/月	日/月	

4.4.3 资源需要量计划

单位工程施工进度计划确定之后，根据施工图纸、工程量计算资料、施工方案、施工进度计划等有关技术资料，着手编制劳动力需要量计划，各种主要材料、构件和半成品需要量计划及各种施工机械的需要量计划。它们不仅是为了明确各种技术工人和各种技术物资的需要量，而且还是做好劳动力与物资的供应、平衡、调度、落实的依据，也是施工单位编制月、季生产作业计划的主要依据之一。它们是保证施工进度计划顺利执行的关键。可根据各工序及持续期间所需要的资源编制出材料、劳动力、构件、半成品、施工机具等资源需要量计划，作为有关职能部门按计划调配的依据，以利于及时组织劳动力和供应物资，确定工地临时设施，以保证施工顺利地进行。

4.4.3.1 劳动力需要量计划

劳动力需要量计划主要是作为安排劳动力的平衡、调配和衡量劳动力耗用指标，安排生活福利设施的依据。其编制方法是根据施工进度计划，将各施工过程每天所需要的主要工种劳动力的人数按工种进行汇总而得，根据施工进度的安排进行统计，就可编制出主要工种劳动力需要计划，见表 4.2。

表 4.2 劳动力需要量计划表

序号	工种名称	劳动量	人数	月			月			备注
				上旬	中旬	下旬	上旬	中旬	下旬	

4.4.3.2 主要材料需要量计划

主要材料需要量计划，是组织备料、供料和确定仓库、堆场面积及组织运输的依据。其编制方法是根据施工进度计划表中各施工过程的工程量，将施工预算的工料分析表中各项过程所需用材料或材料消耗水平，按材料名称、规格、使用时间，及各种材料消耗进行计算汇总而得，其表格形式见表 4.3。

表 4.3 主要材料需要量计划表

序号	材料名称	规格	总需要量		单位时间供应量						备注
			单位	数量	月			月			
					上旬	中旬	下旬	上旬	中旬	下旬	

4.4.3.3 构件和半成品需要量计划

建筑结构构件、配件和其他加工半成品的需要量计划主要用于落实加工订货单位，并按照所需规格、数量、时间，组织加工、运输和确定仓库或堆场，可根据施工图和施工进度计划编制，其表格形式见表 4.4。

表 4.4 建筑结构构件、配件和其他加工半成品的需要量计划表

序号	构件、配件及半成品名称	规格	图号	总需要量		使用部位	加工单位	供应日期	备注
				单位	数量				

4.4.3.4 施工机械需要量计划

根据施工方案和施工进度计划确定施工机械的类型、数量、进场时间，可据此落实施工机械来源,组织进场。其编制方法是将单位工程施工进度计划表中的每个施工过程、每天所需的机械类型、数量和施工日期进行汇总,即得出施工机械的需要量计划。其表格形式见表 4.5。

表 4.5 施工机械需要量计划表

序号	机械名称	型号	总需要量		提供源	使用起止时间	备注
			单位	数量			

4.5 单位工程施工平面图设计

单位工程施工平面图就是施工时施工现场的平面规划与布置图,它涉及单位工程有关的空间问题,既是布置施工现场的依据,也是施工准备工作的一项重要依据。它是实现文明施工,节约并合理利用土地,减少临时设施费用的先决条件。因此,它是单位工程施工组织设计的重要组成部分。一张好的施工平面布置图,将会提高施工效率,保证施工进度计划有条不紊地顺利实施。反之,如果施工平面图设计不周或施工现场管理不当,都将会导致施工现场的混乱,直接影响施工进度、劳动生产率和工程成本。因此,在施工组织设计中,对施工平面图设计应予以重视。

4.5.1 设计依据

单位工程施工平面图设计的主要依据是单位工程的施工方案和施工进度计划,一般按 1:200～1:500 的比例绘制。如果单位工程是拟建建筑群的组成部分时,它的施工平面图就属于全工地施工平面图的一部分。在这种情况下,它要受到全场性施工总平面图的约束。

编制施工现场平面图时可参考的依据有:

(1) 各种设计资料,包括建筑总平面图、地形地貌图、区域规划图、建筑项目范围内有关的一切已有和拟建的各种设施位置。

(2) 建设地区的自然条件和技术经济条件。

(3) 建设项目的建筑概况、施工方案、施工进度计划,以便了解施工阶段情况,合理规划施工场地。

(4) 各种建筑材料构件、加工品、施工机械和运输工具需要量一览表,以便规划工地内部的储放场地和运输线路。

(5) 各构件加工厂规模、仓库及其他临时设施的数量和轮廓尺寸。

(6) 施工组织总设计,本工程的施工方案和施工进度计划、各种资源需要量计划。

4.5.2 设计内容

单位工程施工现场平面图应标明的内容一般有:

(1) 建筑平面图上已建和拟建的地上及地下一切建筑物、构筑物及其他设施(道路和管

线)的位置尺寸;

(2) 测量放线标桩位置、地形等高线、土方取弃场地;

(3) 垂直运输设施的布置(自行式起重机的开行路线、轨道式起重机的轨道布置、固定式垂直运输设备的位置);

(4) 各种搅拌站、加工厂以及材料、加工半成品、构件和机具仓库或堆场;

(5) 生产、生活用临时设施的布置,并附一览表,一览表中应分别列出临时设施的名称、规格和数量;

(6) 一切安全、防火和文明施工设施;

(7) 施工用临时供水管网、供电线路的布置;

(8) 图例、指北针、风玫瑰图等。

4.5.3 设计原则

施工现场平面图在布置时应当遵循以下原则:

(1) 在保证施工顺利进行的前提下,施工平面布置应紧凑合理,尽量减少施工用地,不占或少占农田。

(2) 临时设施要在满足使用需要的前提下减少数量,尽可能利用已有建筑物和构筑物,认真计算、精心设计,降低临时建筑和设施的建造费用。

(3) 尽量采用装配式施工设施,减少搬迁费用和损失,提高施工设施安拆速度。

(4) 合理布置现场的运输道路及加工厂、搅拌站和各种材料、机具的堆场或仓库位置,尽量做到运距短、少搬运,从而减少或避免二次搬运。

(5) 有利于生产和生活,并应符合安全、消防、环境保护等的要求。

4.5.4 设计步骤与要求

单位工程施工平面图的设计步骤如图 4.8 所示。

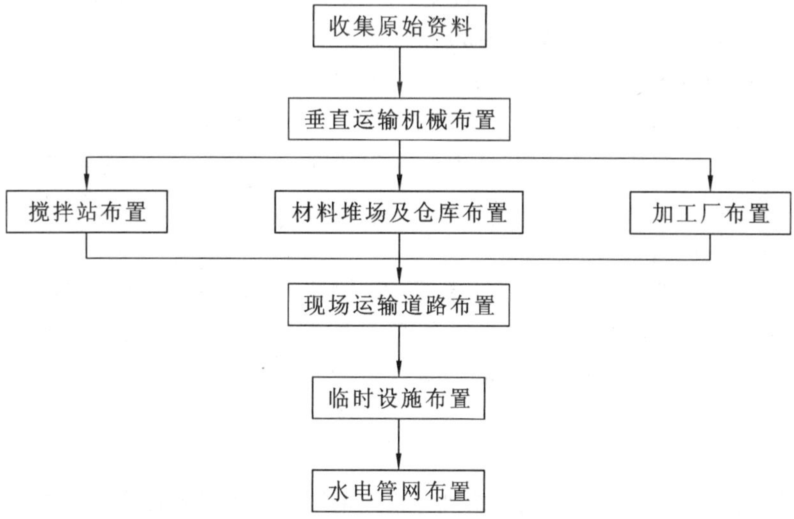

图 4.8 施工平面图设计步骤

4.5.4.1 起重运输机械的布置

起重运输机械的位置直接影响搅拌站、加工厂和各种材料、构件的堆场或仓库等位置和道路、临时设施及水电管网的布置等。因此它是施工现场全局的中心环节，应首先确定，由于各种起重机械的性能不同，其布置位置亦不相同。

(1) 确定起重运输机械的数量

$$N = \frac{\sum Q}{S} \tag{4.9}$$

式中 N—— 起重机的数量；

$\sum Q$—— 垂直运输高峰期每班要求的运输总次数；

S—— 每台起重机每班可运输的次数。

(2) 确定起重运输机械的位置

施工现场所有的起重机械可分为固定式和移动式两种。其中，移动式起重机又可分为有轨式和无轨式两种。

① 固定式起重运输机械的位置

固定式起重机械有龙门架、井架、施工电梯、塔式起重机等。随着技术的不断发展，现在一般选用塔式起重机作为固定式起重运输机械，龙门架、井架和施工电梯仅为补充。这类设备的布置主要根据机械性能、建筑物平面形状、立面造型和尺寸、施工段的划分情况、已有运输道路情况和材料运输要求具体确定。其布置原则是充分发挥起重机械的能力，并使地面和楼面水平运距最小。其布置时应考虑以下几个方面：

a. 当建筑物各部位高度相同时，应布置在施工段的分界线附近；当建筑物各部位的高度不同时，应布置在高低分界线较高部位一侧，以使楼面上各施工段水平运输互不干扰。

b. 龙门架、井架的位置以布置在窗口处为宜，以免砌墙留槎和减少井架拆除后的修补工作。

c. 龙门架、井架的数量要根据施工进度、垂直提升构件和材料的数量、台班工作效率等因素计算确定，其服务范围一般为 50～60 m。

d. 卷扬机的位置不应距离起重机过近，以便驾驶员的视线能够看到整个升降过程，一般要求此距离大于建筑物的高度，水平距外脚手架 3 m 以上。

e. 施工电梯也应布置在窗口处，且主体工程达到一定的高度，使之能够与建筑物进行附着，交通要便利。

② 移动有轨式起重机械的位置

移动有轨式起重机械如轨道式塔式起重机，轨道一般沿建筑物的长向布置，其位置和尺寸应根据建筑物平面形状和尺寸、构件自重、起重机性能及四周施工场地条件等具体确定。通常轨道布置方式有三种：单侧布置、双侧布置和环状布置。当建筑物宽度较小、构件自重不大时，可采用单侧布置方式；当建筑物宽度较大、构件自重较大时，可采用双侧布置或环状布置方式。

轨道布置完成后，应绘制出塔式起重机的服务范围。它是以轨道两端有效端点的轨道中心为圆心，以最大回转半径为半径画出两个半圆，连接两个半圆，即为塔式起重机的服务范围。

在确定塔式起重机的服务范围时,一方面要考虑建筑平面在塔式起重机的服务范围之内,以确保各种材料构件直接吊运到建筑物设计部位上去,尽可能避免死角。如果确实难以避免,则要求死角范围越小越好,同时在死角上不出现吊装最重、最高的构件,并且在确定安装方案时,提出具体的安全技术措施,以保证死角范围内的构件顺利安装。为解决这一问题,有时还将塔吊与龙门架或井架同时使用,但要确保塔吊回转时无碰撞的可能。另一方面,在确定塔式起重机服务范围时,还要考虑有较宽敞的施工用地,以便安排构件的堆放及搅拌出料进入料斗后能直接挂钩起吊。主要临时道路也宜安排在塔式起重机服务范围之内。

③ 移动无轨式起重机械的位置

移动无轨式起重机械包括履带式起重机、轮胎式起重机、汽车式起重机三种形式。它一般不用于水平运输和垂直运输,专用作构件的装卸和起吊。吊装时的开行路线及停机位置主要取决于建筑物平面尺寸、构件重量、安装高度和吊装方法等。

4.5.4.2 确定搅拌站、加工厂及各种材料、构件的堆场或仓库的布置

搅拌站、各种材料、构件堆场或仓库的位置与起重机械的类型和位置有关,应尽量靠近使用地点或在塔式起重机服务范围之内,并应考虑到运输和装卸的方便。

(1) 在起重机的位置确定之后,再布置材料、构件的堆场及搅拌站。材料堆放应尽量靠近使用地点,减少或避免二次搬运,并考虑运输和装卸方便。基础施工时使用的各种材料可堆放在基础四周,但不宜距基坑(槽)边缘太近,以免压塌土壁。

(2) 施工时若采用固定式垂直运输机械,则材料、构件堆场应尽量靠近垂直运输设备,以缩短地面水平运距;当采用移动式有轨起重机时,材料、构件堆场以及搅拌站出料口等均应布置在塔式起重机有效起吊服务范围之内;当采用移动无轨自行式起重机时,材料、构件堆场以及搅拌站的位置应沿着起重机械的开行路线布置,且应在起重臂的最大起重半径范围之内。

(3) 预制构件的堆放位置要考虑到吊装顺序。先吊的放在上面,后吊的放在下面。预制构件的进场时间应与吊装就位密切配合,力求直接卸到其就位位置,避免二次搬运。

(4) 搅拌站的位置应尽量靠近使用地点或靠近垂直运输设备。有时在浇筑大型混凝土基础时,为了减少混凝土运输,可将混凝土搅拌站直接设在基础边缘,待基础混凝土浇完后再后移。砂、石堆场及水泥罐应靠近搅拌站布置,同时搅拌站的位置还应考虑到使这些大宗材料的运输和装卸较为方便。

(5) 加工厂(如木工棚、钢筋加工棚)的位置宜布置在建筑物四周稍远位置,且应有一定的材料、成品的堆放场地;石灰仓库、淋灰池的位置应靠近搅拌站,并设在下风向;沥青堆放场及熬制锅的位置应远离易燃品,也应设在下风向。

4.5.4.3 现场主要运输道路布置

施工现场的运输道路应按材料和构件的运输需要沿着仓库和堆场进行布置,要进行合理规划和设置。尽可能利用设计中的永久性道路,或先做好永久性道路的路基,在交工之前再铺路面,如采用临时施工道路,主要道路和大门口要硬化处理,包含基层夯实,路面铺垫焦渣、细石,并随时洒水,减少道路扬尘。施工现场要有道路指示标志,人行道、车行道应

坚实平坦，保持畅通。应尽量采用单行线和减少不必要的交叉点，主干道路和一般道路的最小宽度要符合规定，不得低于表4.6中的规定。现场运输道路布置时应保证车辆行驶通畅，若有回转可能，最好围绕建筑物布置成一条环形道路，载重汽车的弯道半径一般应不小于15 m，特殊情况时不小于10 m，以便车辆回转、调头方便。道路两侧一般应结合地形设置排水沟，沟深不小于0.4 m，底宽不小于0.3 m，保持路面排水畅通。现场的道路不得任意挖掘和截断。如因工程需要必须开挖时，也要与有关部门协调一致，并通过运输道路的沟渠，搭设能确保安全的桥板，以确保道路的畅通。

表4.6　施工现场道路最小宽度

序号	车辆类型及要求	道路最小宽度(m)
1	汽车单行道	3.0
2	汽车双行道	6.0
3	平板车单行道	6.0
4	平板车双行道	8.0

4.5.4.4　行政管理、文化生活、福利用临时设施布置

办公室、工人休息室、门卫室、开水房、食堂、浴室、厕所等非生产性临时设施的布置，应考虑使用方便，不妨碍施工，符合安全、防火的要求。要尽量利用已有设施或已建工程，必须修建时要经过计算，合理确定面积，努力节约临时设施费用。通常，办公室的布置应靠近施工场地，宜设在入口处，以方便现场施工管理；工人休息室应设在工人作业区；宿舍应与生产区分开布置，宜设置在安全的上风向；门卫、收发室宜布置在工地出入口处。

4.5.4.5　水电管网的布置

(1) 施工供水管网的布置

施工临时供水管网首先要经过计算、设计，然后进行布置，其中包括水源的选择、用水量计算(包括生产用水、施工机械用水、生活用水和消防用水等)、取水设施、贮水设施、配水布置、管径计算等过程。

① 水源的选择

施工现场临时供水水源最好利用附近现有的供水管道，当施工现场附近没有现成供水管道或现有管道无法利用时，可选择井水、河水、地表水等天然水源。选择水源时应考虑的因素有：水量应充沛可靠，能满足施工现场最大用水量，生产和生活用水的水质应分别符合相应的水质标准要求；取水、输水、净水设备要安全经济。

② 用水量计算

可参考施工组织总设计部分相应的计算方法。

单位工程施工组织设计的供水计算和设计可简化或根据经验进行安排，一般面积为5000～10000 m^2 的建筑物，施工用水的总管径为100 mm，支管径为40 mm或25 mm。

消防用水一般利用城市或建设单位的永久消防设施，若自行安排，应按有关规定设置。消防用水管线的直径不小于100 mm，消火栓间距不大于120 m，布置应靠近十字路口或道

边，距道边应不大于 2 m，距建筑物外墙应不小于 5 m，也应不大于 25 m，且应设有明显的标志，周围 3 m 以内不准堆放建筑材料。

③ 配水管网布置

配水管网布置的原则是在保证连续供水的情况下，管道铺设越短越好，消防水管和生产、生活用水管可以合并设置。分区域施工时，应按施工区域布置，同时还应考虑到在工程进展中各段管网应便于移置。临时给水管网的布置有环式管网、枝式管网、混合式管网三种方案：枝式管网布置的管网总长度最小，是临时给水管网布置常采用的一种方式；环式管网所铺设的管网总长度较大，但最为可靠，可保证连续供水；混合式总管采用环式，支管采用枝式，可以兼有以上两种方案的优点。

高层建筑的施工用水应设置储水池和加压泵，以满足高空用水的需要。

临时水管的铺设可用明管或暗管。但以暗管最为合适，它既不妨碍施工，又不影响运输工作。在严寒地区，暗管应埋设在冰冻线以下，明管应加强保温，通过道口的部分，应考虑地面上重型机械的荷载对管道的影响。

为了排除地面水和地下水，应及时修通永久性下水道，并最好与永久性系统相结合，同时，根据现场地形，在建筑物周围设置排泄地面水和地下水的排水沟渠。

(2) 施工用电线网的布置

建筑施工现场大量的机械设备和设施需要用电，保证供电及其安全是施工顺利进行的重要措施。施工现场临时供电包括动力用电和照明用电两种，动力用电通常包括土建用电及设备安装工程和部分设备试运转用电，照明用电是指施工现场和生活区的室内外照明用电。临时用电设计包括用电量计算、电源和变压器选择、配电线路的布置与导线截面。

① 用电量计算

计算用电量时，应考虑的因素有：整个施工现场使用的机械动力设备、电气工具及照明用电的数量；施工进度计划中施工用电高峰期同时用电的机械设备数量；各种用电机械设备在施工中的使用情况。施工现场供电设备总需要量可由下式计算：

$$P = 1.05 + 1.10 \times \left(K_1 \frac{\sum P_1}{\cos\varphi} + K_2 \sum P_2 + K_3 \sum P_3 + K_4 \sum P_4\right) \tag{4.10}$$

式中 P_1—— 电动机额定功率(kW)；

P_2—— 电焊机额定功率(kW)；

P_3—— 室内照明容量(kW)；

P_4—— 室外照明容量(kW)；

$\cos\varphi$—— 电动机平均功率因数(在施工现场最高为 0.75 ～ 0.78，一般为 0.65 ～ 0.75)；

K_1, K_2, K_3, K_4—— 需要系数，一般为 0.50 ～ 1.0。

② 选择电源及确定变压器

建筑施工的电力来源，可以利用施工现场附近已有的电网。如附近无电网，或供电不足时则需自备发电设备。临时变压器的设置地点，取决于负荷中心的位置和工地的大小与形状。当分区设置时应按区计算用电量。

③ 布置配电线路与导线截面

配电线路的布置与给水管网相似，也可分为枝式、环式及混合式，其优、缺点与供水管网相似。在工地电力网中一般 3～10 kV 的高压线路采用环式；380/220 V 的低压线路采用枝式。配电线路的计算及导线截面的选择，应满足机械强度及安全电流强度的要求。安全电流是指导线本身温度不超过规定值的最大负荷电流。

必须指出，建筑施工是一个复杂多变的生产过程，各种施工材料、构件、机械等随着工程的进展而逐渐进场，又随着工程的进展而不断消耗、变动。因此，对于大型工程、施工期限较长的工程或现场较为狭窄的工程，就需要按不同的施工阶段来分别设计几张施工平面图，以便能把在不同施工阶段内的现场合理布置情况全面地反映出来。

4.6 单位工程施工组织设计的措施与技术经济指标

4.6.1 质量保证措施

4.6.1.1 质量目标

建设工程质量控制的目标，就是通过有效的质量控制工作和具体的质量控制措施，在满足投资和进度要求的前提下，实现工种预定的质量目标。在单位工程施工组织设计中应根据工程项目的施工质量要求和特点，确定单项（单位）工程的施工质量控制目标。质量目标分为“优良”和“合格”，确定的目标应逐层分解，作为确定施工质量控制点的依据。

4.6.1.2 质量控制的组织机构

科学有效的质量控制组织机构是施工顺利、成功进行的组织保证。质量控制组织机构是一个质量管理网络系统，应由项目经理领导，由总工程师策划并组织实施，现场各专业项目经理协调控制，专业责任工程师监督管理。组织机构的建立包括机构的设计与职能划分、人员配备及岗位职责的确定。

4.6.1.3 质量控制措施

编制质量控制措施时首先应根据工程施工质量目标的要求，对影响施工质量的关键环节、部位和工序设置质量控制点，然后针对各控制点制定质量控制措施。质量控制措施一般包括：材料、半成品、预制构件和机具设备质量检查和验收措施；主要分部、分项工程质量控制措施；各施工质量控制点的跟踪监控办法等。

4.6.1.4 特殊气候条件下的施工措施

（1）高温季节施工

① 温度高于 30 ℃时施工，应防止混凝土温度超过 30 ℃，以免水分蒸发过快；

② 混凝土拌合物运输中要加以遮盖，及时运至工地；

③ 各道工序应衔接紧凑，尽量缩短施工时间；

④ 在已铺好的路面上，搭设遮光挡风设备，以避免混凝土遭到烈日暴晒从而降低吹到混凝土表面的风速，减少水分蒸发。

（2）低温季节施工

混凝土尽可能在气温高于 5 ℃时施工，低温施工时应注意以下问题：

① 采用高标号快凝水泥，或掺入早强剂，或增加水泥用量；

② 加热水或集料，较常用的方法是仅将水加热，拌制混凝土时，先用温度超过 70 ℃的水同冷集料相拌和，使混合料在拌和时的温度不超过 40 ℃，摊铺后的温度不低于 10 ℃(气温为 0 ℃时)～20 ℃(气温为－3 ℃时)；

③ 混凝土修整完毕后，表面应覆盖蓄热保温材料，必要时还应加盖养生暖棚。

(3) 雨季施工

① 掌握天气信息；

② 制订施工方案和措施；

③ 修建排水设施；

④ 控制骨料含水率。

4.6.2 安全保证措施

4.6.2.1 安全管理目标

安全管理目标是实现安全施工的行动指南。安全管理目标在设定时应坚持"安全第一，预防为主"的安全方针，突出重大事故、负伤频率、施工环境标准合格率等方面的指标，在施工期间杜绝一切重大安全事故。制定的目标一般略高于施工项目管理者的能力和水平，使之经过努力可以完成。如可设定安全目标为"五无目标"，即"无死亡事故，无重大伤亡事故，无重大机械事故，无火灾事故，无中毒事故"。

4.6.2.2 安全生产管理体系

安全生产管理体系主要包括安全工作中的安全管理小组的组建及其职能划分；安全生产责任制；安全检查制度、安全教育制度等。如安全生产责任制包括：安全生产领导小组领导全面的安全工作，主要职责是领导建筑工程公司开展安全教育，贯彻宣传各类法规、通知和传达上级部门的文件精神，制订各类管理条例，每周对各项目工程进行安全工作检查、评比，处理较大的相关安全问题；项目部成立的安全管理小组，设专职安全员，主要职责是负责对工人进行安全技术交底，贯彻上级精神，检查工程施工安全工作，召开一次工程安全会议，制订具体的安全规程和违章处理措施，并向公司安全领导小组汇报；各作业班组应设立兼职安全员，主要是带领各班组认真操作，对工人耐心指导，发现问题及时处理并及时向安全管理小组汇报工作。

4.6.2.3 施工现场安全管理

施工现场安全管理包括现场施工人员安全行为的管理、劳务用工的管理。施工现场实行封闭管理，施工安全防护措施应当符合建设工程安全标准。施工单位应当根据不同施工阶段和周围环境及天气条件的变化，采取相应的安全防护措施。施工单位应当在施工现场的显著或危险部位设置符合国家标准的安全警示标牌；施工现场安全措施一般应包括：一般性施工安全措施；高处作业劳动保护措施；脚手架安全措施；垂直运输机械设备安全运转措施；洞口临边防护措施；施工机械安全防护措施；现场临时用电安全措施；重点施工阶段安全防护措施等。具体措施有以下几个方面：

(1) 提出安全施工宣传、教育的具体措施，新工人进场上岗前必须进行安全教育及安全操作的培训。

(2) 针对拟建工程地形、环境、自然气候，提出可能突然发生自然灾害时有关施工安全方面的若干措施及具体办法，以便减少损失，避免伤亡。

(3) 提出易燃、易爆品严格管理及使用的安全技术措施。

(4) 防火、消防措施。高温、有毒、有尘、有害气体环境下操作人员的安全要求和措施。

(5) 土方、深坑施工，高空、高架操作，结构吊装、上下垂直平行施工时的安全要求和措施。

(6) 各种机械、机具的安全操作要求；交通、车辆的安全管理。

(7) 各种电器设备的安全管理及安全使用措施。

(8) 狂风、暴雨、雷电等各种特殊天气发生前后的安全检查措施及安全维护制度。

4.6.2.4 消防管理措施

施工单位应当根据《中华人民共和国消防法》的规定，建立、健全消防管理制度，在施工现场设置有效的消防措施。在火灾易发生部位作业或者储存、使用易燃、易爆物品时，应当采取特殊消防措施。

4.6.2.5 职业健康安全管理保证措施

职业健康安全生产管理体制是根据国家职业健康安全生产方针、政策和法规，保障职工在生产过程中的职业健康安全的一种制度。职业健康安全管理保证措施明确项目经理部及各级人员和各职能部门职业健康安全生产工作的责任，制定现场职业健康控制项目和制度，保障现场施工人员和职工在生产中的职业健康安全。

4.6.3 文明施工和环境保护措施

4.6.3.1 文明施工措施

现场文明施工是由项目经理部统一领导和管理，制定文明施工措施，争创文明工地。文明施工措施包括：现场文明施工组织管理机构的组建；文明施工现场场容布置；环境卫生管理；制定防止扰民措施等。

主要包括以下几个方面：

(1) 施工现场的围挡与标牌，出入口与交通安全，道路畅通，场地平整。

施工场地统一规划布置，严格按施工平面布置图设置各项临时设施(大宗材料、成品、半成品和机具设备的堆放)，严格禁止侵占道路及安全防护设施。施工材料堆放整齐，各种不同类型的物资材料按照 ISO 9002 标准正确标识，场区内管线布置整齐、清洁。

(2) 暂设工程的规划与搭设。

办公室、更衣室、食堂、厕所的安排与环境卫生。

(3) 各种材料、半成品、构件的堆放与管理。

施工现场平面布置合理，各类材料、设备、预制构件等(包括土方)做到堆放有序，不侵占车行道、人行道。施工中要加强对各种地下管线的保护。加强施工现场管理工作，做到“工完料净场地清”。

(4) 散碎材料、施工建筑垃圾运输，以及其他各种环境污染。

如搅拌机冲洗废水、油漆废液、灰浆水等施工废水污染；土方运输与垃圾、白灰堆放、散装材料运输等粉尘污染；熬制沥青、熟化石灰等废气污染；打桩、搅拌混凝土、振捣混凝土等噪声污染。负责施工区域及生活区域的环境卫生，建立完善的有关规章制度，落实责任制；做到"五小"设施齐全，符合规范要求。创建良好环境，在工地现场和生活区设置足够的临时卫生设施，每天清扫处理；对施工生产和生活废水采取有效措施加以处理，不超标排放；污水、废水、废气等的处理符合环境管理体系 ISO 14000 的标准。

(5) 成品保护。

(6) 施工机械保养与安全使用。

施工机械按照规定的位置和线路设置；施工机械进场前经过安全检查合格后再使用；施工机械操作人员必须建立机组责任制，并依照有关规定持证上岗，禁止无证人员操作。

(7) 安全与消防。

(8) 尊重当地民风民俗，遵守地方法规，充分发挥优良传统，积极帮助地方群众搞好与当地政府、邻近居民的关系，做好征地工作。

(9) 创建标准化文明工地，开展文明竞赛活动。

定期组织检查，对存在的问题及时进行整改。

4.6.3.2 环境保护措施

保护和改善施工现场环境是消除外部干扰、保证施工顺利进行的需要，也是节约能源、保护人类生存环境和可持续发展的需要。建筑施工的污染主要包括大气污染，建筑材料引起的空气污染、水污染、土壤污染、噪声污染和光污染。在施工时应当从材料、施工机械、施工方法等方面减少污染，减轻污染损害。

(1) 粉尘污染管理措施

① 建筑工地应设置隔离设施、材料仓库，禁止水泥等易扬尘物料露天堆放，减少二次扬尘，减轻对附近环境的影响；

② 运输车辆要采取密封或覆盖措施，轮胎、车体要定期清洗，运输路线及时清扫；

③ 建筑垃圾、残土及时清运，或按有关规定送往指定地点堆放，临时堆放时要采取覆盖或洒水等降尘措施。

(2) 尾气排放管理措施

① 参与施工的各种车辆和作业机械，应该具有尾气年检合格证；

② 在使用期间要保证其正常运行，经常检修保养，防止非正常运行造成尾气超标排放。

(3) 废水排放管理措施

① 施工废水主要含有泥沙，必要时应建立一个临时沉砂池，沉淀后达标排入污水管网或回收用；

② 施工期生活污水要经地埋式化粪池沉淀后排入污水管网，不得随意排放。

(4) 噪声防治措施

① 采用低噪声机械设备和运输车辆，使用过程中要经常检修和养护，保证其正常运行；

② 搅拌机、电锯等噪声大的机械设备的使用地点应该尽量远离附近噪声敏感点(如办公室、操作室等)，操作工人应采取必要的防护措施；

(5) 固体废物排放管理措施

① 施工人员产生的生活垃圾应送往指定地点；

② 建筑垃圾和残土应及时清运，或及时送到指定场地存放。

4.6.4 降低成本措施

降低成本措施的制定应以施工预算为依据，以企业（或基层施工单位）年度、季度降低成本计划和技术组织措施计划为依据进行编制。要针对工程施工中降低成本潜力大的（工程量大、有采取措施的可能性及有条件的）项目，充分开动脑筋，把措施提出来，并计算出经济效益和指标，加以评价、决策。措施必须是不影响质量且能保证安全的，它应考虑以下几个方面：

(1) 生产力水平是先进的；

(2) 有精心施工的领导班子来合理组织施工生产活动；

(3) 有合理的劳动组织，以保证劳动生产率的提高，减少总的用工数；

(4) 物资管理的计划性，从采购、运输、现场管理及竣工材料回收等方面，最大限度地降低原材料、成品和半成品的成本；

(5) 采用新技术、新工艺，以提高工效，降低材料消耗量，节约施工总费用；

(6) 保证工程质量，减少损失；

(7) 保证安全生产，减少事故频率，避免意外工伤事故带来的损失；

(8) 提高机械利用率，减少机械费用开支；

(9) 增收节支，减少施工管理费的开支；

(10) 加快施工进度，提前完工交付，以节省各项费用开支。

降低成本应包括节约劳动力、材料费、机械设备费、工具费、间接费及临时设施费等措施和方法。如劳动力管理方面，应建立合理用工制度，实施记工考勤，进行劳务承包，定期进行技术技能培训，提高工人的生产效率；机械设备管理方面，应对施工现场的机械设备进行统一管理，统筹安排，提高机械设备的利用率。在降低成本时一定要正确处理降低成本、提高质量和缩短工期三者的关系，对各种措施要计算经济效果。

4.6.5 技术经济指标

4.6.5.1 技术经济分析的目的

技术经济分析的目的是论证施工组织设计在技术上是否可行，在经济上是否合理，通过科学的计算和分析比较，选择技术经济效果最佳的方案，为不断改进和提高施工组织设计水平提供依据，为寻求增产节约途径和提高经济效益提供信息。技术经济分析既是单位工程施工组织设计的内容之一，也是必要的设计手段。

4.6.5.2 技术经济分析的基础要求

(1) 全面分析

要对施工的技术方法、组织方法及经济效果进行分析，对需要与可能进行分析，对施工的具体环节及全过程进行分析。

(2) 抓住重点

作技术经济分析时应抓住施工方案、施工进度计划和施工平面图三大重点，并据此建立技术经济指标分析体系。

(3) 方法得当

作技术经济分析时，要灵活运用定性方法和有针对性地运用定量方法。在做定量分析时，应对主要指标、辅助指标和综合指标区别对待。

(4) 指标规范

技术经济指标的名称、内容、统计口径应符合国家、行业和企业要求。

(5) 体现目标

技术经济指标体系的建立应与施工项目管理目标一致。

4.6.5.3 技术经济指标体系

技术经济指标至少应包括：

(1) 进度方面的指标　总工期、分部分项工期。

(2) 质量方面的指标　工程整体质量标准、分部分项工程的质量标准。

(3) 成本方面的指标　工程总造价或总成本、单位工程量成本、成本降低率。

(4) 消耗方面的指标　总用工量、单位工程用工量、平均劳动力投入量、高峰人数、劳动力不均衡系数、主要材料消耗量及节约量、主要大型机械使用量及台班量。

(5) 其他方面的指标　施工机械化水平等。

4.6.5.4 技术经济分析的重点

技术经济分析应围绕质量、工期、成本三个主要方面。选择某一方案的原则是，在保证安全，质量达到优良的前提下，工期合理，成本节约。

对于单位工程施工组织设计，不同的设计内容应有不同的技术经济分析重点。

(1) 基础工程

应以土方工程、现浇混凝土、打桩、排水和防水、运输进度与工期为重点。

(2) 结构工程

应以垂直运输机械的选择、流水段划分、劳动组织、现浇钢筋混凝土支模绑筋、混凝土浇筑与运输、脚手架选择、特殊分项工程施工方案和各项技术组织措施为重点。

(3) 装饰工程

应以施工顺序、质量保证措施、劳动组织、分工协作配合、节约材料及技术组织措施为重点。

单位工程施工组织设计的技术经济分析重点是：工期、质量、成本、劳动力使用、场地占用和利用、临时设施、协作配合、材料节约，及新技术、新设备、新材料、新工艺的使用。

4.6.5.5 技术经济分析的方法

(1) 定性分析方法

定性分析方法是根据经验对单位工程施工组织设计的优劣进行分析。例如，工期是否合理，可按一般规律或定额进行分析；选择施工机械是否适当，主要看它是否能满足作用要求、机械提供的可能性等；流水段划分是否正确，主要看它是否给流水施工带来方便；施工平面图设计是否合理，主要看场地是否合理利用，临时设施费用是否适当。定性分析法比较方便，但不精确，不能优化，决策易受主观因素影响和制约。

（2）定量分析方法

一般采用多指标比较法，该方法简便实用，使用较多。比较时要选用适当的指标，注意可比性。有两种情况要区别对待：

① 一个方案的各项指标明显优于另一方案，可直接进行分析比较。

② 几个方案的各项指标优劣有穿插，互有优势，则应以各项指标为基础，将各项指标的值按照一定计算方法进行综合后得到一个综合指标进行分析比较。

通常的方法是：首先根据多指标中各项指标在技术经济分析中的重要性的相对程度，分别确定权值 W_i；再用同一指标依据其在各方案中的优劣程度定出其相应的分值 C_{ij}。假设 n 个指标，则第 j 方案的综合指标值 A_j 为：

$$A_j = \sum_{i=1}^{n} C_{ij} W_i$$

其中，综合指标最大者为最优。

复习思考题

4.1　什么是单位工程施工组织设计？在什么情况下需要对其进行修改和补充？

4.2　单位工程施工组织设计的主要编制依据有哪些？

4.3　单位工程施工组织设计的编制内容有哪些？

4.4　施工方案的选择主要包括哪些内容？

4.5　确定施工程序时，应遵循哪些基本原则？

4.6　确定施工顺序时应考虑的因素有哪些？

4.7　多层混合结构建筑、全现浇钢筋混凝土结构建筑以及装配式单层工业厂房各有哪些施工阶段？

4.8　选择施工机械时应着重考虑哪些因素？

4.9　施工进度计划编制依据有哪些？

4.10　施工进度计划的编制步骤有哪些？

4.11　对施工进度计划的初始方案进行检查的内容包括哪些方面？

4.12　资源需要量计划包括哪些方面？

4.13　施工准备工作计划的内容有哪些？

4.14　编制施工现场平面图时可参考的依据有哪些？

4.15　单位工程施工现场平面图的设计内容有哪些？

4.16　施工现场平面图在布置时应当遵循的原则有哪些？

4.17　单位工程施工平面图的设计步骤有哪些？

4.18　技术经济分析的基础要求有哪些？

4.19　技术经济指标至少应包括哪些方面？

5 施工组织总设计

5.1 概　述

以若干单位工程组成的群体工程或特大型项目为主要对象编制的施工组织设计，对整个项目的施工过程起统筹规划、重点控制的作用，这样的施工组织设计称为施工组织总设计，由项目负责人主持编制，承包单位技术负责人审批。

5.1.1 施工组织总设计的作用

施工组织总设计的主要作用是：

(1) 从全局出发，为整个项目的施工做出全面的战略部署；

(2) 为施工单位编制施工计划和单位工程施工组织设计提供依据；

(3) 为建设单位编制工程建设计划提供依据；

(4) 为组织施工力量、技术支持和物资供应提供依据；

(5) 为确定设计方案的施工可能性和经济合理性提供依据。

5.1.2 施工组织总设计的编制依据

(1) 计划批准文件

包括可行性研究报告，国家批准的固定资产投资计划，建设项目单位工程一览表，分期分批投产的要求，投资额和材料、设备订货指标，建设项目所在地区主管部门的有关批件，施工单位上级主管部门下达的施工任务计划等。

(2) 设计文件

包括已批准的初步设计或扩大初步设计文件，设计说明书、建设地区区域平面图、建筑总平面图、总概算或修正概算及建筑竖向设计图等。

(3) 有关合同

建设单位与施工承包单位签订的施工承包合同、招投标文件、设备和材料的供货合同等。

(4) 建设地区调查资料

包括建设地区地形与地貌、工程地质、水文地质、气象等自然条件；能源、交通运输、建筑材料、预制构件、商品混凝土供应能力、设备供应等技术经济条件；当地政治、经济、文化、卫生等社会生活条件的资料。

(5) 现行政策法规、技术规范、规程、规定和类似工程参考资料

包括现行的与项目有关的建设方面的政策法规规定，施工操作工艺规范、规程及施工质量验收规范、定额、技术规定和其他技术标准，以及类似工程的施工组织总设计或参考

资料。

5.1.3 施工组织总设计的内容

施工组织总设计的内容视工程性质、规模、建筑结构的特点，施工的复杂程度，工期要求及施工条件的不同而有所不同，通常包括工程概况、施工部署和主要建筑物的施工方案、施工总进度计划、全场性施工准备工作计划、暂设工程、各项资源需要量计划、施工总平面布置图和主要技术经济指标等部分。其中，施工部署和主要建筑物的施工方案、施工总进度计划和施工总平面布置图的布置事关全局，对整个项目的顺利进行尤其重要。

5.1.4 施工组织总设计的编制程序

编制施工组织总设计通常应遵循以下编制程序，其框架形式如图 5.1 所示。

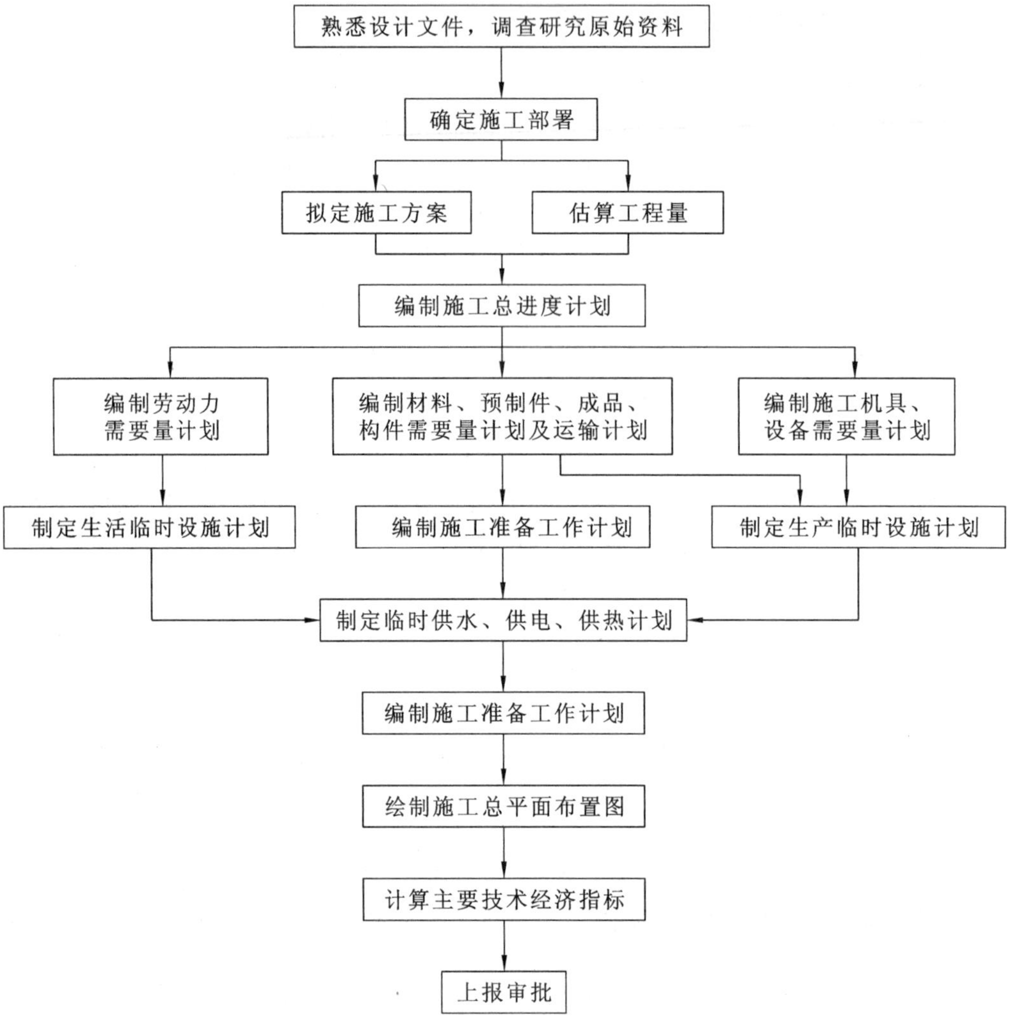

图 5.1 施工组织总设计的编制程序

5.2 工程概况

工程概况是对整个建设项目的总说明和总分析，是对拟建建设项目所做的一个简单扼要、突出重点的文字介绍，应包括项目主要情况和项目主要施工条件等。

5.2.1 项目主要情况

项目主要情况应包括下列内容：

(1) 项目名称、性质、地理位置和建设规模；

(2) 项目的建设、勘察、设计和监理等相关单位的情况；

(3) 项目设计概况；

(4) 项目承包范围及主要分包工程范围；

(5) 施工合同或招标文件对项目施工的重点要求；

(6) 其他应说明的情况。

有关建设项目的单位工程组成情况宜用表格形式表达，做到清晰易读。

5.2.2 项目主要施工条件

项目主要施工条件应包括下列内容：

(1) 项目建设地点气象状况。如项目建设地点的气温，雨、雪、风和雷电等气象变化情况以及冬雨期的期限和冬季土的冻结深度等情况。

(2) 项目施工区域地形和工程水文地质状况。如项目施工区域地形变化和绝对标高，地质构造、土的性质和类别、地基土的承载力，河流流量和水质、最高洪水和枯水期的水位，地下水位的高低变化，含水层的厚度、流向、流量和水质等情况。

(3) 项目施工区域地上、地下管线及相邻的地上、地下建(构)筑物情况。

(4) 与项目施工有关的道路、河流等状况。

(5) 当地劳动力资源、建筑材料、设备供应和交通运输等服务能力状况。

(6) 当地供电、供水、供热和通信能力状况。

(7) 其他与施工有关的主要因素。

5.2.3 项目的具体要求

有关上级部门对建设项目的工期、质量等指示要求，以及有关建筑市场的管理情况等。

根据对上述情况的综合分析，从而提出本施工组织设计需要着重解决的问题。

5.3 总体施工部署

总体施工部署是对整个建设项目进行的统筹规划和全面安排，对影响全局的重大问题做出决策，是战略层面的。施工组织总设计应对项目总体施工做出下列宏观部署：

(1) 确定项目施工总目标，包括进度、质量、安全、环境和成本等目标；

(2) 根据项目施工总目标的要求，确定项目分阶段(期)交付的计划；

(3) 确定项目分阶段(期)施工的合理顺序及空间组织。

除此以外，还需做如下工作：

(1) 对于项目施工的重点和难点应进行简要分析；

(2) 总承包单位应明确项目管理组织机构形式，并用框图形式表示；

(3) 对于项目施工中开发和使用的新技术、新工艺应做出部署；

(4) 对主要分包项目施工单位的资质和能力应提出明确要求。

总体施工部署是施工组织总设计的核心。其主要内容分述如下：

5.3.1 建立项目管理组织机构，明确任务分工

根据工程的规模、特点和总承包单位项目管理的水平，建立有效的组织管理机构；明确各施工单位的工程任务，提出质量、进度、成本、环境、安全文明施工等控制目标及要求；确定分期分批施工交付投产使用的主要项目和穿插施工的项目；正确处理土建工程、设备安装工程及其他专业工程之间相互配合协调的关系。

项目管理组织机构的形式应根据施工项目的规模、复杂程度、专业特点、人员素质和地域范围确定，大中型项目宜设置矩阵式项目管理组织，远离企业管理层的大中型项目宜设置事业部式项目管理组织，小型项目宜设置直线职能式项目管理组织。

5.3.2 确定各单体之间的施工顺序

(1) 施工区段的划分

当一个建设项目包含单体较多时，常常要组织多支施工队伍进入现场施工，为了避免施工中的交叉和相互干扰等混乱现象，常常将整个项目的所有单体划分成几个施工区段，每个施工区段由一个施工队伍负责施工，或由一个施工队伍负责1～2个施工区段的施工任务。

施工区段的划分应注意以下两点：

① 尽量以单体工程所在的地域来划分施工区段，以利于施工中加强施工管理和现场管理。通常以现场道路为界来划分施工区段。

② 每一施工区段的工程尽可能考虑组织流水施工，避免施工人员和施工机械设备进出频繁而降低效率。

(2) 确定各单体间的施工顺序

一个建设项目通常是由若干个相对独立的投产或交付使用的子系统组成。如大型工业项目有主体生产系统、辅助生产系统和附属生产系统之分，住宅小区有居住建筑、服务性建筑和附属性建筑之分。因此，可以根据项目施工总目标的要求，将建设项目划分为分期(分批)投产或交付使用的独立交工系统。在保证工期的前提下，实行分期分批建设，既可使各具体项目迅速建成，尽早投入使用，又可在全局上实现施工的连续性和均衡性，减少暂设工程数量，降低工程成本。

5.3.3 项目的重点和难点

施工组织总设计要制定一些单位(子单位)工程和主要分部(分项)工程所采用的施工

方法，这些工程通常是建筑工程中工程量大、施工难度大、工期长，对整个项目的完成起关键作用的建(构)筑物以及影响全局的主要分部(分项)工程。制定主要工程项目施工方法的目的是为了进行技术和资源的准备工作，同时也为了施工进程的顺利开展和现场的合理布置，对施工方法的确定要兼顾技术工艺的先进性和可操作性，以及经济上的合理性。

施工方案是以分部(分项)工程或专项工程为主要对象编制的施工技术与组织方案，用以具体指导其施工过程，是包括施工方法、施工顺序、机械设备和技术组织措施的总称。在施工组织总设计中，对主要建筑物施工方案的考虑，只需原则性地提出方案性问题，如哪些构件采用现浇，哪些采用预制；是现场就地预制，还是由预制构件厂生产；构件吊装采用什么机械；准备采用什么新工艺、新技术等。即对牵涉全局性的一些问题做出原则性的考虑，至于详细的施工方案和技术组织措施则到编制单位工程施工组织设计时再拟。

施工组织总设计中应对项目涉及的单位(子单位)工程和主要分部(分项)工程所采用的施工方法进行简要说明。应包括下列主要内容：

(1) 主要施工机械的选择

施工机械的选择原则上应具有：技术上的先进性；使用上的可靠性；便于维修性；运行时的安全性；经济上的节能性。

对主要施工机械的选择确定后，应列出机械进退场计划表，以便各方认真予以执行。

(2) 土方工程

① 对大型土方的开挖，应明确开挖和运输的方法。

② 对带有地下室的深基坑土方开挖时，应明确降低地下水位的措施。

③ 开挖深基坑土方时，应明确基坑土壁的安全措施。

④ 如采用特殊施工方法，如逆筑法、盾构法等，则需专门制定详细的施工方案和方法。

(3) 混凝土工程

应明确混凝土的供应办法，确定特种混凝土或高强度混凝土的使用要求，确定支模方案及钢筋连接方法。

(4) 吊装工程方面

应明确吊装方法，确定吊装机械(具)，确定吊装与其他分项工程的衔接、交叉时间的安排。

(5) 垂直运输方面

应明确垂直运输设备。

(6) 脚手架工程方面

应明确脚手架的搭设方案。

(7) 对危险性较大的分部(分项)工程需以表格列出，提前制定专项施工方案并进行审批，按照国家规定，有些还需组织专家论证方可实施。

5.3.4 拟开发和使用的新技术、新工艺

建设工程推广应用新技术、新材料、新工艺、新设备(简称“四新”)是加快施工进度、提高施工质量、保障安全生产、节能降耗、保护环境、降低施工成本、提高经济效益的重要途径。

在施工组织总设计中，应明确本工程项目施工中拟开发应用的新技术、新工艺的具体内容，并采取可行的技术、管理措施来满足工期和质量等要求。新技术、新工艺内容可用表

格列出。

5.4 施工总进度计划

施工总进度计划应按照项目总体施工部署的安排进行编制。施工总进度计划的任务是确定工程建设项目各单体(包括前期各施工准备工作和全工地性暂设工程)施工的先后顺序、施工期限、开工和竣工的日期,以及它们之间的搭接关系和搭接时间。施工总进度计划是整个建设项目的控制性进度安排,是总体施工部署在时间上的体现,是施工组织总设计中的主要内容,也是现场施工管理的中心内容。如果施工总进度计划不合理,那么将会导致人力、物力的使用不均衡,延误工期,甚至还会影响工程质量和施工安全。因此,科学合理的施工总进度计划是保证各单体以及整个建设工程按期交付使用、充分发挥投资效益、降低建筑工程成本的重要条件。

5.4.1 施工总进度计划的编制原则和内容

(1) 施工总进度计划的编制原则

① 严格遵守合同工期,把配套建设作为安排总进度的指导思想。

② 以配套投产为目标,区分各项工程的轻重缓急,把工艺调试在前的、占用工期较长的、工程难度较大的项目排在前面;把工艺调试靠后的、占用工期较短的、工程难度一般的项目排列在后面。

③ 从货币的时间价值观念出发,在年度投资额分配上应尽可能将投资额小的工程项目安排在最初年度内施工;投资额大的工程项目安排在最后年度内施工,以减少投资贷款的利息。

④ 充分估计设计出图的时间和材料、设备、配件的到货情况,务必使每个施工项目的施工准备、土建施工、设备安装和试车运转的时间能合理衔接。

⑤ 确定一些调剂项目,如办公楼、宿舍、附属或辅助车间等穿插其中,以达到既能保证重点,又能实现均衡施工的目的。

⑥ 将土建工程中的主要分部分项工程(土方、基础、现浇混凝土、构件预制、结构吊装、砌筑和装修等)和设备安装工程分别组织流水作业,连续均衡施工,以达到土方、劳动力、施工机械、材料和构件的五大综合平衡。

⑦ 在施工顺序安排上,除应本着先地下后地上,先深后浅,先干线后支线,先地下管线后道路的原则外,还应使为进行主要工程所必需的准备工程及时完成;主要工程应从全工地性工程开始;各单位工程应在全工地性工程基本完成后立即开工;充分利用永久性建筑和设施为施工服务,以减少暂设工程费用开支;充分考虑当地气候条件,尽可能减少冬雨季施工的附加费用。如现浇混凝土结构应避开冬季,大规模土方和深基础施工应避开雨季,高空作业应避开风季等。

此外,施工总进度计划的安排还应遵守技术法规、标准,符合安全、文明施工的要求,并应尽可能做到各种资源的平衡。

(2) 施工总进度计划的内容

施工总进度计划应依据施工合同、施工进度目标、有关技术经济资料，并按照总体施工部署确定的施工顺序和空间组织等进行编制。

施工总进度计划的内容应包括：编制说明，施工总进度计划表(图)，分期(分批)实施工程的开(竣)工日期、工期一览表等。施工总进度计划宜优先采用网络计划。

5.4.2 施工总进度计划的编制步骤和方法

根据施工部署中建设分期(分批)投产顺序，将每一个系统的各项工程分别列出，在控制的期限内进行各项工程的具体安排。如建设项目的规模不是很大，各系统的工程项目不多时，也可先不按分期(分批)投产顺序安排，而直接安排总进度计划。

关于编制施工总进度计划的方法和步骤，视具体单位和编制人员的经验多少而有所不同。一般可按下述步骤和方法来编制：

(1) 列出工程项目一览表并计算工程量

在工程项目一览表的基础上，估算各主要项目的实物工程量。估算工程量可按初步设计(或扩大初步设计)图纸，并根据各种定额手册或有关资料进行。

计算的工程量应填入“工程项目工程量汇总表”中，见表 5.1。

表 5.1 工程项目工程量汇总表

工程项目分类	工程项目名称	结构类型	建筑面积	幢(跨)数	主要实物工程量								
					场地平整	土方工程	桩基工程	…	砖石工程	钢筋混凝土工程	…	装饰工程	…
			($100\ m^2$)	(个)	($1000\ m^2$)	($1000\ m^3$)	($100\ m^3$)		($100\ m^3$)	($100\ m^3$)		($1000\ m^2$)	
全工地性工程													
主体项目													
辅助项目													
永久建筑													
临时建筑													
合计													

(2) 确定各单位工程的施工期限

单位工程的施工期限应根据施工单位的具体条件(如技术力量、管理水平、机械化施工程度等)及施工项目的建筑结构类型、工程规模、施工条件及施工现场环境等因素加以确定。此外，还应参考有关的工期定额来确定各单位工程的施工期限，但总工期应控制在合同工期以内。

(3) 确定各单位工程开、竣工时间和相互搭接关系

在施工部署中已确定了总的施工顺序、各生产系统的控制期限及搭接时间，但对每一单位工程具体在何时开工、何时完工尚未具体确定。经过对各主要建筑物的工期进行分析，确定了各主要建筑物的施工期限之后，就可以进一步安排各建筑物的搭接施工时间。安排各建筑物的开(竣)工时间和衔接关系时，一方面要根据施工部署中的控制工期，及施

工单位的具体情况(施工力量、材料的供应、设计单位提供设计图纸的时间等)来确定;另一方面也要尽量使主要工种的工人基本上连续、均衡地施工,减少劳动力调度的困难。

(4) 安排施工总进度

总进度计划表的格式可以根据各单位的实际情况与编制经验来定。因为总进度主要是控制性的,没有必要编制得很细。若把计划编得过细,由于施工的多变,实施过程中情况发生变化,会导致计划调整不便。

(5) 施工进度安排好后,把同一时期各项单位工程的工作量加在一起,用一定的比例画在总进度表的底部,即可得出建设项目的投资曲线。根据投资曲线可以大致地判断各个时期的工程量情况。如果在曲线上存在着较大的低谷或高峰,则需调整个别单位工程的施工速度或开(竣)工时间,以便消除低谷或高峰,使各个时期的工作量尽量达到均衡。并且,投资曲线也大致地反映了不同时期的劳动力和物资的消耗情况。

在编制了各个单位工程的施工进度计划以后,有时还需要对施工总进度计划作必要的修正和调整。并且在贯彻执行过程中,也应随着施工的进展变化及时作必要的调整。

有些建设项目的施工总进度计划是跨几个年度的。此时,还需要根据国家每年的基本建设投资情况来调整施工总进度计划。

5.5 主要资源配置计划及总体施工准备

施工总进度计划编制确定后,结合估算工程量,即可编制主要资源配置计划和总体施工准备工作计划。

5.5.1 主要资源配置计划

主要资源配置计划有劳动力配置计划和物资配置计划。物资配置计划包括主要材料配置计划、构件和半成品配置计划及其运输计划、主要施工机具设备配置及进退场计划,还有为工地服务的大型临时设施建设计划等。主要资源配置计划是做好劳动力和各种物资的供应、平衡、调度、落实的依据,现分述如下:

(1) 劳动力配置计划

根据劳动力动态图可列出主要工种劳动力需要量计划表(表5.2)。劳动力需要量计划是确定临时工程和组织劳动力进场的依据。

表 5.2 劳动力需要量计划表

序号	工种名称	施工高峰需用人数	20××年				20××年				现有人数	多余(+)不足(-)
			一季	二季	三季	四季	一季	二季	三季	四季		
1	瓦工											
2	木工											
⋮	⋮											
	合计											

注:①工种名称除生产工人外,应包括附属辅助用工(如机修、运输、构件加工、材料保管等)以及服务用工;

②表下应附分季度的劳动力动态曲线(纵轴表示人数,横轴表示时间)。

实际使用中，也可以在总进度计划表下方用直方图的形式表示现场施工人数随时间的动态变化，即劳动力动态曲线。

(2) 主要材料、构件和半成品配置计划

主要材料包括工程材料和施工用的周转性材料，根据各单体工程的工程量汇总表所列不同结构类型的工程量总表，查定额或参照已建类似工程资料，即可计算出主要建筑材料、构件和半成品数量，以及有关大型临时设施施工和拟采用的各种技术措施材料用量，编制出主要材料、构件和半成品配置计划见表5.3和表5.4。根据主要材料、构件和半成品配置计划，结合施工总进度计划，便可编制主要材料、构件和半成品运输计划。

表5.3 主要材料配置计划表

序号	材料名称及规格		数量	供应时间					附注
				20××年				20××年	
				一季	二季	三季	四季	一季	
1	钢材								
2	水泥								
3									
⋮	⋮								

注：①如需进一步分类，可将钢材品种详细另列，如型钢中有槽钢、工字钢、角钢等；钢板、钢筋、管材也有多种规格；

②供应时间可以以季或月为单位列表。

表5.4 构件和半成品配置计划表

序号	构件、半成品名称	规格	单位	需要量				需要时间					
				正式工程	大型临时设施	施工措施	合计	20××年				20××年	
								一季	二季	三季	四季	一季	二季
1													
2													
3													

(3) 主要施工机具、设备配置计划

主要施工机具、设备，如挖土机、起重机等的配置计划，应根据总体施工部署、施工总进度计划、相关工程量以及机械化施工参考资料进行编制。施工机具配置计划的作用除组织施工机具供应外，还可作为施工用电容量计算和确定停放场地面积的依据。主要施工机具、设备配置计划见表5.5。

表 5.5　主要施工机具、设备配置计划表

序号	机具设备名称	规格型号	电动机功率（kW）	需要数量	进退场时间					设备来源			备注
					20××年				20××年	现有	添置	租赁	
					一季	二季	三季	四季	一季				
1													
2													
3													

（4）大型临时设施建设计划

大型临时设施的建设，首先应尽量利用现（原）有建筑物，对需拆除的原有房屋，如不影响拟建工程和运输道路时，应尽量推迟拆除作为临时设施使用；其次是尽量利用拟建的永久性建筑物。对一些结构简单、施工周期较短的拟建工程，可开工后突击施工完成主体工程，作为临时设施使用。在采取上述两项措施后仍不满足需要时，应自行搭设临时建筑，以满足施工及管理需要。表 5.6 为某项目大型临时设施计划表。

表 5.6　某项目大型临时设施计划表

序号	临时设施名称	需要量（m^2 或间）	来源			预计费用	附注
			利用旧房	利用永久性工程	自行搭建		
1							
2							
3							

5.5.2　总体施工准备工作计划

为保证工程建设项目的顺利开工和总进度计划的按期实现，在施工组织总设计中，应根据施工开展顺序和主要工程项目施工方法，编制总体施工准备工作计划。总体施工准备工作计划的内容主要有以下几个方面：

（1）技术准备

① 施工过程所需技术资料的准备。核对施工图纸是否齐全、完整；施工图纸是否通过抗震、消防、节能等有关部门审查；组织学习图纸，做好图纸会审工作；编制施工图预算及项目施工成本预算。

② 施工方案编制计划。准备作业指导书和技术交底单。

③ 试验检验及设备调试工作计划等。

④ 制定并落实有关设计中拟采用的新技术、新工艺、新材料、新设备应用的试制和试验工作计划。

（2）现场准备

① 做好现场“三通一平”工作，落实现场外有关的交通运输条件（如有关铁路、公路、码

头的建设或衔接工作)。

② 进行临时设施的搭设工作,包括生产、生活临时设施。如临时生产、生活用房,临时道路、材料堆放场,临时用水、用电和供热、供气等的计划。

③ 测量控制网的设置。

(3) 资金准备

项目开工前,应根据施工总进度计划编制资金使用计划。

劳动力、主要材料、构配件、施工机具等准备见前述(表 5.7)。

表 5.7 施工准备工作计划表

序号	准备工作内容		主办单位	责任人	协办单位	完成时间	备注
1	技术准备	(1)…… (2)…… (3)…… (4)…… (5)……					
2	现场准备	(1)…… (2)…… (3)…… (4)……					
3	资金准备	(1)…… (2)…… (3)…… (4)……					
⋮	⋮						

注:各类计划能否按期实现,很大程度上取决于相应的准备工作能否及时开始和按时完成。因此,必须将各项准备工作逐一落实,并参考前述有关章节编制成施工准备工作计划表布置下去,并在实施中认真检查和督促落实情况。

5.6 全场性暂设工程

为了确保施工顺利进行,在工程正式开工之前,要按照工程项目准备工作计划的要求,及时完成相应的暂设工程。暂设工程的类型、规模因工程而异,主要是组织好工地加工厂,工地仓库,工地运输,工地行政办公及设施,工地供水、供电和供气等。

5.6.1 工地加工厂(站)组织

工地上常设的加工厂(站)有混凝土搅拌站、砂浆搅拌站、钢筋加工厂、木材加工厂、混凝土构件厂、金属结构加工厂和机械修理厂等。其结构类型应根据地区条件和使用期限长短而定,使用期短的则采用简易的竹木结构,使用期长的可采用砖木结构或装拆式的活动房屋。其各类加工厂所需要的建筑面积，主要取决于设备尺寸、工艺过程、设计和安全防火等要求，可参照《施工手册》中有关指标进行计算。

对于钢筋混凝土构件预制厂、锯木车间、模板加工车间、木材加工车间、钢筋加工车间(棚)等，其建筑面积可按下式计算：

$$F=\frac{KQ}{TS\alpha} \tag{5.1}$$

式中 F——所需建筑面积(m^2)；

K——不均衡系数，取 1.3～1.5；

Q——加工总量；

T——加工总时间(月)；

S——每平方米场地月平均加工量定额；

α——场地或建筑面积利用系数，取 0.6～0.7。

常用各种临时加工厂的面积参考指标见表 5.8 和表 5.9。

表 5.8 临时加工厂所需面积参考指标

序号	加工厂名称	年产量		单位产量所需建筑面积	占地总面积(m^2)	备注
		单位	数量			
1	混凝土搅拌站	m^3	3200 4800 6400	0.022(m^2/m^3) 0.021(m^2/m^3) 0.020(m^2/m^3)	按砂石堆场考虑	400L 搅拌机 2 台 400L 搅拌机 3 台 400L 搅拌机 4 台
2	临时性混凝土预制厂	m^3	1000 2000 3000 5000	0.25(m^2/m^3) 0.20(m^2/m^3) 0.15(m^2/m^3) 0.125(m^2/m^3)	2000 3000 4000 小于 6000	生产屋面板和中小型梁、柱、板等，配有蒸养设施
3	半永久性混凝土预制厂	m^3	3000 5000 10000	0.6(m^2/m^3) 0.4(m^2/m^3) 0.3(m^2/m^3)	9000～12000 12000～15000 15000～20000	
4	木材加工厂	m^3	15000 24000 15000	0.0244(m^2/m^3) 0.0199(m^2/m^3) 0.0181(m^2/m^3)	1800～3600 2200～4800 3000～5500	进行原木、木方加工
5	综合木工加工厂	m^3	200 500 1000 2000	0.3(m^2/m^3) 0.25(m^2/m^3) 0.2(m^2/m^3) 0.15(m^2/m^3)	100 200 300 420	加工门窗、模板、地板、屋架等
6	粗木加工厂	m^3	5000 10000 10000 15000	0.12(m^2/m^3) 0.10(m^2/m^3) 0.09(m^2/m^3) 0.08(m^2/m^3)	1350 2500 2500 3750	加工屋架、模板

续表 5.8

序号	加工厂名称	年产量		单位产量所需建筑面积	占地总面积(m²)	备注
		单位	数量			
7	细木加工厂	$\times 10^4$ m^3	5 10 15	0.014(m^2/m^3) 0.0114(m^2/m^3) 0.0106(m^2/m^3)	7000 10000 14000	加工门窗、地板
8	钢筋加工厂	t	200 500 1000 2000	0.35(m^2/t) 0.25(m^2/t) 0.20(m^2/t) 0.15(m^2/t)	280～560 380～750 400～800 450～900	加工、成型、焊接
9	钢筋加工：现场钢筋调直、冷拉 拉直场 卷扬机棚 冷拉场 时效场	所需场地(长×宽)： (70～80)×(3～4)(m) 15～20(m^2) (40～60)×(3～4)(m) (30～40)×(6～8)(m)				包括材料和成品堆放
10	钢筋对焊： 对焊场地 对焊棚	所需场地(长×宽)： (30～40)×(4～5)(m) 15～24(m^2)				包括材料和成品堆放
11	钢筋冷加工： 冷拔冷轧机 剪断机 弯曲机 ϕ12 以下 弯曲机 ϕ40 以下	所需场地(m^2/台)： 40～50 30～40 50～60 60～70				按一批加工数量计算
12	金属结构加工(包括一般加工构件)	所需场地(m^2/t)： 年产 500t 为 10； 年产 1000t 为 8； 年产 2000t 为 6； 年产 3000t 为 5				按一批加工数量计算
13	石灰消化： 贮灰池 淋灰池 淋灰槽	5×3=15(m^2) 4×3=12(m^2) 3×2=6(m^2)				每两个贮灰池配一个淋灰池
14	沥青锅场地	20～24(m^2)				台班产量 1～1.5t/台

表 5.9　现场作业棚所需面积参考指标

序号	名 称	单 位	面积(m^2)	备 注
1	木工作业棚	m^2/人	2	占地为建筑面积的 2～3 倍
2	电锯房	m^2	80	ϕ34～36in 圆锯 1 台
3	电锯房	m^2	40	小圆锯 1 台
4	钢筋作业棚	m^2/人	3	占地面积为建筑面积的 3～4 倍
5	搅拌棚	m^2/台	10～18	
6	卷扬机棚	m^2/台	6～12	
7	烘炉房	m^2	30～40	
8	焊工房	m^2	20～40	
9	电工房	m^2	15	
10	白铁工房	m^2	20	
11	油漆工房	m^2	20	
12	机、钳工修理房	m^2	20	
13	立式锅炉房	m^2/台	5～10	
14	发电机房	m^2/kW	0.2～0.3	
15	水泵房	m^2/台	3～8	
16	空压机房(移动式)	m^2/台	18～30	
17	空压机房(固定式)	m^2/台	9～15	

5.6.2　建筑工地仓库

建筑工程施工中所用仓库，按其用途分为：①转运仓库，设在车站、码头等地附近，用来贮存转运的材料；②中心仓库，是用于贮存整个建筑工地(或区域型建筑企业)所需的材料、贵重材料及需要整理配套的材料的仓库；③现场仓库，是专为某一工程服务的仓库，一般均就近建在施工现场；④加工厂仓库，是专供某加工厂贮存原材料和已加工的半成品、构件的仓库。

此外，建筑工程施工中所用仓库，还可以按保管材料的方法不同分为：①露天仓库，用于堆放不因自然条件而影响性能、质量的材料，如砖、砂石、装配式混凝土构件等的堆场；②库棚和封闭式仓库，用于堆放防止阳光、雨、雪直接侵蚀变质的物品、贵重建筑材料、五金器具以及容易散失或损坏的材料。

(1) 确定工地物资储备量

材料储备一方面要确保工程施工的顺利进行，另一方面还要避免材料的大量积压，因为会导致仓库面积过大，增加投资，积压资金。通常储备量根据现场条件、供应条件和运输条件来确定。

对经常或连续使用的材料，如砖、瓦、砂石、水泥和钢材等，可按储备期计算：

$$P = T_e \frac{Q_i R_i}{T} \tag{5.2}$$

式中　P——材料储备量(t 或 m^3)；

T_e——储备期天数(d)，见表 5.10；

Q_i——材料、半成品的总需要量(m^3);

T——有关项目的施工工作日(d);

R_i——材料使用不均衡系数,详见表 5.10。

表 5.10 计算仓库面积的有关系数

序号	材料及半成品	单位	储备天数 T_e	不均衡系数 R_i	每平方米贮存定额 q	有效利用系数 K	仓库类别	备注
1	水泥	t	30~60	1.3~1.5	1.5~1.9	0.65	封闭式	堆高 10~12 袋
2	生石灰	m^3	30	1.1	1.7	0.7	棚	堆高 2m
3	砂子(人堆)	m^3	15~30	1.4	1.5	0.7	露天	堆高 1~1.5m
4	砂子(机堆)	m^3	15~30	1.4	2.5~3	0.8	露天	堆高 2.5~3m
5	石子(人堆)	m^3	15~30	1.5	1.5	0.7	露天	堆高 1~1.5m
6	石子(机堆)	m^3	15~30	1.5	2.5~3	0.8	露天	堆高 2.5~3m
7	块石	m^3	15~30	1.5	10	0.7	露天	堆高 1m
8	预制混凝土槽形板	m^3	30~60	1.3	0.26~0.3	0.6	露天	堆高 4 块
9	梁	m^3	30~60	1.3	0.8	0.6	露天	堆高 1~1.5m
10	柱	m^3	30~60	1.3	1.2	0.6	露天	堆高 1.2~1.5m
11	钢筋(直筋)	t	30~60	1.4	2.5	0.6	露天	占全部钢筋的 80%,堆高 0.5m
12	钢筋(盘筋)	t	30~60	1.4	0.9	0.6	封闭或棚	占全部钢筋的 20%,堆高 1m
13	钢筋成品	t	10~20	1.5	0.07~0.1	0.6	露天	
14	型钢	t	45	1.4	1.5	0.6	露天	堆高 0.5m
15	金属结构	t	30	1.4	0.2~0.3	0.6	露天	
16	原木	m^3	30~60	1.4	0.3~15	0.6	露天	堆高 2m
17	成材	m^3	30~45	1.4	0.7~0.8	0.5	露天	堆高 1m
18	废木材	m^3	15~20	1.2	0.3~0.4	0.5	露天	占木材的 10%~15%
19	门窗扇	m^3	30	1.2	45	0.6	露天	堆高 2m
20	门窗框	m^3	30	1.2	20	0.6	露天	堆高 2m
21	木屋架	m^3	30	1.2	0.6	0.6	露天	
22	木模板	m^3	10~15	1.4	4~6	0.7	露天	
23	模板整理	m^3	10~15	1.2	1.5	0.65	露天	
24	砖	千块	15~30	1.2	0.7~0.8	0.6	露天	堆高 1.5~1.6m
25	泡沫混凝土制品	m^3	30	1.2	1	0.7	露天	堆高 1m

注:储备天数根据材料来源、供应季节、运输条件等确定。一般就地供应的材料取表中之低值,外地供应的材料采用铁路运输或水运者取高值。现场加工企业供应的成品、半成品的储备天数取低值,工程处的独立核算加工企业供应者取高值。

对于用量少、不经常使用或储备期较长的材料，如耐火砖、石棉瓦、水泥管、电缆等可按储备量计算(以年度需要量的百分比储备)。

(2) 确定仓库面积

$$F=\frac{P}{qK} \tag{5.3}$$

式中 F——仓库总面积(m^2)；

P——仓库材料储备量(t)；

q——每平方米仓库面积能存放的材料、半成品和制品的数量(t/m^2)；

K——仓库面积有效利用系数(考虑人行道和车道所占面积)，见表5.10。

或者也可采用系数法计算仓库面积，即：

$$F=\varphi m \tag{5.4}$$

式中 m——计算基数；

φ——计算系数，见表5.11。

表5.11 按系数计算仓库面积参数表

序号	名 称	计算基数 m	单 位	计算系数 φ
1	仓库(综合)	按全员(工地)	m^2/人	0.7～0.8
2	水泥库	按当年水泥用量的40%～50%	m^2/t	0.7
3	其他仓库	按当年工作量	m^2/万元	2～3
4	五金杂品库	按年建安工作量 按在建建筑面积	m^2/万元 $m^2/100\ m^2$	0.2～0.3 0.5～1
5	土建工具库	按高峰年(季)平均人数	m^2/人	0.1～0.2
6	水暖器材库	按年在建建筑面积	$m^2/100\ m^2$	0.2～0.4
7	电器器材库	按年在建建筑面积	$m^2/100\ m^2$	0.3～0.5
8	化工油漆危险品库	按年建安工作量	m^2/万元	0.1～0.15
9	三大工具库(脚手架、跳板、模板)	按年在建建筑面积 按年建安工作量	$m^2/100\ m^2$ m^2/万元	1～2 0.5～1

5.6.3 建筑工地运输业务组织

建筑工地运输业务组织的内容包括：确定运输量，选择运输方式，计算运输工具需要量。

当货物由外地利用公路、水路或铁路运输时，一般由专业运输单位承运，施工单位往往只解决工程所在地区及工地范围内的运输。每班所需运输工具数量按下式计算：

$$N=\frac{QK_1}{qTCK_2} \tag{5.5}$$

式中 N——所需运输工具台数；

Q——最大年(季)度运输量(t)；

K_1——货物运输不均衡系数；

q——运输工具台班产量(t/台班)；

T——全年(季)度工作天数(d)；

C——日工作班数；

K_2——车辆供应系数。

5.6.4　行政管理、生活用房的组织

在工程建设期间，必须为施工人员修建一定数量的临时房屋，以供行政管理和生活使用。这类房屋应尽可能利用已有的拟拆除的房屋，并充分利用先行修建的、能为施工服务的永久性建筑，以减少暂设工程费用。临时房屋应考虑经济性、适用性和装拆方便，并根据当地气候条件、工期长短确定结构形式，通常有帐篷、装配式活动房屋，或利用地方材料修建的简易房屋等。

临时房屋的建筑面积，可根据工地的人数参照表 5.12 所列的指标计算。

表 5.12　行政管理、生活临时建筑面积参考指标(m^2/人)

序号	临时房屋名称		指标使用方法	参考指标
1	办公室		按使用人数	3～4
2	宿舍	单层通铺	按高峰年(季)平均人数	2.5～3.0
		双层床	(扣除不在工地住的人数)	2.0～2.5
		单层床	(扣除不在工地住的人数)	3.5～4.0
3	家属宿舍			16～25 m^2/户
4	食堂		按高峰年平均人数	0.5～0.8
5	食堂兼礼堂		按高峰年平均人数	0.6～0.9
6	其他合计		按高峰年平均人教	0.5～0.6
	医务所		按高峰年平均人数	0.05～0.07
	浴室		按高峰年平均人数	0.07～0.1
	理发室		按高峰年平均人数	0.01～0.03
	俱乐部		按高峰年平均人数	0.1
	小卖部		按高峰年平均人数	0.03
	招待所		按高峰年平均人数	0.06
	托儿所		按高峰年平均人数	0.03～0.06
	子弟学校		按高峰年平均人数	0.06～0.08
	其他公用		按高峰年平均人数	0.05～0.1
7	现场小型设施		按高峰年平均人数	0.05～0.1
	开水房			10～40
	厕所		按工地平均人数	0.02～0.07
	工人休息室		按工地平均人数	0.15

5.6.5 工地临时供电

施工现场临时供电组织包括：计算工地总用电量，选择电源，确定变压器功率，布置配电线路和确定导线截面面积。

5.6.5.1 工地总用电量计算

施工现场临时用电一般可分为动力用电和照明用电两部分。在计算总用电量时，应考虑以下因素：

(1) 全工地动力用电功率；

(2) 全工地照明用电功率；

(3) 施工高峰用电量。

总用电量按下式计算：

$$P=(1.05\sim1.10)\times\left(K_1\frac{\sum P_1}{\cos\varphi}+K_2\sum P_2+K_3\sum P_3+K_4\sum P_4\right) \tag{5.6}$$

式中 P——供电设备总需要容量(kV·A)；

P_1——电动机额定功率(kW)；

P_2——电焊机额定功率(kV·A)；

P_3——室内照明容量(kW)；

P_4——室外照明容量(kW)；

$\cos\varphi$——电动机的平均功率因素(在施工现场最高为0.75～0.78，一般为0.65～0.75)；

K_1、K_2、K_3、K_4——需要系数，见表5.13。

表5.13 需要系数(K值)

用电名称	数量	需要系数			
		K_1	K_2	K_3	K_4
电动机	3～10台 11～30台 30台以上	0.7 0.6 0.5			
加工厂动力设备		0.5			
电焊机	3～10台 10台以上		0.6 0.5		
室内照明				0.8	
室外照明					1.0

注：如施工上需要电热时，将其用电量计算进去。式中各动力照明用电应根据不同工作性质分类计算。

其他机械动力设备以及工具用电可参考有关定额。

施工现场的照明用电量所占的比重较动力用电量要少得多，所以在估算总用电量时可以不考虑照明用电量，只要在动力用电量之外再加上10%作为照明用电量即可。

5.6.5.2 选择电源

工地电源选择一般有以下三种方案，并按次序优先考虑采用：

(1) 完全由工地附近的电力系统供电；

(2) 工地附近的电力系统能供给一部分，工地需增设临时电站补充不足部分；

(3) 工地属于新开发地区，附近没有供电系统，工地应自备临时供电设备。

根据实际情况，确定供电方案。一般情况下是将工地附近的高压电网引入工地的变压器进行调配，这是最经济的方案，但事先应将用电量向供电部门申请批准。变压器功率可按下式计算：

$$P = K \cdot \frac{\sum P_{max}}{\cos\varphi} \tag{5.7}$$

式中 P—— 变压器的功率(kV·A)；

K—— 功率损失系数，取 1.05；

$\sum P_{max}$—— 各施工区的最大计算负荷总和(kW)；

$\cos\varphi$—— 功率因素。

根据计算所得容量，从变压器产品目录中选取略大于该容量的变压器。

5.6.5.3 选择配电线路和导线截面

配电线路的布置方案有枝状、环状和混合式三种，主要根据用户的位置和要求、永久性供电线路的形状而定。

要使配电导线能正常工作，导线截面必须有足够的机械强度，能承受负荷电流长时间通过所引起的温升，使得电压损失在允许范围之内。

(1) 按机械强度选择

导线在各种敷设方式下，应按其强度需要保证必需的最小截面，以防拉折而断，可根据有关资料进行选择。

(2) 按允许电压降选择

导线满足所需要的允许值，其本身引起的电压降必须限制在一定范围内，可由下式计算：

$$S = \frac{\sum P \cdot L}{C\varepsilon} \tag{5.8}$$

式中 S——导线截面面积(mm^2)；

P——负荷电功率或线路输送的电功率(kW)；

L——输送电线路的距离(m)；

C——系数，视导线材料、送电电压及调配方式而定(三相四线铜线取 77.0，三相四线铝线取 46.3)；

ε——容许的相对电压降(即线路的电压损失百分比)，其中，照明电路中容许电压降不应超过 2.5%～5%；电动机电压降不应超过±5%；临时供电电压降可达到±8%。

(3) 负荷电流的计算

导线必须承受负荷电流长时间通过所引起的温升,其自身电阻越小越好,可使电流通畅、温度降低。

① 三相四线制线路上的电流可按下式计算:

$$I=\frac{P}{\sqrt{3}V\cos\varphi} \tag{5.9}$$

② 二线制线路可按下式计算:

$$I=\frac{P}{V\cos\varphi} \tag{5.10}$$

式中 I——电流值(A);

P——功率(W);

V——电压(V);

$\cos\varphi$——功率因素。

导线制造厂家根据导线的容许温升,制订了各类导线在不同敷设条件下的持续容许电流值,在选择导线时,导线中的电流不得超过此值,参见有关资料。

按照以上三个条件计算的结果,取截面面积最大的作为现场使用的导线,通常导线的选取是先根据计算负荷电流的大小来确定,然后再根据其机械强度和允许电压损失值进行复核。

5.6.6 工地临时供水

建筑工地临时供水要满足生产用水、生活用水和消防用水的需要。在规划临时供水系统时,必须充分利用永久性供水设施为施工服务。

生产用水包括工程施工用水、施工机械用水;生活用水包括施工现场生活用水和生活区生活用水。

(1) 工程施工用水量计算

工程施工用水量可用下式计算:

$$q_1 = K_1 \frac{\sum Q_1 \cdot N_1}{T_1 b} \cdot \frac{K_2}{8 \times 3600} \tag{5.11}$$

式中 q_1——工程施工用水量(L/s);

K_1——未预见的施工用水系数,取1.10;

Q_1——年(季)度工程量(以实物计量单位表示);

N_1——施工用水定额,取值见表5.14;

T_1——年(季)度有效工作日(d);

b——每天工作班数,取1;

K_2——用水不均匀系数,见表5.15。

表 5.14 施工用水参考定额(N_1)

序号	用水对象	单位	耗水量 N_1(L)	备注
1	浇筑混凝土全部用水	m^3	1700～2400	
2	搅拌普通混凝土	m^3	250	实测数据
3	搅拌轻质混凝土	m^3	300～350	
4	搅拌泡沫混凝土	m^3	300～400	
5	搅拌热混凝土	m^3	300～350	
6	混凝土养护(自然养护)	m^3	200～400	
7	混凝土养护(蒸汽养护)	m^3	500～700	
8	冲洗模板	m^2	5	
9	搅拌机清洗	台班	600	实测数据
10	人工冲洗石子	m^3	1000	
11	机械冲洗石子	m^3	600	
12	洗砂	m^3	1000	
13	砌砖工程全部用水	m^3	150～250	
14	砌石工程全部用水	m^3	50～80	
15	粉刷工程全部用水	m^3	30	
16	砌耐火砖砌体	m^3	100～150	包括砂浆搅拌
17	洗砖	千块	200～250	
18	洗硅酸盐砌块	m^3	300～350	
19	抹面	m^2	4～6	不包括调制用水
20	楼地面	m^2	190	
21	搅拌砂浆	m^3	300	
22	石灰消化	t	3000	

表 5.15 施工用水不均匀系数 K 值

K 的类别	用水名称	不均匀系数
K_2	工程施工用水 生产单位用水	1.5 1.25
K_3	施工机械、运输机具用水 动力设备用水	2.00 1.05～1.10
K_4	施工现场生活用水	1.30～1.50
K_5	生活区生活用水	2.00～2.50

(2) 施工机械用水量计算

施工机械用水量可采用下式计算:

$$q_2 = K_1 \sum Q_2 \cdot N_2 \frac{K_3}{8 \times 3600} \tag{5.12}$$

式中 q_2——施工机械用水量(L/s);

K_1——未预见的施工用水系数,取 1.10;

Q_2——同一种机械台数(台);

N_2——施工机械台班用水定额,见表 5.16;

K_3——施工机械用水不均匀系数,见表 5.15。

表 5.16 施工机械用水量参考定额(N_2)

序号	用水对象		单 位	耗水量 N_2(L)	备 注
1	内燃挖土机		L/(台班· m^3)	200~300	以容量(m^3)计
2	内燃起重机		L/(台班·t)	15~18	以起重吨数计
3	蒸汽起重机		L/(台班·t)	300~400	以起重吨数计
4	蒸汽打桩机		L/(台班·t)	1000~1200	以锤重吨数计
5	蒸汽压路机		L/(台班·t)	100~150	以压路机吨数计
6	内燃压路机		L/(台班·t)	12~15	以压路机吨数计
7	拖拉机		L/(昼夜·台)	200~300	
8	汽车		L/(昼夜·台)	400~700	
9	标准轨蒸汽机车		L/(昼夜·台)	10000~20000	
10	窄轨蒸汽机车		L/(昼夜·台)	4000~7000	
11	空气压缩机		L/[台班·(m^3/min)]	40~80	以压缩空气机排气量(m^3/min)计
12	内燃机动力装置(直流水)		L/台班·马力	120~300	
13	内燃机动力装置(循环水)		L/台班·马力	25~40	
14	锅炉机		L/台班·马力	80~160	不利用凝结水
15	锅炉		L/(h·t)	1000	以小时蒸发量计
16	锅炉		L/(m^2·t)	15~30	以受热面积计
17	点焊机	25 型	L/h	100	实测数据
		50 型	L/h	150~200	实测数据
		75 型	L/h	250~350	
18	冷拔机		L/h	300	
19	对焊机		L/h	300	
20	凿岩机	01-30(CM-56)	L/min	3	
		01-45(TN-4)	L/min	5	
		01-38(KⅡM-4)	L/min	8	
		YQ-100	L/min	8~12	

(3) 施工现场生活用水量计算

施工现场生活用水量可采用下式计算：

$$q_3=\frac{P_1N_3K_4}{b\times 8\times 3600} \tag{5.13}$$

式中 q_3——施工现场生活用水量(L/s)；

P_1——现场高峰期生活人数；

b——每天工作班数；

N_3——施工现场生活用水定额，见表 5.17；

K_4——施工现场生活用水不均匀系数，见表 5.15。

表 5.17 施工现场生活用水参考指标(N_3、N_4)

序号	用水对象	单 位	耗水量	备 注
1	施工现场全部生活用水	L/(人·日)	100～120	
2	生活用水(盥洗、生活饮用)	L/(人·日)	25～30	
3	食堂	L/(人·日)	15～20	
4	浴室(淋浴)	L/(人·日)	50	
5	淋浴带大池	L/(人·日)	30～50	
6	洗衣	L/人	30～35	
7	理发室	L/(人·次)	15	
8	小学校	L/(人·日)	12～15	
9	幼儿园、托儿所	L/(人·日)	75～90	
10	医院	L/(病床·日)	100～150	

(4) 生活区生活用水量计算

生活区生活用水量可按下式计算：

$$q_4=\frac{P_2N_4K_5}{24\times 3600} \tag{5.14}$$

式中 q_4——生活区生活用水量(L/s)；

P_2——生活区居住人数；

N_4——生活区昼夜全部生活用水定额，见表 5.17；

K_5——生活区生活用水不均匀系数，见表 5.15。

(5) 消防用水量计算

消防用水量 q_5 应根据建筑工地大小及居住人数确定，可参考表 5.18 取值。

表 5.18 消防用水量(q_5)

序号	用水名称	火灾同时发生次数	用水量(L/s)
1	生活区消防用水:		
	5000 人以内	一次	10
	10000 人以内	二次	10～15
	25000 人以内	三次	15～20
2	施工现场消防用水:		
	施工现场在 25×10^4 m² 以内		10～15
	每增加 25×10^4 m²	一次	5

(6) 工地总用水量 Q 计算

工地总用水量 Q 取以下计算的较大值:

① 当 $q_1+q_2+q_3+q_4\leqslant q_5$ 时,则有:

$$Q=q_5+(q_1+q_2+q_3+q_4)/2$$

② 当 $q_1+q_2+q_3+q_4>q_5$ 时,则有:

$$Q=q_1+q_2+q_3+q_4$$

③ 当供地面积小于 25×10^4 m²,且 $q_1+q_2+q_3+q_4<q_5$ 时,则有:

$$Q=q_5$$

计算的总用水量还应增加 10%,以补偿不可避免的水管漏水损失。

(7) 供水管径计算

工地临时供水管路管径可按下式计算:

$$D=\sqrt{\frac{4Q}{1000\pi v}} \tag{5.15}$$

式中 D——配水管直径(m);

Q——工地总用水量(L/s);

v——管网中水流速度(m/s),见表 5.19。

表 5.19 临时水管经济流速

管径	流速(m/s)	
	正常时间	消防时间
支管 $D<0.1$m	2	—
生产消防管道 $D=0.1\sim0.3$m	1.3	>3.0
生产消防管道 $D>0.3$m	1.5～1.7	2.5
生产用水管道 $D>0.3$m	1.5～2.5	3.0

5.7　施工总平面布置图

施工总平面布置图是按照施工部署、施工方案和施工总进度计划，将各项生产、生活设施(包括房屋建筑、临时加工(预制)厂、材料仓库、堆场、水电动力管线和运输道路等)，根据布置原则和要求将其规划布置在整个建设项目的建筑总平面图上，要求正确处理全工地施工期间所需各项设施与永久建筑、拟建工程之间的空间关系。施工总平面布置图是具体指导现场施工部署的行动方案，对于指导现场进行有组织、有计划的文明施工具有重大的意义。对有的大型建设项目，当施工期限较长或受场地所限，必须几次周转使用场地时，应相应地按照几个阶段布置施工总平面布置图。

5.7.1　施工总平面布置图的设计原则、依据和内容

(1) 施工总平面布置图的设计原则

① 平面布置科学合理，施工场地占用面积少；

② 合理组织运输，减少二次搬运；

③ 施工区域的划分和场地的临时占用应符合总体施工部署和施工流程的要求，减少相互干扰；

④ 充分利用既有建(构)筑物和既有设施为项目施工服务，降低临时设施的建造费用；

⑤ 临时设施应方便生产和生活，办公区、生活区和生产区宜分离设置；

⑥ 符合节能、环保、安全卫生和消防等要求；

⑦ 遵守当地主管部门和建设单位关于施工现场安全文明施工的相关规定。

(2) 施工总平面布置图应符合下列要求：

① 根据项目总体施工部署，绘制现场不同施工阶段(期)的总平面布置图；

② 一些特殊的内容，如现场临时用电、临时用水布置等，当总平面布置图不能清晰表示时，可单独绘制平面布置图。

③ 平面布置图绘制应有比例关系，各种临设应标注外围尺寸，并应有文字说明。

④ 现场所有设施、用房应由总平面布置图表述，避免采用文字叙述的方式。

⑤ 施工总平面布置图的绘制应符合国家相关标准要求并附必要说明。

(3) 施工总平面布置图的设计依据

① 设计资料。包括建筑总平面图、主要工程项目及结构特征、场地的竖向规划、地上和地下各种管网布置等。

② 建设地区资料。包括工程勘察和技术经济调查资料，以便充分利用当地自然条件和技术经济条件为施工服务，以正确确定仓库和加工厂的位置、工地运输道路和给排水管路的铺设等问题。

③ 建设项目的总体施工部署、施工总进度计划，以便了解各施工阶段情况，从而有效地进行分期规划，充分利用场地。

④ 各种建筑材料、构件、加工品、施工机械和运输工具需要量一览表，以便规划工地内部的贮放场地和运输线路。

⑤ 构件加工厂、仓库等临时建筑一览表。

⑥ 其他施工组织设计参考资料。

(4) 施工总平面布置图的内容

施工总平面布置图应包括下列内容:

① 项目施工用地范围内的地形状况;

② 全部拟建的建(构)筑物和其他基础设施的位置;

③ 项目施工用地范围内的加工设施、运输设施、存储设施、供电设施、供水供热设施、排水排污设施、临时施工道路和办公(生活)用房等;

④ 施工现场必备的安全、消防、保卫和环境保护等设施;

⑤ 相邻的地上、地下既有建(构)筑物及相关环境;

⑥ 永久性测量及半永久性测量放线标桩、水准点位置,特殊图例、方向标志和比例尺等。

5.7.2 施工总平面布置图的设计步骤和方法

施工总平面布置图的设计步骤为:引入场外交通道路→布置仓库→布置加工厂和混凝土搅拌站→布置内部运输道路→布置临时房屋→布置临时水、电、气管网和其他动力设施→布置消防、安全、保卫设施→绘制正式施工总平面布置图。

(1) 场外交通的引入

设计全工地性施工总平面布置图时,首先应从考虑大宗材料、成品、半成品、设备等进入工地的运输方式入手。

(2) 仓库的布置

通常考虑设置在运输方便、位置适中、运距较短并且安全防火的地方,并应根据不同材料、设备和运输方式来设置。

(3) 加工厂和搅拌站的布置

决定附属企业或加工厂(站)位置时,总的要求是材料运入方便;加工品运至使用点的运费最少;工艺流程合理,生产、施工互不干扰。一般来说,某些加工企业最好集中布置在一个地区,这样既便于管理和简化供应工作,又能降低铺设道路和水、电、气、动力管网等费用。

预制件加工厂尽量利用建设地区永久性加工厂。只有其生产能力不能满足工程需要时,才考虑现场设置临时预制件厂,其位置最好布置在建设场地中的空闲地带上。

钢筋加工厂可集中或分散布置,视工地具体情况而定。对于需冷加工、对焊、点焊钢筋骨架和大片钢筋网时,宜采用集中布置加工;对于小型加工、小批量生产和利用简单机具就能成型的钢筋加工,采用就近的钢筋加工棚进行。

木材加工厂设置与否、是集中还是分散设置、设置规模,应视建设地区内有无可供利用的木材加工厂而定。如建设地区无可利用的木材加工厂,而锯材、标准门窗、标准模板等加工量又很大时,则集中布置木材联合加工厂为宜。对于非标准件的加工与模板修理工作等,可分散在工地附近设置临时工棚进行加工。

金属结构、锻工、电焊和机修厂等应布置在一起。

(4) 场内运输道路的布置

工地内部运输道路的布置,应根据各加工厂、仓库及各施工对象的位置布置道路,并研究货物周转运行图,以明确各段道路上的运输负担,区别主要道路和次要道路。规划这些道路时要特别注意运输车辆的行驶安全,在任何情况下不致形成交通阻塞。

(5) 行政与生活福利临时房屋的布置

对于各种生活与行政管理用房应尽量利用建设单位的生活基地或现场附近的其他永久性建筑,不足部分另行修建临时房屋。临时房屋的设计,应遵循经济、适用、装拆方便的原则,并根据当地的气候条件、工期长短确定其建筑与结构形式。

一般全工地性行政管理用房宜设在全工地入口处,以便对外联系,也可设在工地中部,便于全工地管理;施工人员办公室尽可能靠近施工对象;工人用的福利设施如商店、俱乐部等应设置在工人较集中的地方或工人出入必经之处;食堂宜设在生活区,也可布置在工地与生活区之间。

(6) 临时水、电、气管网和其他动力设施的布置

临时水、电、气管网的布置分两种情况:一种情况是利用已有的或提前修建的水源、电源,此时应从外部接入工地,沿主要干道布置干管、主线,然后与各用户接通。但从高压电线引入时,需在引入处设变压站,其位置应在较隐蔽的地方,并要采取安全防护措施。另一种情况是无法利用现有的水源、电源时,则应另行规划临时供水设施、发电站和管网线路,主要的水、电、气管网应呈环状布置。

5.7.3 施工总平面布置图的绘制

施工总平面布置图是施工组织总设计的重要内容,是要归入档案的技术文件之一。因此,要求精心设计,认真绘制。应按以下步骤绘制:

(1) 确定图幅大小和绘图比例

图幅大小和绘图比例应根据工地大小及布置内容多少来确定。图幅一般可选用1～2号图纸,绘图比例一般为1∶1000或1∶2000。

(2) 合理规划和设计图面

施工总平面布置图除了要反映现场的布置内容外,还要反映周围环境和面貌(如已有建筑物、场外道路等)。故绘图时,应合理规划和设计图面,并应留出一定的空余图面绘制指北针、图例及文字说明等。

(3) 绘制建筑总平面图的有关内容

将现场测量的方格网,现场内外已建的房屋、构筑物、道路和拟建工程等,按正确的内容绘制到图面上。

(4) 绘制工地需要的临时设施

根据布置要求及面积计算,将道路、仓库、加工厂和水、电、气管网等临时设施绘制到图面上去。必要时,对复杂的工程可采用模型布置。

(5) 形成施工总平面布置图

在进行各项布置后,经分析比较、调整修改,形成施工总平面布置图,并作必要的文字说明,标上图例(表5.20)、绘图比例、指北针等。

完成的施工总平面布置图其比例要正确,图例要规范,线条粗细分明,字迹端正,图面整洁美观。

需要说明的是,施工总平面的布置是一项系统工程,要得到一个满意的施工总平面布置图,就必须全面分析和综合考虑各种影响因素,正确处理各项内容的相互联系和相互制约关系,在保证施工方便顺利的基础上,使其施工用地、临时建筑面积少;临时道路,水、电、

气管网短;材料、设备运输成本低;施工场地的利用率高。

表 5.20　施工总平面布置图图例

序号	名称	图例	序号	名称	图例
1	水准点	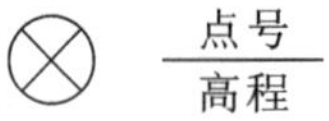	18	施工用临时道路	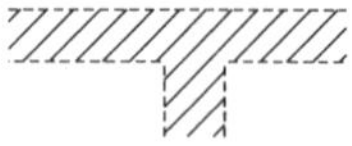
2	原有房屋		19	临时露天堆场	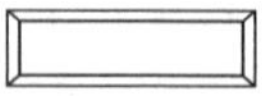
3	拟建正式房屋	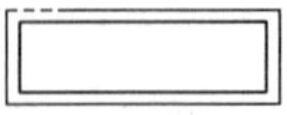	20	施工期间利用的永久堆场	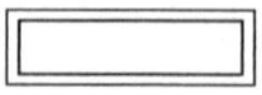
4	施工期间利用的拟建正式房屋	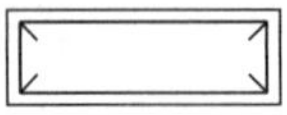	21	土堆	
5	将来拟建正式房屋		22	砂堆	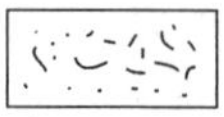
6	临时房屋:密闭式 敞篷式	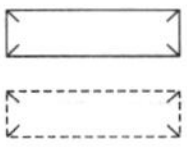	23	砾石、碎石堆	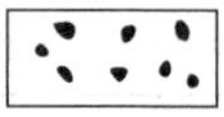
7	拟建的各种材料围墙		24	块石堆	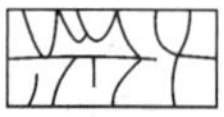
8	临时围墙		25	砖　堆	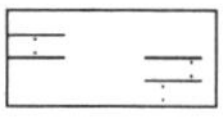
9	建筑工地界线		26	钢筋堆场	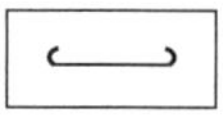
10	烟囱		27	型钢堆场	
11	水塔	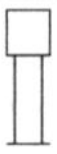	28	铁管堆场	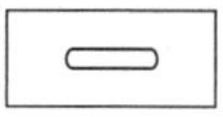
12	房角坐标	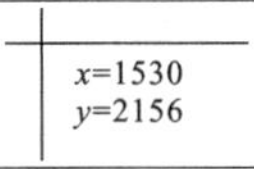	29	钢筋成品场	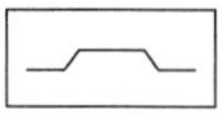
13	室内地面水平标高	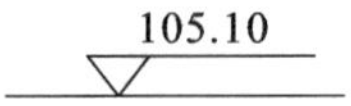	30	拟建化粪池	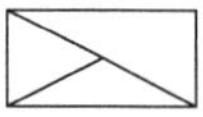
14	钢结构场	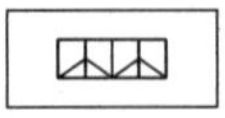	31	水源	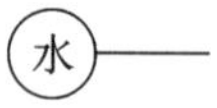
15	屋面板存放场	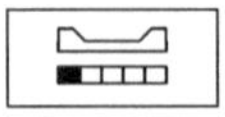	32	电源	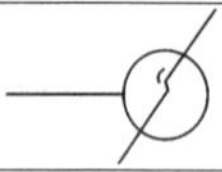
16	一般构件存放场	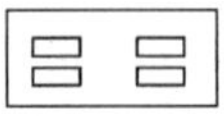	33	矿渣、灰渣堆	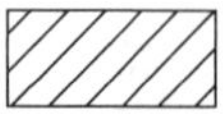
17	现有永久公路	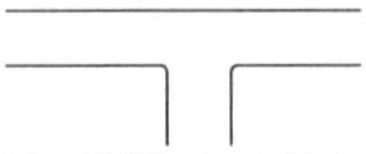	34	废料堆场	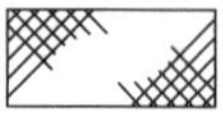

续表 5.20

序号	名称	图例	序号	名称	图例
35	脚手架、模板堆场	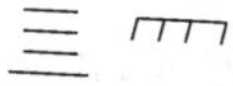	53	变压器	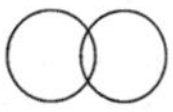
36	原有的上水管线		54	投光灯	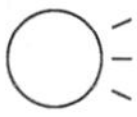
37	临时给水管线	——S——S——	55	电杆	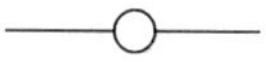
38	给水阀门(水嘴)		56	现有高压 6 kV 线路	$—WW_6—WW_6—$
39	支管接管位置	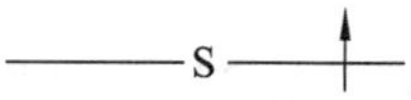	57	施工期间利用的永久高压 6 kV 线路	$—LWW_6—LWW_6—$
40	消火栓(原有)		58	塔轨	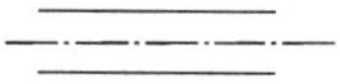
41	消火栓(临时)		59	塔吊	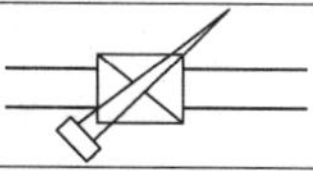
42	原有化粪池		60	铲运机	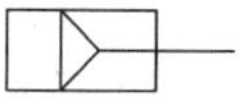
43	井架		61	混凝土搅拌机	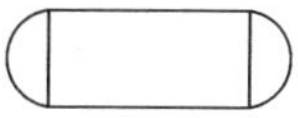
44	门架	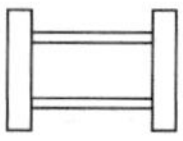	62	灰浆搅拌机	
45	卷扬机		63	洗石机	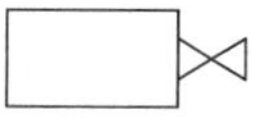
46	履带式起重机	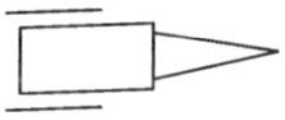	64	打桩机	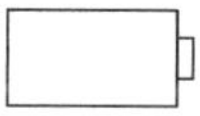
47	汽车式起重机	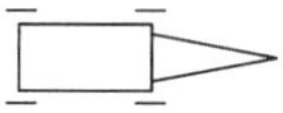	65	脚手架	
48	缆式起重机	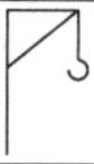	66	淋灰池	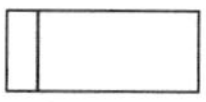
49	铁路式起重机	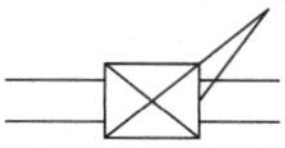	67	多斗挖土机	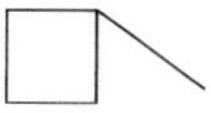
50	总降压变电站		68	推土机	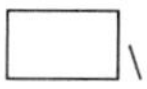
51	发电站	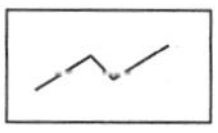	69	沥青锅	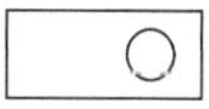
52	变压站		70	避雷针	

5.7.4 施工总平面布置图的管理

加强施工总平面布置图的管理，对工程施工的顺利进行，现场安全文明有序施工，以及合理使用场地，保证现场交通道路、给排水系统的畅通，避免安全事故，甚至对美化环境、防灾、抗灾等均具有重大意义。为此，必须重视施工总平面布置图的管理。

(1) 建立统一的施工总平面布置图的管理制度。首先划分总图的使用管理范围，实行场内、场外分区分片管理；要设专职管理人员，定期或不定期地深入现场，检查、督促施工总平面布置图的贯彻；要严格控制各项临时设施的拟建数量、标准，修建的位置、标高，发现不符合施工总平面布置图的现象，立即予以纠正。

(2) 总承包施工单位应负责管理临时房屋、水电管网和道路的位置，挖沟、取土、弃土地点，机具、材料、构件的堆放场地。

(3) 严格按照施工总平面布置图堆放材料、机具、设备，布置临时设施；施工中做到余料退库，废料入堆，现场无垃圾、无坑洼积水，工完场清；不得乱占场地、擅自拆迁临时房屋或水电线路、任意变动总图；不得随意挖路断道、堵塞排水沟渠。当需要断水、断电、堵路时，须事先提出申请，经有关部门批准后方可实施。

(4)对各项临时设施要经常维护、检修，加强防火、保安和交通运输的管理。

5.8 措施与技术经济指标

5.8.1 施工组织总设计的主要措施

整个项目在实施过程中会遇到很多意想不到的困难和矛盾，无论从工期还是质量、投资等方面，其实施过程都是一个动态管理的过程。为了能使项目施工达到施工组织总设计的要求，应该从总体出发制定一些保证工期、质量和安全的措施，定期对各项指标进行检查和修改，另外，随着建筑业的发展，对环境保护、节约能源、绿色施工也应足够重视。对环境保护工作，应注意以下几个方面：

(1) 施工区域应用临时围墙隔离，围墙外侧面和顶面应作适当美化，使工地围墙成为城市街景的一部分。

(2) 基坑(槽)挖出的余土应及时运走，不应四处乱堆，留在工地的土应妥善防尘(可覆盖)。运土的车辆应防止抛锚滴漏，防止污染和损坏路面。

(3) 基坑(槽)施工时排出的地下水应用管子接至附近城市排水管道，不得四处漫流。施工现场应适度硬化，以防止雨天道路场地泥泞，太阳一晒，灰尘又随风而起。

(4) 噪声较大的施工机械(如混凝土振动棒、木工盘锯、石材切割机械等)应建立具体的应用制度，尽量避免夜间长时间施工。必须夜间连续施工的，应按规定经有关部门批准，并发布安民告示。

(5) 现场主要出入口及重要部位，在夜间应配置灯光，做到夜间亮化，防止漆黑一片。但对紧靠居民楼的一侧，应防止强烈灯光照射，影响居民入眠。

(6) 工地运送材料、构件的车辆亦应防止抛锚滴漏，防止污染和损坏路面。超长、超大构件的运输，应尽量安排在夜间，防止堵塞交通，影响行人安全。

（7）对不利于环境和健康的作业要尽量避免和减少，对建筑垃圾、生活垃圾均按规定及时处理。

在节约能源方面，应注意以下几个方面：

（1）编制好工地节电、节水、节油、节气等计划，如各施工机械的电动机马力应与所用机械功率相匹配，防止大马拉小车，浪费电力。

（2）加强材料、构配件使用数量和使用时间的控制和调度，减少和防止材料、配件的损耗及往返运输。

（3）施工用水、用电以及其他施工用临时设施，尽可能利用原有的设施，或工程建设中已建成的永久性设施，减少资源浪费。

（4）当工程项目较大，有多个施工单位在现场同时施工时，相互间应沟通协调，对有些机械设备，如垂直运输设备、搅拌机械设备等以及有些生活设施，如食堂、浴室等可以共同合作，有偿使用，以减少重复配置，节约资源。

为保证施工组织总设计的顺利实施，应采取如下技术管理与组织措施：

（1）明确项目管理组织机构，加强统一指挥。

对于一个建筑群体，一般都有数个施工单位（或同一施工单位数个施工队组）同时施工作业，操作工种和人数较多。这时，如果有一个统一的指挥领导，就像一个乐队在统一指挥下，能演奏出和谐悦耳的乐曲来，取得良好的演奏效果。否则，就会矛盾迭起，影响施工。所以一定要建立现场（或称工程）指挥系统，明确各级、各方面责任人，使工程建设在统一指挥、健康有序的状态下进行。

（2）建立工程协调会制度，及时处理各方面矛盾。

工程建设涉及方方面面，矛盾也很多。在施工过程中，除施工单位内部要加强管理协调外，还应定期召开有建设单位、设计单位、材料设备供应单位、监理单位等参与的外部协调会议，分析情况，协调矛盾，做到各负其责，各司其职。

（3）建立技术责任制，健全质量、安全管理网络。明确各级责任人员的职责范围，建立奖罚制度，做到有职、有责、有权，赏罚分明。

（4）建立经济核算制度，提高经济效益。主要是落实各级承包责任制，推行“四新”技术，建立定期经济分析活动等。

5.8.2 施工组织总设计的技术经济指标

施工组织总设计编制完成后，应对其作技术经济评价，评价的目的在于对施工组织总设计通过定性及定量的计算分析，论证在技术上是否可行，在经济上是否经济合理，对照相应的同类型有关工程的技术经济指标，反映施工组织总设计的优劣，以便进行方案改进或多方案优选。评价指标数据也是上级审批的依据。

常用的施工组织总设计中的技术经济指标有施工工期、工程质量、劳动生产率、材料使用指标、机械化施工程度、工厂化施工程度、成本降低等指标。其体系如图 5.2 所示。

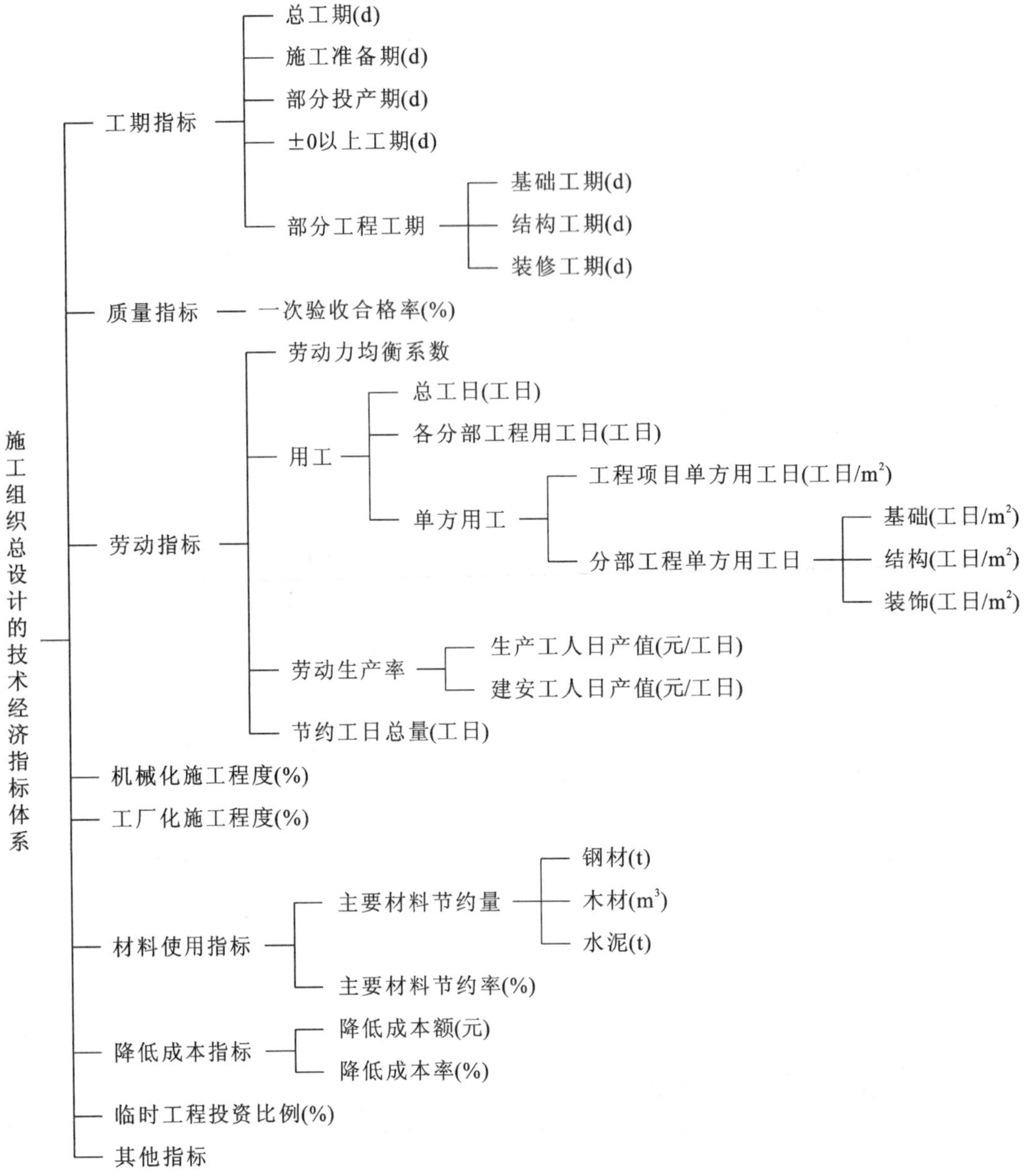

图 5.2　施工组织总设计的技术经济指标体系

主要指标的计算方式如下：

(1) 工期指标

① 总工期(d)：从工程破土动工到竣工的全部日历天数，与相应的国家工期定额相比较；

② 施工准备期(d)：从施工准备日起到主要项目开工日止；

③ 部分投产期(d)：从主要项目开工日起到第一批项目投产使用日止。

(2) 质量指标

这是施工组织总设计中确定的控制目标。

$$质量达标率=\frac{达到某质量指标的工程个数}{施工项目工程总个数}\times 100\%$$

(3) 劳动指标

① 劳动力均衡系数(%):它表示整个施工期间使用劳动力的均衡程度。

$$劳动力均衡系数=\frac{施工期高峰人数}{施工期平均人数}\times 100\%$$

② 单方用工(工日/m^2):它反映劳动的使用和消耗水平。

$$单方用工=\frac{总工数}{建筑面积}(工日/m^2)$$

③ 劳动生产率(元/工日):它表示每个生产工人或建安工人每工日所完成的工作量(元)。

$$劳动生产率=\frac{总工作量}{总工数}(元/工日)$$

此处总工作量即预算工作量(元)。

(4) 机械化施工程度(%)

指用机械化施工所完成的工作量与总工作量之比,即:

$$机械化施工程度=\frac{机械化施工完成的工作量}{总工作量}\times 100\%$$

(5) 工厂化施工程度(%)

指在预制构件厂里施工完成的工作量与总工作量之比,即:

$$工厂化施工程度=\frac{预制构件厂完成的工作量}{总工作量}\times 100\%$$

(6) 材料使用指标

① 主要材料节约量:指靠施工技术组织措施实现的材料节约量。

$$主要材料节约量=预算用量-施工组织设计计划用量$$

② 主要材料节约率(%)

$$主要材料节约率=\frac{主要材料节约量}{主要材料预算用量}\times 100\%$$

(7) 降低成本指标

① 降低成本额(元):指靠施工技术组织措施实现的降低成本金额(元)。

② 降低成本率(%)

$$降低成本率=\frac{降低成本额}{承包成本总额}\times 100\%$$

(8) 临时工程投资比例

指全部临时工程投资费用与建安工程总投资费用之比,表示临时设施费用支出情况。

$$临时工程投资比例=\frac{全部临时工程投资额}{建安工程总投资费用}\times 100\%$$

复习思考题

5.1 试述施工组织总设计的概念、作用和编制依据。

5.2 试简述施工组织总设计的内容和编制程序。

5.3 施工部署包括哪些内容?

5.4 施工总平面布置图包含哪些内容?其设计应遵循哪些原则?

5.5 施工总平面布置图的设计步骤和方法有哪些?

5.6 暂设工程包括哪些内容?应如何组织?

6 土木工程施工组织设计实例

6.1 装配式高层建筑工程施工组织设计实例

6.1.1 编制依据

(1)工程文件

① 本工程招标文件及施工总承包合同;

② 项目建设工程规划许可证、××省建筑工程集团责任有限公司建筑工程施工许可证等许可文件;

③ 本工程地质勘察报告。

(2)施工图纸

① 项目全套现场施工图纸;

② 项目人防施工图纸;

③ 装配式图纸及深化图纸。

(3)主要标准、图集(表 6.1)

表 6.1 主要标准、图集

序号	类别	标准名称	编　号
1	国家	《装配式混凝土建筑技术标准》	GB 51231—2016
2	国家	《混凝土强度检验评定标准》	GB/T 50107—2010
3	国家	《混凝土结构试验方法标准》	GB/T 50152—2012
4	国家	《混凝土质量控制标准》	GB 50164—2011
5	国家	《建筑工程施工质量验收统一标准》	GB 50300—2013
6	国家	《砌体工程现场检测技术标准》	GB/T 50315—2011
7	国家	《建筑结构检测技术标准》	GB/T 50344—2019
……			

(4)主要规程、规范(表 6.2)

表 6.2 主要规程、规范

序号	类别	规范、规程名称	编　号
1	国家	《建筑施工组织设计规范》	GB/T 50502—2009

续表 6.2

序号	类别	规范、规程名称	编　　号
2	国家	《混凝土结构工程施工质量验收规范》	GB 50204—2015
3	国家	《砌体结构工程施工质量验收规范》	GB 50203—2011
4	国家	《混凝土结构工程施工规范》	GB 50666—2011
5	国家	《钢筋焊接及验收规程》	JGJ 18—2012
6	国家	《建设工程施工现场消防安全技术规范》	GB 50720—2011
……			

(5)主要法律、法规(表 6.3)

表 6.3　主要法规

序号	类别	法　规　名　称
1	国家	《中华人民共和国建筑法》
2	国家	《建设工程质量管理条例》
3	国家	《建设工程安全生产管理条例》
4	国家	《中华人民共和国环境保护法》
5	行业	《危险性较大的分部分项工程安全管理规定》
……		

6.1.2　工程概况

(1)项目简介(表 6.4)

表 6.4　工程概况简介

工程名称	时代城项目总承包工程(第二标段)		
工程地址	××市外环北路南、黄河路东		
建筑面积	13086.32 m^2		
合同开竣工日期	2020.03.21—2022.03.21	合同总工期	731 日历天
招标范围	总承包工程,建筑红线范围内的土建和机电工程		
工程信息	时代城项目,16 层高层住宅楼		

时代城项目 16 层高层住宅楼,建筑使用性质为住宅,建筑设计等级为二级,结构设计使用年限为 50 年,建筑分类为二类高层民用建筑,居住户数 96 户,规划建筑高度 52.37 m,消防建筑高度 49.37 m,总建筑面积 13086.32 m^2,住宅总建筑面积 12888.97 m^2,其他建筑面积 178.79 m^2(物业管理用房 173.11 m^2),层数地上 16 层、地下 2 层,层高地下 3.05 m/3.5 m、

地上 3 m,结构类型为剪力墙,抗震设防烈度为 7 度。

(2)相关单位情况(表 6.5)

表 6.5 项目相关单位情况

建设单位	××地产开发有限公司
施工单位	××建筑工程集团有限责任公司
勘察单位	××水利勘测有限公司
设计单位	××建筑设计有限公司
监理单位	××监理中心有限公司

(3)项目设计概况(表 6.6)

表 6.6 结构设计概况

<table>
<tr><th>序号</th><th>项目</th><th colspan="4">内　容</th></tr>
<tr><td rowspan="4">1</td><td rowspan="4">结构形式</td><td rowspan="2">住宅</td><td rowspan="2">16 层</td><td>结构类型</td><td>剪力墙(叠合板、预制楼梯、预制空调板、预制混凝土围护墙,装配率 52%)</td></tr>
<tr><td>抗震等级</td><td>三级</td></tr>
<tr><td colspan="2" rowspan="2">地下车库</td><td>结构类型</td><td>框架</td></tr>
<tr><td>抗震等级</td><td>三级</td></tr>
<tr><td>2</td><td>基础类型</td><td colspan="4">CFG 桩复合地基,桩顶铺填 200 mm 厚级配为 3∶7 的砂石褥垫层,承台、筏板基础</td></tr>
<tr><td rowspan="3">3</td><td rowspan="3">混凝土环境类别</td><td colspan="4">卫生间等潮湿环境和露台、屋面等室外环境为二 a 类</td></tr>
<tr><td colspan="4">地上室内部分为一类</td></tr>
<tr><td colspan="4">地下部分为二 a 类</td></tr>
<tr><td>4</td><td>纵向受力钢筋连接</td><td colspan="4">柱、剪力墙竖向受力筋:直径<12 mm 时,采用绑扎搭接;直径为 12～20 mm 时,采用电渣压力焊;直径为 22～28mm 时,采用电渣压力焊。
梁、板:直径≤14 mm 时,采用绑扎搭接;直径>14 mm 时,采用机械连接或焊接。
轴向受拉及小偏心受拉杆件(桁架和拱的拉杆、偏心受拉框支梁、下挂柱、下挂板等)的纵向受力钢筋,不得采用绑扎搭接。
钢筋连接接头应尽量避开梁端和柱端的箍筋加密区,无法避开时,应采用机械连接或焊接;当采用机械连接时,框支梁(柱)应采用Ⅰ级机械连接接头,框架梁(柱)应采用Ⅱ级机械连接接头</td></tr>
</table>

(4)砌体

① 地下室底板采用砖胎模砌筑,采用 MU10 水泥标准砖,M10 水泥砂浆砌筑。

② 外墙、地下室、厨卫间、管道井墙体采用 A3.5　B06 蒸压加气混凝土砌块,Ma5 预拌砂浆砌筑。

(5)混凝土

① 基础垫层混凝土强度等级为C15。

② 主楼混凝土强度见表6.7。

表6.7 主楼混凝土强度

<table>
<tr><th>部位</th><th>墙柱</th><th>楼层梁板、楼梯及其支柱</th><th>构造柱、过梁、圈梁、压顶等</th></tr>
<tr><td>4层以下</td><td>C35</td><td rowspan="2">C30</td><td rowspan="2">C25</td></tr>
<tr><td>4层以上</td><td>C30</td></tr>
</table>

注:混凝土强度不同的交接位置应采取相应措施。

(6)钢筋及钢材(表6.8)

表6.8 钢筋及钢材

钢筋	HPB300、HRB400

注:纵向受力钢筋应采用抗震钢筋(牌号后带E的钢筋)。

(7)项目承包范围

本工程为时代城高层住宅楼,项目承包范围及主要分包工程范围为主楼及地下室土建、机电总包工程。本工程结构类型为现浇剪力墙结构,预制非承重围护外墙,预制叠合板,使用铝模+装配式一体化施工,装配率达到52%。

(8)地形及水文地质状况

经××水利勘测有限公司勘察,地貌单元属黄河冲积平原,地形稍有起伏,整体南高北低,地面标高为83.42~87.48 m(1985国家黄海高程系统,甲方提供基准点:测放基准A点,$X=56247.029$,$Y=73599.610$,$H=85.465$ m;基准B点,$X=56120.564$,$Y=73600.611$,$H=86.231$ m)。地下水位埋深为6.5~10.0 m(坑内),水位标高77.5~77.7 m,化验结果显示属于第四系松散层孔隙潜水。据调查,施工现场及周围近5年内最高水位埋深约8.0 m(正常地面下),水位的平均年变化幅度在1.5 m左右,相关资料记载该地区最高水位埋深约1.5 m。

(9)气象状况

项目建设地属亚热带季风气候,四季分明,地理位置优越。

6.1.3 施工部署

6.1.3.1 施工队伍组织机构(图6.1)

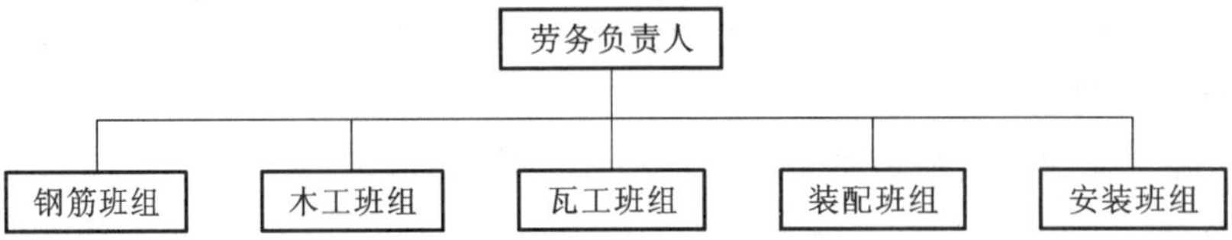

图6.1 施工队伍组织机构

6.1.3.2 项目施工的重点和难点

(1)本工程现场狭窄而结构工程量大,立体交叉多,施工组织必须保证合理、有序。

(2)主体工程部分采用装配式混凝土剪力墙结构,整体精度要求高。

(3)本工程住宅楼靠近市政道路,对垂直运输设备的安装使用及拆除要求高。本工程工期紧张、任务重,随着塔吊的高度一步一步升高,塔吊的盲区也渐渐变大,因此,塔吊的施工安全尤为重要。

(4)采用定型铝模板施工,其位置的控制、垂直度要求高;本工程住宅建筑形体偏长,混凝土结构层标高控制面大,对于预埋件及预留孔洞的标高控制等要求高。

(5)屋面面积大,反坎分区与过水洞众多,各功能性房间的防水要求高。

(6)本工程围护外墙为装配式预制构件,施工时应重点关注围护墙定位尺寸偏差及垂直度是否符合标准,斜支撑应固定牢靠,套筒灌浆、坐浆饱满;灌浆时应操作规范,将套筒内注满,并检查有无漏注。

6.1.3.3 施工顺序部署

本工程的基本施工顺序如图 6.2 所示。其一般程序如下:

主体结构施工顺序:首层墙、柱钢筋绑扎→首层 PC 构件吊装,首层墙、柱模板及顶板梁板模板安装固定→顶板梁板钢筋绑扎→首层墙、柱、顶板梁板浇筑混凝土→二层 PC 构件吊

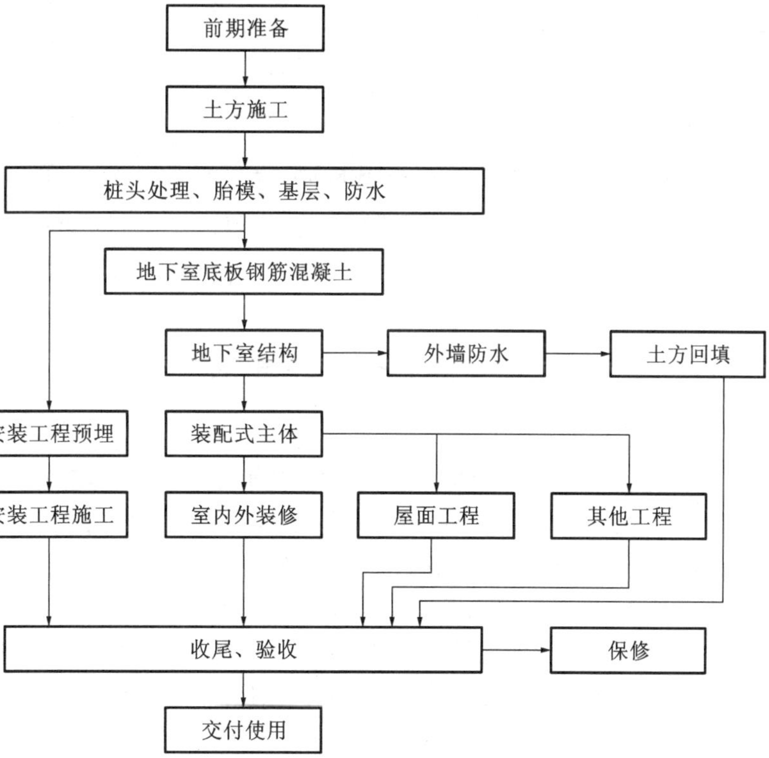

图 6.2 基本施工顺序图

装，二层墙、柱钢筋绑扎→二层墙、柱模板安装，叠合板吊装及梁板模板安装→顶板梁板钢筋绑扎→二层墙、柱、顶板梁板浇筑混凝土→……→屋面层 PC 构件、墙、柱钢筋绑扎，顶板梁板模板安装→屋面层墙、柱模板安装，顶板梁板钢筋绑扎→屋面层墙、柱、顶板梁板浇筑混凝土→出屋面结构（风机房、构架等）。

室内砌体阶段施工顺序：楼面清理→引测控制轴线→砌体施工→构造柱、圈梁、过梁施工。

结构标准层施工顺序：搭设外脚手架→测量放线→预制楼梯、预制围护墙吊装固定与调平，柱筋电渣压力焊→墙、柱钢筋绑扎→管线预埋→隐蔽工程验收→墙、柱支模→梁支模、接缝，板龙骨、板模板安装→叠合板、飘窗板、空调板吊装→绑扎梁筋→管线预埋及板筋绑扎→卫生间吊模→验收→浇筑混凝土→养护→拆模→回顶。

6.1.3.4 项目管理组织机构形式

（1）组织机构及管理人员配备计划

根据工程施工的需要，选派具备从业资格、综合素质过硬的管理人员，成立以项目经理为核心的项目管理组织。

项目经理部组织架构如图 6.3 所示。

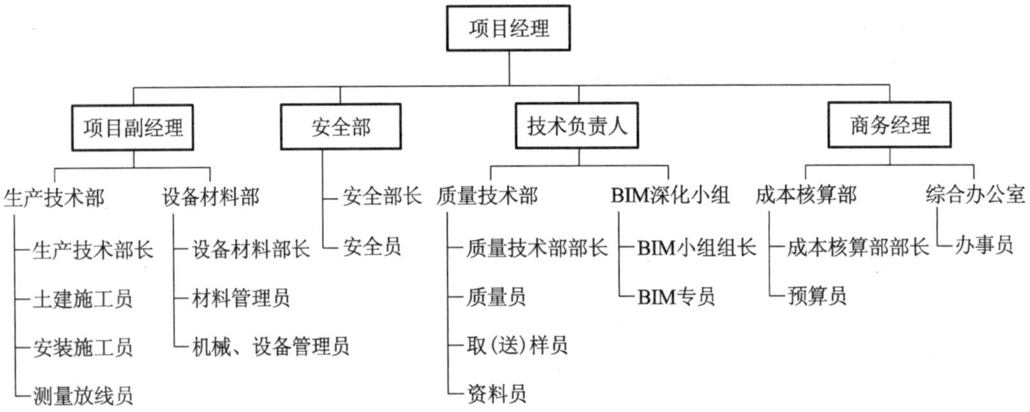

图 6.3　项目经理部组织架构图

（2）各岗位及部门主要职责

① 项目经理职责：全面领导项目部人员，对项目各事务全权负责；需成立以项目经理为核心的项目管理组织，通过制定管理目标和项目规划，建立完整的管理体系、人才培养体系，保证既定目标的实现，切实保障工程项目正常运作。

② 项目副经理职责：具有管理现场作业及进度的权利，对项目经理负责并承担项目的质量、安全、进度、经济效益和文明建设的领导责任；协调和组织各部门之间的合作关系；对现场的施工技术、进度和组织计划进行检查；进行分包商的招标；制定单位项目成本控制措施。负责联系当地有关的政府部门、监理和建设单位；合理分配和使用组织的生产要素，如人员、材料和机器，最终实现公司的目标。

③ 技术负责人职责：负责项目技术工作，主管质量技术部、试验室，对工程项目技术、质

量负责;把控施工过程中的技术质量,组织质量技术部学习《工程实测实量手册》,开展新技术、新材料、新工艺的推广及实施,组织质量控制小组开展课题研究,监督验工计价流程及工程实体质量现场自评工作。

6.1.4 施工准备

6.1.4.1 总体施工准备

(1)技术准备

各专业工程师仔细阅读施工图并组织专题会议,检查施工图中设计的内容是否满足国家现行规范、研讨图中各专业子工程是否存在错误及冲突,将出现的问题进行汇总,在图纸会审时和设计单位进行核查解决,充分了解设计单位的设计意图及相关细节的措施做法,开展有关预制构件的制作,铝模板制作。制定试验计划、进行混凝土配合比的试配工作。根据预制构件工程图,与预制构件厂技术工作人员确定吊装顺序。

接管施工现场前,安派足够的技术人员携带测量器具,接手轴线控制桩的检查、复核标高控制点,在测量人员进行实测的过程中,配合技术部多次校对施工现场的定位条件和控制点位,严格按照相关技术交底来确保测量定位工作的准确性和可靠性。在工程开工初期,测量定位人员必须时刻在岗,及时发现并处理问题,对测量数据进行精准的计算,做好定位图纸的绘制和校对工作,做好与各单位间工作面移交工作。将各施工方案、现场总平面图等资料报送主管部门审批后,按照审批意见对现场水电进行布置,根据现场规划、安全防护措施进行布置。

(2)现场准备

本工程临时设施分办公区、生活区、生产区三部分,临时用电、临时用水就近接入。

(3)资源配置计划

① 劳动力配置计划(表 6.9)。

表 6.9 标准层施工人员需求量

序号	分项工程	施工面积(m^2)	人均工效	单层总量	所需人数
1	钢筋工程	748.86	0.8 t/人	21.4 t	16
2	模板工程	748.86	30 m^2/人	2083.24 m^2	20
3	混凝土工程	748.86	—	234.35 m^3	10
4	装配工	748.86	—	30.2 t	9
5	防水工程	117.24	70 m^2/人	152.41 m^2	2
6	砌筑工程	748.86	1.8 m^3/人	39.82 m^3	8

② 物资配置计划

主要设备的配置计划见表 6.10、表 6.11。

表 6.10　拟投入本工程的主要施工设备表

序号	设备名称	型号规格	数量	国别产地	额定功率(kW)	生产能力	施工部位
1	塔式起重机	T7020-12E	1	山东	57.9		主体工程
2	施工电梯	SCB200	1	上海	11	2 t/次	二次结构
3	……						

表 6.11　拟配备本工程的试验和检测仪器设备表

序号	仪器设备名称	型号规格	数量	国别产地	制造年份	用途
1	全站仪	ZTS600	2	—	—	工程测量
2	激光水准仪	DSZ3	2	—	—	工程测量
3	激光垂准仪	DZJ2	2	—	—	工程测量
4	钳形电流表	0-600A	2	—	—	电气检测
5	超声波检测仪	—	2	—	—	试验检测
6	……					

6.1.5　装配式结构施工方案

6.1.5.1　装配式结构介绍

时代城住宅楼地上 16 层，为装配式结构，装配率达 52%，支撑体系为铝模板支撑体系。主体结构采用现浇＋预制装配式构件(PC 构件)结构，即竖向承重剪力墙及水平方向梁采用传统现浇做法，非承重竖向墙板和部分楼板采用预制叠合做法；预制混凝土墙板及楼板通过竖向现浇节点与现浇构件水平连接为整体，叠合楼板由预制混凝土底板和上部现浇层组成，在预制板内设置桁架钢筋，增加整体刚度及水平界面抗剪性能，并对叠合楼板的桁架高度进行高度核算，以保护预制楼板现浇部分的钢筋保护层厚度。同时对水电管线走向进行深化设计，以保证楼板现浇层的钢筋保护层厚度。预制构件类型见表 6.12。

楼梯间采用标准化设计，采用预制楼梯，楼梯高端采用固定铰支座、低端采用滑动铰支座。空调板采用预制外挂墙板湿式连接与主体结构相连。

表 6.12　预制构件类型表

预制的构件类型	预制构件分部	编号原则
叠合楼板	2～大屋面	YB
预制楼梯	2～16	ST—30—25
预制空调板	2～16	YKTB
预制混凝土围护墙	1～16	WHQ
蒸压轻质混凝土板	1～16	

6.1.5.2 预制构件的运输、验收及堆放

(1)预制构件的运输

运输前要求构件厂按照构件的编号,统一采用红色记号笔在预制构件侧面及顶面醒目部位做出标识;对预制构件的外观、标识进行检查,外观不合格及标识不清晰的构件禁止装车;随运构件应设标牌,表明构件名称、编号;本工程运输车辆均采用 13.5m 长平板车,所有预制构件均采用平运法和竖直运输;严禁方木与构件硬性接触;车辆要平稳行驶,遇特殊路段要缓慢行驶,严禁超速、猛拐弯和急刹车,以避免运输过程中造成构件损坏。

(2)预制构件验收

预制构件运输至施工现场后,卸车前应仔细检查每块预制构件是否存在质量问题,检查方法如下:利用塔吊将预制构件平稳吊起 500 mm 高,由监理、质量技术部及相关部门仔细检查预制构件是否存在质量问题(如破损、裂纹、掉角等),如发现问题及时与构件厂家(跟车负责人)联系,不得将存在质量问题的预制构件卸下车。

(3)预制构件的堆放

因场地区域狭小,构件堆场均设置在地下室顶板上。根据塔吊位置和现场条件选择预制构件堆场位置,每栋楼设置一处 PC 墙体插放架作为 PC 构件堆场;每栋楼设置一处叠合楼板、楼梯等水平构件堆放区。每栋楼预制构件堆场应保证现场每栋楼预制构件有两层的预备量。堆场下采用碗扣架进行回顶。

预制构件的堆放如图 6.4、图 6.5、图 6.6 所示。

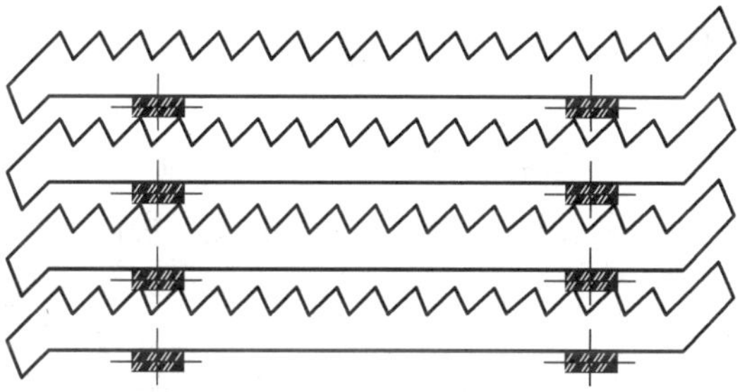

图 6.4 预制楼梯码放示意图

图 6.5 预制墙堆放示意图

图 6.6 预制阳台、飘窗板水平存放示意图

6.1.5.3 预制构件支撑体系

铝模叠合板支撑系统由独立钢支柱、稳定架垫板、铝框木工字梁和铝合金工字梁托座组成。梁底支撑如图6.7所示。

(1)独立钢支柱：主要由外套管、内插管、微调节装置、微调节螺母等组成，是一种可伸缩微调的独立钢支柱，主要用于预制构件水平结构作垂直支撑，能够承受梁板结构自重和施工荷载。钢支柱粗管(下支柱)采用60 mm×3.0 mm钢管，细伸缩管(上支柱)采用48.3 mm×3.6 mm钢管，单根支柱可承受的荷载为25 kN；内插管上每间隔150 mm有一个销孔，可插入回形钢销，以调整支撑高度。外套管上焊有一节螺纹管，用于与微调螺母配合，微调范围为170 mm。本工程独立钢支柱的可调高度范围为2.56～2.8 m。

(2)稳定架垫板：稳定架垫板用薄壁钢管焊接而成，核心部分有1个锁具，靠偏心原理锁紧，使支撑杆独立、稳定。

(3)铝框工字梁：叠合板下支撑龙骨采用100 mm×190 mm高铝框工字梁。

(4)支撑体系设计

① 本工程叠合板独立钢支撑间距采用1300 mm×1300 mm，沿垂直与桁架方向布置(严禁顺桁架方向布置，以免使叠合板损坏)，靠近墙柱的独立钢支撑距离墙柱最大距离不超过800 mm，且每个叠合板下至少有四个支柱支撑。叠合板独立钢支撑平面布置图详见铝膜方案。

② 叠合楼板的铝模设计同现浇楼板，在叠合板下不再设计楼板模板，仅正常设置楼板主龙骨和楼板顶阴角，以保证铝模墙、顶模板的整体性。

③ 叠合板下支撑主龙骨沿平行于叠合板连接接头方向设置，支撑间距不大于1300 mm×1300 mm。

④ 一个房间两块及以上叠合板之间设有300 mm宽现浇连接接头的，接头处配置400 mm宽铝模板(图6.7)，铝模板两侧各连接一排楼板主龙骨、楼板早拆头及支撑杆。

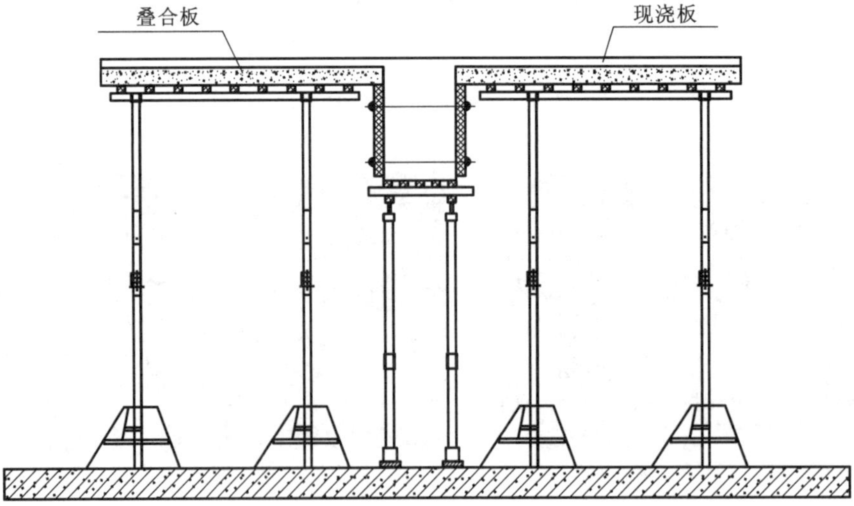

图6.7 梁底支撑示意图

6.1.5.4　预制构件的安装

(1)安装预制构件

应根据当天的作业内容进行班前安全技术交底;预制构件应按照吊装顺序编号,吊装时严格按编号顺序起吊;预制构件在吊装过程中,应设置缆风绳以控制构件转动;应根据预制构件的形状、尺寸、重量和作业半径等要求选择吊具和起重设备,所采用的吊具、起重设备及其操作应符合国家现行有关标准及产品应用技术手册的规定;吊点数量、位置应经计算确定,应保证吊具连接可靠,应有保证起重设备的主钩位置、吊具及构件中心在竖直方向上重合的措施;吊索水平夹角不宜小于60°,不应小于45°;应采取慢起、稳升、缓放的操作模式,吊运过程应保持稳定,不得偏斜、摇摆和扭转,严禁吊装构件长时间悬停在空中;吊装大型构件、薄壁构件或形状复杂的构件时,应使用分配梁或分配桁架类吊具,并应采取避免构件变形和损伤的临时加固措施(图 6.8)。

图 6.8　预制围护墙临时固定

① 预制柱安装

a. 宜按照角柱、边柱再中柱的顺序进行安装,与现浇部分连接的宜先行吊装。

b. 预制柱的就位以轴线和外轮廓线为控制线,对于边柱和角柱,应以外轮廓线控制为准。

c. 就位前应设置柱底调平装置,控制柱安装标高。

d. 预制柱安装就位后应在两个反方向设置可调节临时固定措施,并应进行垂直度、扭转调整。

e. 采用灌浆套筒连接的预制柱调整就位后,柱脚连接部位宜采用模板封堵。

② 预制剪力墙板安装

a. 与现浇部分连接的墙板宜先行吊装,其他宜按照“先外后内”的原则进行吊装。

b. 就位前应在墙板底部设置调平装置。

c. 采用灌浆套筒连接、浆锚搭接连接的夹芯保温外墙板应在保温材料处采用弹性密封材料进行封堵。

d. 采用灌浆套筒连接、浆锚搭接连接的墙板需要分仓灌浆时，应采用坐浆料进行分仓；多层剪力墙采用坐浆时应均匀铺设坐浆料；坐浆料强度应符合设计要求。

e. 墙板以轴线或轮廓线为控制线，外墙应以轴线和外轮廓双控制。

预制剪力墙板安装就位后应设置可调斜支撑临时固定，测量预制墙板的水平位置、垂直度、高度等，通过墙底垫片、临时支撑进行调整。

预制墙板调整就位后，墙底部连接部位应采用模板进行封堵。

叠合墙板安装就位后进行叠合墙板拼缝处附加钢筋安装，附加钢筋应与现浇段钢筋网交叉点全部绑扎牢固。

(2)叠合板安装

① 叠合板施工工艺(图 6.9)

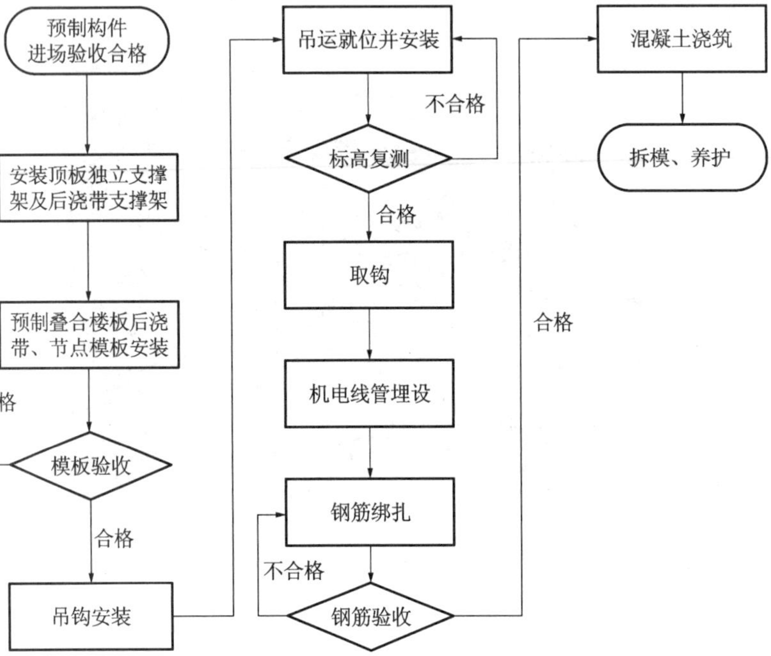

图 6.9　叠合板施工工艺图

② 工艺流程

a. 前期准备

叠合板支撑按设计方案安装就位，施工队自检合格并经项目部现场负责人及质检员、安全员、技术员验收合格。模板根据方案固定就位，施工队自检合格并经项目部现场负责人及质检员验收合格。水平构件控制线弹线准确、清晰。

先对靠近预制外墙侧的叠合板进行吊装，在进行叠合板吊装之前，在下层板面上进行测量放线，弹出尺寸定位线。叠合板的吊装根据设计要求，需与甩筋两侧预制墙体、现浇剪力墙、现浇梁相互搭接 10 mm，两个叠合板拼接处缝隙宽度为 300 mm，需在以上结构上方或下层板面上弹出水平定位线。

要将预制构件的吊装顺序编号标注在图纸上，以便于预制构件的安装就位。大致顺序为:从现浇结构位置向四周吊装就位。

要求弹线准确,清晰可辨,施工队自检合格并且项目部现场负责人及质检员验收合格。

检查吊装用具:逐项检查吊具、吊索、卡环等各种吊装用具,由施工队及项目部安全负责人检查吊装用具并确认安全。

b. 试吊

起吊时要先试吊,先吊起距地 50 cm 停止,检查钢丝绳、吊钩的受力情况,使叠合板保持水平,然后吊至作业层上空。叠合板起吊时,要尽可能减小在非预应力方向因自重产生的弯矩,采用预制构件吊装梁进行吊装,4 个吊点均匀受力,保证构件平稳吊装。吊索水平夹角不宜小于 60°且不应小于 45°,如图 6.10 所示。

c. 落钩

就位时叠合板要从上垂直向下下落,水平构件悬吊至就位位置上空 50 cm 时,由三名施工人员调整预制构件姿态,叠合板下落至施工面以上 20 cm 时,施工人员根据墙体上的实线进行观察,手扶构件调整方向,将板的边线与墙上的安放位置线对准,注意避免叠合板上的预留钢筋与墙体钢筋发生冲突,放下时要停稳慢放,严禁快速猛放,避免冲击力过大造成板面裂缝。

d. 摘钩

检查支撑受力情况,确认安全后,叠合板准确就位,确认无需大的调整后,方可摘钩,进行下一次吊装。

e. 调整

调整顺序:先调水平位置,再调标高。叠合板水平位置调整,使用撬棍,允许误差 5 mm;由于叠合板是通过钢管加顶撑进行受力支撑的,则必须要求施工方对钢管排架支撑的竖向标高进行严格的控制。

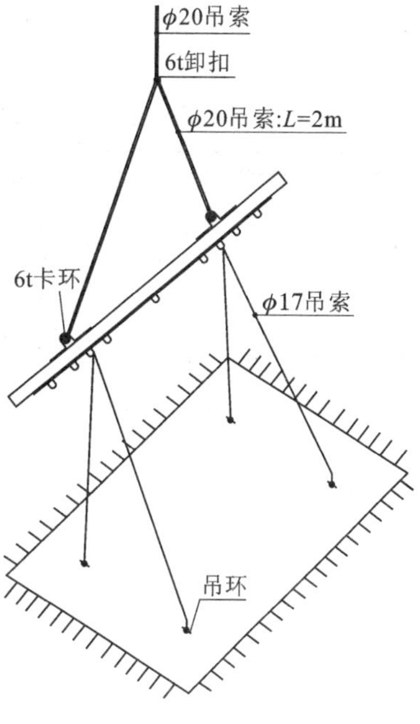

图 6.10 叠合板吊装示意图

由于在进行叠合板吊装前,预制墙体已吊装完成,且每一大块叠合板与预制墙体或竖向模板搭接,则可通过在下层板面上使用水准仪,根据已安装好的预制墙体或模板,通过调节钢管顶撑来控制标高,板底标高允许误差为 3 mm。

(3)预制楼梯安装

① 吊装工艺

吊装工艺:前期准备→楼梯上、下口铺砂浆找平层→画出控制线→复核→楼梯板起吊→楼梯板就位→校正→隐检→灌浆→验收。

② 工艺流程

前期准备:预制楼梯吊装前,相关人员认真熟悉设计图纸,仔细核对楼梯编号;临时固定用铁件、螺栓以及永久固定用的铁件、螺栓准备就位;上一层浇筑结束后方可吊装本层的楼梯。楼梯梁及楼梯梁找平层的砂浆达到能承受楼梯重量的强度时,即可安装楼梯。检查吊装工具、清理路径等叠合板吊装工艺。

楼梯上、下口铺砂浆找平层:预制楼梯与现浇结构采用预埋件加灌浆料固定。预制楼梯上部支座采用固定支座，下部支座采用滑动支座。吊装前在梯段上、下口梯梁处铺 M15 水泥砂浆找平层，找平层标高要控制准确，同时吊装就位后还需设置 30 mm 厚聚苯板填充。

画出控制线：在楼梯洞口外的板面上放样出楼梯上、下梯段板控制线。在楼梯平台上画出安装位置(左右、前后控制线)。在墙面上画出标高控制线。

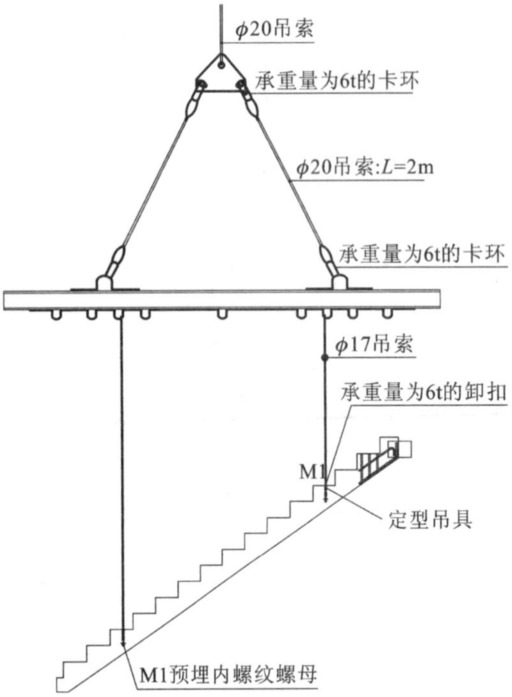

图 6.11　预制楼梯吊装示意图

起吊：预制楼梯梯段采用水平吊装。构件吊装前必须进行试吊，先吊起构件使构件距地 50 cm 时暂停，检查钢丝绳、吊钩的受力情况，使楼梯保持水平，然后再吊至作业层上空。吊装时，应使踏步平面呈水平状态，便于就位。将楼梯吊具用高强螺栓与楼梯板预埋的内螺纹连接，以便钢丝绳吊具及倒链连接吊装。起吊前，检查吊环，用卡环销紧。图 6.11 为预制楼梯吊装示意图。

楼梯就位：就位时楼梯板要从上垂直向下下落，在作业层上空 30 cm 左右处略作停顿，施工人员手扶楼梯板以调整方向，将楼梯板的边线与梯梁上的安放位置线对准，放下时要停稳慢放，严禁快速猛放，避免冲击力过大造成板面裂缝。

校正：楼梯基本就位后利用撬棍微调楼梯板，直到位置正确。楼梯板吊装时，应保证标高正确，楼梯上、下口坐落在楼梯梯梁的找平层上。

灌浆：预制楼梯安装质量经质检、安全、监理验收合格后，采用混凝土对此部位的空隙进行浇筑。

(4)预制墙板安装

① 吊装工艺流程(图 6.12)。

② 吊运

每个施工区放置一个装满构件的放置架，构件直接从放置架起吊，减少工作量，提高工作效率。根据控制线精确调整外墙板底部，使底部位置和测量放线的位置重合，安装固定墙板支撑(图 6.13)。

预制外墙应按编号由一侧向另一侧吊装，严禁大范围跳跃吊装。

6.1.5.5　灌浆施工技术原理

本工程剪力墙连接采用螺纹盲孔套筒连接，通过高强灌浆料与钢筋连接。现场灌浆连接的工艺流程为：

连接部位检查处理→分仓、接缝封堵→灌浆料搅拌→灌浆→接头充盈度检验→灌浆后节点保护。

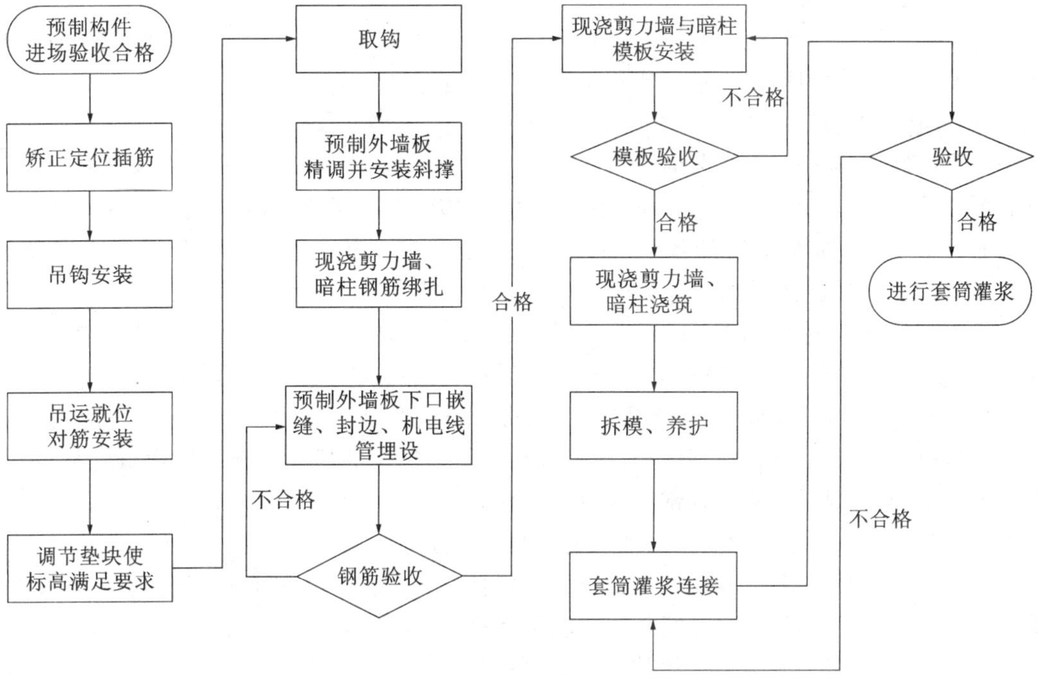

图 6.12 吊装工艺流程图

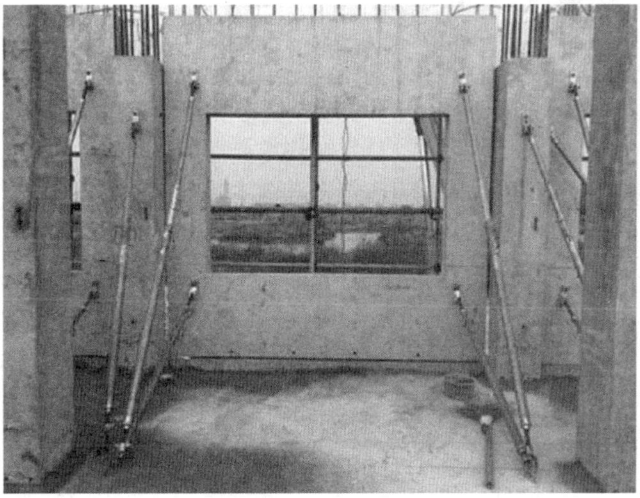

图 6.13 墙板支撑

(1)连接部位检查处理

① 连接钢筋检查

下方结构伸出的连接钢筋的位置和长度应符合设计要求。钢筋位置偏差不得大于±5 mm(可用钢筋位置检验模板检测);钢筋不正可用钢管套住掰正或用铁锤敲击矫正。长度偏差应为 0～15 mm 之间。钢筋表面干净,无严重锈蚀,无粘贴物。填写检查记录表。

② 构件连接面检查

构件水平接缝(灌浆缝)基础面干净、无油污等杂物。高温干燥季节应对构件与灌浆料接触的表面做润湿处理,但不得形成积水。填写检查记录表。

(2)分仓、接缝封堵

分仓:采用电动灌浆泵灌浆时,单仓长度一般不超过 1 m。在经过实体灌浆试验确定可行后可延长,但不宜超过 3 m。仓体越大,灌浆阻力越大、灌浆压力越大、灌浆时间越长,对封缝的要求越高,灌浆不满的风险越大。采用手动灌浆枪灌浆时,单仓长度不宜超过 0.3 m。分仓隔墙宽度应不小于 2 cm,为防止遮挡套筒孔口,分仓隔墙距离连接钢筋外缘应不小于 4 cm。分仓时两侧须内衬模板(通常为便于抽出的 PVC 管),将拌好的封堵料充满模板,保证模板与上下构件表面结合密实,然后抽出内衬。分仓后在构件相对应位置做出分仓标记,记录分仓时间,便于指导灌浆。填写分仓检查记录表。

封缝通用要求:对构件接缝的外沿应进行封堵;根据构件特性可选择专用封缝料封堵、密封条封堵(必要时在密封条外部设角钢或木板支撑保护)或两者结合封堵;一定要保证封堵严密、牢固可靠,否则压力灌浆时一旦漏浆则很难处理。

用专用封缝料封堵:要按说明书要求加水搅拌均匀;封堵时,里面软管或 PVC 管加衬,填抹 1.5～2 cm 深(确保不堵套筒孔),一段抹完后抽出内衬进行下一段填抹;段与段结合的部位、同一构件或同一仓要保证填抹密实;填抹完毕确认干硬强度达到要求(常温 24 h,约 30 MPa)后再灌浆(图 6.14)。

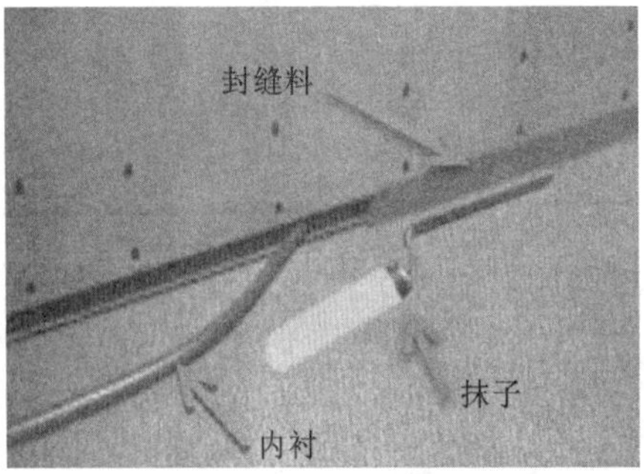

图 6.14 缝隙封堵做法示意

(3)灌浆料搅拌

① 制作灌浆料浆料

严格按本批产品出厂检验报告要求的水料比(比如 11%,即为 11 g 水+100 g 干料)用电子秤分别称量灌浆料和水。也可用刻度量杯计量水。先将水倒入搅拌桶,然后加入约 70%的料,用专用搅拌机搅拌 1～2 min 至大致均匀后,再将剩余料全部加入,再搅拌 3～4 min 至彻底均匀。搅拌均匀后,静置 2～3 min,使浆内气泡自然排出后再使用。灌浆料质量控制参数见表 6.13。

表 6.13 灌浆料质量控制参数

灌浆料质量控制参数		性能指标
流动度(mm)	初始	≥300
	30 min	≥260
抗压强度(MPa)	1 d	≥35
	3 d	≥60
	28 d	≥85

续表 6.13

灌浆料质量控制参数		性能指标
竖向膨胀率(%)	3 h	≥0.02
	24 h与3 h之差	0.02～0.5
氯离子含量(%)		≤0.03
泌水率(%)		0

② 灌浆料检验

a. 流动度检验

每班灌浆连接施工前进行灌浆料初始流动度检验，记录有关参数，流动度合格后方可使用；环境温度超过产品使用温度上限(35℃)时，须做实际可操作时间检验，保证灌浆施工在产品可操作时间内完成。

b. 同条件件抗压强度试块留置

根据需要在现场留置同条件抗压强度试块。制作试件前浆料也需要静置 2～3 min，使浆内气泡自然排出。试块要密封后现场同条件养护。

(4)灌浆

① 在正式灌浆前，逐个检查各接头的灌浆孔和出浆孔(图 6.15)内有无影响浆料流动的杂物，确保孔路畅通。

② 用灌浆泵(枪)从接头下方的灌浆孔处向套筒内压力灌浆。正常灌浆浆料要在加水搅拌开始 20～30 min 内灌完，以尽量保留一定的操作应急时间。

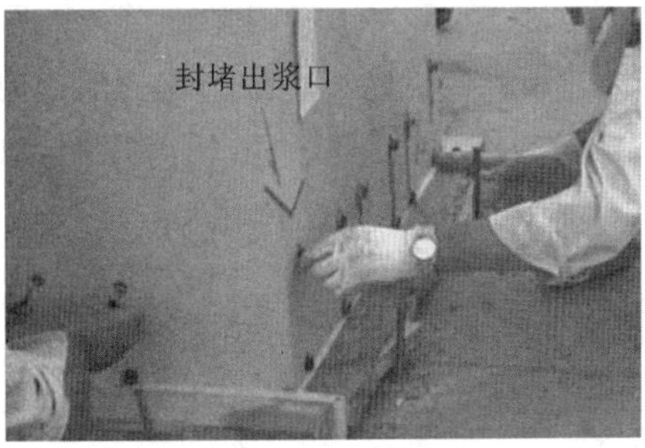

图 6.15 封堵出浆口图

③ 本工程预制剪力墙上增设一个出气孔，出气孔位置预留出了 50 mm 长的透明 PVC 软管，灌浆前将透明软管开口向上固定在墙体上。预制剪力墙若只一侧布置有透气孔，则从另一侧开始灌浆；若两侧都布置有透气孔，则从中间开始灌浆；灌浆套筒出浆孔灌浆料流出一定高度及透气孔出浆后方可停止灌浆。

(5)接头充盈度检验及灌浆施工记录

灌浆料凝固后，取下灌排浆孔封堵胶塞，检查孔内凝固的灌浆料上表面应高于排浆孔下缘 5 mm 以上。灌浆完成后，填写灌浆作业记录表。发现问题后的补救处理也要做相应记录。

根据现场实际需求优先选择 1 层浇筑完成后灌浆施工，也可吊装 2 层后再灌浆施工。

6.1.5.6 钢筋绑扎及混凝土浇筑

(1)钢筋绑扎

① 叠合板桁架作为后浇混凝土中的钢筋马镫使用，但应对其高度进行检查校正，确保上层钢筋位置准确。

② 钢筋绑扎时严禁用塔吊直接将整捆钢筋堆放至叠合板板面，防止叠合板产生裂纹。

③ 剪力墙(柱)的绑扎、水电预埋、模板安装与吊装工程分区穿插进行，在预制剪力墙吊装前，预制剪力墙两侧墙柱钢筋暂时不要绑扎和接筋。待预制剪力墙就位后再进行连接位置钢筋绑扎。模板安装前，预制剪力墙与现浇墙柱底部采用封堵料进行堵缝，防止混凝土浇筑时水泥浆渗入预制剪力墙底部(模板顶的标高应等于叠合板板底标高)。

(2)混凝土施工

① 叠合板混凝土浇筑时严禁将布料机放在叠合板上，应将布料机放在现浇板楼板部位(假如空间足够摆放布料机)，且楼板部位支撑加密，局部够不到的部位，采用塔吊配合进行叠合板部位的混凝土浇筑。

② 叠合构件混凝土浇筑时，不应移动预埋件的位置，且不得污染埋件外漏连接部位。

6.1.5.7 二次结构施工方案

二次结构砌体墙，水、电、暖井墙及单元隔墙采用加气混凝土砌块，正负零以上建筑内隔墙系统中采用蒸压加气混凝土 ALC 板材。

(1)砌筑工程

① 清扫基层找出墨斗线，做好砌筑的准备。

② 砌筑前先行试摆，不够整个砌块的使用半头砌块。

③ 铺砂浆，用瓦刀铺平砂浆，水平砂浆厚度控制在 1.5 cm(有配筋的水平缝 1.5～2.5 cm)，长度控制在一块砌块的范围内。

④ 把砌块平整的一面朝向正面，放在铺好的砂浆上。以准线校核砌块的位置和平整度，安装砌块时要防止偏斜及碰掉棱角，也要防止挤走已铺好的砂浆。要经常用托线板及水平尺检查砌体的垂直度和平整度，小量的偏差可利用瓦刀或撬棍拨正，较大的偏差应抬起后重新安放，同时要将原铺砂浆铲除后重新铺设。

⑤ 砌筑时应上下错缝，搭接长度不小于 150 mm。砌完两块以上的砌块以后，垂直缝灌缝人员应用内外临时夹板灌缝。竖直灰缝宽度不得大于 2.0 cm。

⑥ 灰缝应横平竖直，砂浆饱满。

⑦ 砌到接近上层梁、板底部时应留斜砌，留置时间不少于 7 d，用普通黏土砖斜砌挤紧，砖的倾斜度约为 60°，砂浆要饱满密实。

⑧ 完成一段墙体的砌筑以后，应将灰缝清理并将墙面和操作地点清扫干净，随手将灰缝勾抹好。

(2)主体构造柱、过梁施工

① 主体构造柱、过梁应严格按照设计和规范要求施工。

② 室内填充墙一般均应在门顶位置设置 200 mm 高钢筋混凝土过梁一道。

③ 锚拉筋设置：在砌马牙槎时，沿墙高每 500～600 mm 设 2ϕ6 水平拉接筋，通长设置。

(3)混凝土浇筑、振捣

① 构造柱根部施工缝处，在浇筑前宜先铺 5 cm 厚与混凝土配合比相同的水泥砂浆。

② 浇筑方法：用电梯将混凝土运到作业面并卸在铁盘上，再用铁锹灌入模内。

③ 浇筑混凝土构造柱时，先将振捣棒插入柱底根部，使其振动再灌入混凝土。应分层

浇筑、振捣，每层厚度不超过 60 cm，边下料边振捣，一般浇筑高度不宜大于 2 m，如能确保浇筑密实，亦可每层一次浇筑。

④ 混凝土振捣：振捣构造柱时，振捣棒尽量靠近内墙插入。振捣圈梁混凝土时，振捣棒与混凝土面应成斜角，斜向振捣，振捣板缝混凝土时，应选用 ϕ30 mm 小型振动棒。振捣层厚度不应超过振捣棒的 1.25 倍。

⑤ 浇筑混凝土时，应注意保护钢筋位置，专人检查模板、钢筋是否变形、移位；螺栓、拉杆是否松动、脱落；发现漏浆，及时派专人检修。

⑥ 表面抹平：圈梁混凝土每振捣完一段，应随即用木抹子压实、抹平。表面不得有松散混凝土。

⑦ 填写混凝土施工记录，现场取样制作混凝土试块。

6.1.6 施工进度计划

6.1.6.1 施工进度计划说明

根据招标文件以及综合公司施工能力，本工程工期确定为 731 日历天。为保证按此工程准时完工，公司将严格按项目管理规程组织施工，通过合理流水施工，调动全公司资源，确保投入足量的周转材料和先进的施工机械设备，利用公司各种优势资源，通过以下各措施的实施，确保按期保质完成工程建设任务。关键节点时间只可提前，不得延后。

(1)进度计划编制原则

施工进度网络计划是施工工期管理的重要措施，是确保施工总工期的前提和保障，是施工组织的重要内容，客观反映了施工组织设计工期管理的科学性和可行性。各种建筑材料、劳动力、机械设备、周转工具、各专业施工的组织，均以网络计划为主线展开，是确保工期的关键。为此，公司利用先进的计划软件，以及公司 OA 办公和项目管理系统，将施工现场计划与公司信息化平台互动，进行动态管理，施工现场进度动态及时传输到公司管理部门，及时优化施工计划，为工期管理服务，确保工期目标顺利实现。

为实现施工工期总目标，必须严格控制主要工序的施工工期，统筹安排，合理调整各工序的开始时间和结束时间。统筹考虑材料订货和进场、机械进出场时间，结合施工部署总要求，考虑劳动力平衡和施工强度均衡等因素，确保工期，按时完成施工任务。提高施工工效，保证各部位按计划移交。

(2)划分施工过程

主体施工阶段将每层作业面分为两个施工段，各工艺施工所需时间：预制外围护墙吊装调平每段 1 d，墙、柱钢筋绑扎与围护墙吊装作业互不影响，为同步施工，花篮式脚手架搭设每段 1 d，墙、柱模板与梁、板模板属于连续作业统称为模板支设，第一段 2 d，由于需要测量调平第二段 3 d，混凝土浇筑从铝模、顶板梁筋验收完成后开始共 1 d。标准层流水施工安排：组建吊装、钢筋、铝模板、混凝土、安装五个班组以 9 d 一个标准层进行流水施工。通过组织分段施工，优化工期、降低用工成本。

基础工程施工完成后开始进行主楼施工，正负零结构施工完成后将主体施工划分为两个施工段进行施工，包括围护墙吊装，墙柱钢筋绑扎，模板支设，叠合板吊装，梁板钢筋绑扎，混凝土浇筑等关键工序。穿插进行楼地面防水施工、脚手架搭拆等工作。

砌筑工程分为ALC隔墙板安装和传统砌筑，户内隔墙均使用ALC蒸压轻质混凝土板施工，其具有操作简单，施工进度快，预埋管线盒可避免后期开槽等优点。传统砌筑包括水、暖井位置，电井位置，电梯井道，入户门位置及户内门垛。砌筑工程在主体工程结束后开始施工，在保证墙板吊装作业不受影响的前提下，熟练操作班组4 d完成一层，依据楼层及工序搭接建筑物主要分为五部分。

6.1.6.2 施工进度计划和关键节点(表6.14)

表6.14 施工进度计划表

序号	工作名称	工期（工日）	计划开始	计划完成
1	正负零结构完成	50		
2	脚手架搭拆	70		
3	首层围护墙吊装、墙柱钢筋绑扎 2	1		
4	首层木模支设 2	3		
5	首层叠合板吊装 2	1		
6	首层梁、板钢筋绑扎 2	2		
7	首层围护墙吊装、墙柱钢筋绑扎 1	1		
8	首层木模支设 1	4		
9	首层叠合板吊装 1	1		
10	首层梁、板钢筋绑扎 1	1		
11	首层混凝土浇筑	1		
12	2层围护墙吊装、墙柱钢筋绑扎 2	1		
13	2层铝模安装 2	3		
14	2层叠合板吊装 2	1		
15	2层梁、板钢筋绑扎 2	1		
16	2层围护墙吊装、墙柱钢筋绑扎 1	1		
17	2层铝模安装 1	2		
18	2层叠合板吊装 1	1		
19	2层梁、板钢筋绑扎 1	1		
20	2层混凝土浇筑	1		
21	3层围护墙吊装、墙柱钢筋绑扎 2	1		

续表 6.14

序号	工作名称	工期（工日）	计划开始	计划完成
22	3 层铝模安装 2	3		
23	3 层叠合板吊装 2	1		
24	3 层梁、板钢筋绑扎 2	1		
25	3 层围护墙吊装、墙柱钢筋绑扎 1	1		
26	3 层铝模安装 1	2		
27	3 层叠合板吊装 1	1		
28	3 层梁、板钢筋绑扎 1	1		
29	3 层混凝土浇筑	1		
30	1～3 层楼地面及外墙防水	10		
31	22# 4～6 层主体结构施工	27		
32	4～6 层楼地面及外墙防水	10		
33	22# 7～9 层主体结构施工	27		
34	施工电梯安装	5		
35	7～9 层楼地面及外墙防水	10		
36	22# 10～12 层主体结构施工	27		
37	10～12 层楼地面及外墙防水	10		
38	22# 13～15 层结构施工	27		
39	13～15 层楼地面及外墙防水	10		
40	16 层围护墙吊装、墙柱钢筋绑扎 2	2		
41	16 层铝模安装 2	3		
42	16 层叠合板吊装 2	1		
43	16 层梁、板钢筋绑扎 2	1		
44	16 层围护墙吊装、墙柱钢筋绑扎 1	2		
45	16 层铝模安装 1	3		
46	16 层叠合板吊装 1	1		
47	16 层梁、板钢筋绑扎 1	1		
48	16 层混凝土浇筑	1		
49	出屋面结构	10		
50	16 层楼面防水	3		

续表 6.14

序号	工作名称	工期（工日）	计划开始	计划完成
51	屋面保温、防水	15		
52	13～16 层 ALC 隔墙板安装	16		
53	10～12 层 ALC 隔墙板安装	12		
54	7～9 层 ALC 隔墙板安装	12		
55	4～6 层 ALC 隔墙板安装	12		
56	1～3 层 ALC 隔墙板安装	12		
57	13～16 层砌筑	3		
58	10～12 层砌筑	3		
59	7～9 层砌筑	3		
60	4～6 层砌筑	3		
61	1～3 层砌筑	3		
62	13～16 层石膏粉刷	12		
63	10～12 层石膏粉刷	9		
64	7～9 层石膏粉刷	9		
65	4～6 层石膏粉刷	9		
66	1～3 层石膏粉刷	9		
67	分包装饰装修配合	90		
68	竣工验收	30		

6.1.6.3 施工进度计划网络图

施工进度计划网络图（略）。

6.1.7 施工平面布置

为了充分利用施工现场的空间，根据工程的实际情况及各个阶段的施工特点，进行了合理的平面布置。

在施工现场周边进行全封闭围挡并对围挡实施美化。现场总平面布置是按照国家、××省和××市现有建筑安装工程施工的有关法律和规定，针对工程的施工特点和布局进行绘制。

6.1.7.1 施工平面布置依据

本工程施工投入的人力、物力、机械较多，各工种需穿插进行。为了保证场内交通顺畅和工程安全、文明施工，减少现场材料、机具二次搬运，避免污染环境，需对现场平面进行科学、合理的布置。

总平面布置依据、原则、内容见表6.15。

表6.15　总平面布置依据、原则、内容一览表

序号	项目	内容
1	总平面布置依据	(1)国家、省和市有关施工规定、规程及安全文明施工标准和规定。 (2)业主提供的用地范围、水电接驳点位置、施工图纸。 (3)建筑平面图、基础施工平面图和各立面图。 (4)现场红线、临界线,以及现场勘察成果,总进度计划、总体部署、安全文明施工及环境保护要求
2	平面布置原则	(1)遵循平面分区原则:办公区、加工区和施工区分开布置;生活区在建筑红线外布置; (2)遵循立体分段原则:根据进度分为地下室底板、地下室结构、裙房结构、主体结构、装修插入等阶段; (3)集中管理布置原则:场地由总包单位统一划分布置,统一协调和管理; (4)合理高效利用原则:充分利用现有的施工场地,减少场内二次搬运; (5)专业工种分区原则:按专业、工种划分施工用地,避免用地交叉、相互干扰; (6)安全文明施工原则:现场布置符合相关安全文明施工技术规范的要求; (7)主要工序优先原则:优先满足钢材运输、吊装和混凝土浇筑运输组织的要求; (8)保证基坑安全原则:基坑施工阶段,控制基坑边堆场荷载,确保基坑支护安全; (9)道路畅通原则:保证场内交通运输畅通和人行通道的畅通; (10)灵活机动原则:根据工序的插入及时、合理地调整场地布置,以满足施工需要
3	总平面布置内容	(1)现场围墙、道路以及工地大门; (2)现场机械、设备及仓储布置; (3)现场临时设施、原材料堆场、加工场和库房; (4)现场办公区、场外生活区; (5)现场临时供水、现场临时供电、排污、消防等设施

6.1.7.2　施工平面布置的具体要求

(1)现场布置

现场办公用房及工具、材料仓库房等应按施工平面布置图布置。

(2)临时用水管道铺设

本工程临时用水主要用于结构施工时的清洁、养护用水。为满足施工需要,在工程的东侧布置临时用水管道,并沿围挡引入施工现场。施工用水管道沿工程施工外围埋设,埋设深度300 mm。

为保证施工阶段现场及主体结构的消防安全，结构内部和现场按消防要求，布设消防水池和消防立管。现场设置消防用水加压泵房，专设支路供水。

(3)施工临时用电线路的布置

施工现场从建设单位指定地点引入的动力电采用五芯电缆沿临时道路边缘设多级配电箱后接通至生产场地。生产、生活场地内的电源采用埋地三相五线电线接到设备，并沿线缆做好标记。另外，配备250 kW发电机，作为应急配电，紧急时接入统一的配电房，保证应急的生产、生活用电。

自配电柜引出线路，布向施工作业面。机电设备均设一机一闸一保护。

(4)场区施工道路

为保证雨季施工道路畅通和文明施工，场区内沿基坑临边防护外侧设排水沟，流水坡向场区路面，施工污水排入现场沉淀池内，沉淀后排入污水井内，以保证施工场区内无积水。在车辆进出口处，设车辆冲洗台，便于冲洗车轮上的砂浆、混凝土及灰尘，确保不污染环境。

(5)场区地面硬化

进场后按施工平面规划，修筑与施工主干道相连的施工主要通道以及各种辅助便道，同时对加工区及办公区场地进行硬化。

施工现场场地硬化标准：施工生产和生活场地内的道路、场地进行硬化处理。硬化场地及路面应控制好标高，确保表面坡度，做到场内排水畅通，无积水现象，并在整个施工过程中加以维护。

6.1.7.3 现场管理

(1)生产设施

钢筋加工场地：本工程钢筋工程采取现场集中加工成型、现场绑扎的施工方法。考虑钢筋工程是本工程主要的现场加工项目，为此，在建设单位提供的施工用地内合理布置钢筋加工场地和钢筋堆场，并根据需要进行调整。

钢筋加工场地设在现场靠近施工区，分为钢筋堆放、钢筋加工棚、调直场地及半成品堆场，各类钢材按不同规格堆放整齐，并设置标识牌。

钢筋加工棚用型钢定型加工，上盖彩钢板，内设切断机、弯曲机、对焊机及加工操作平台。钢筋场地的地面硬化方法为浇筑10 cm厚C15混凝土面层。

为了保证施工期间的正常供电不因临时停电而造成施工中断，现场设置250 kW柴油发电机组作为应急备用电源。

模板加工及钢管堆放场地：设置在靠近施工区两侧。模板加工、堆放场地：主要用于木材堆场。木加工棚内设平刨、压刨、圆盘锯等。

钢管堆放场地：主要用于钢管分类堆放和调直加工，设置在施工区附近。

安装设备堆场：施工前期安装的设备和配件较少，主要为施工预留、预埋配件的加工堆放场地，施工场地布置在周转工具堆场内。

(2)办公设施

本工程采取集中办公的形式，以便于施工统筹协调。办公区主要设施有：项目部办公室、会议室等。

办公区与生产加工区采取隔离布置以便于管理。

办公室内统一配备办公桌椅，会议室面积不小于 60 m^2。会议室配备必要的会议桌椅、写字板、投影设备以及照明、电源、网络等。

所有为本工程设置的职工宿舍，严格按照公司规定进行管理，达到文明施工标准。

(3)施工机械布置

施工期间的机械主要有塔吊、施工电梯、输送泵、钢筋加工机械、木工加工机械等。

汽车吊装机械以流动为主，根据工程进度安排，有计划地进、退场，不长时间占用场地。钢筋加工机械、木工加工机械布置在建设单位指定施工用地内，用塔吊吊运至操作地点。塔吊采用 T7020-12E 型塔吊，最大起重量为 12 t，工作半径为 40 m，塔吊与主楼采用连接附着，塔身中心距外墙 3.5m。对拟建工程进行全覆盖作业，施工电梯布置在主楼中间单元西侧全混凝土井道内，通过预留孔洞对施工电梯进行提升。混凝土输送泵应根据作业的进度移动，以利于浇筑混凝土。

(4)施工平面管理

为了保证施工现场按照施工进度计划有条不紊地组织施工，现场平面使用必须进行统一的管理，由项目经理负责施工现场总平面的布置，根据进度计划安排的施工内容实施动态管理。

在工程实施前，制订详细的大型机具使用及进(退)场计划，主材及周转材料生产、加工、堆放、运输计划，同时制订以上计划的具体实施方案并严格执行，实施科学文明管理。

根据工程进度计划的实施调整情况，分阶段发布平面管理实施计划，包含时间计划表、责任人、执行标准、奖罚条例，在计划执行中不定期召开生产调度会，经充分协调确定后，发布计划调整书。生产技术部负责组织阶段性的定期检查监督，确保平面管理计划的实施。其重点保证项目是：安全用电、场区内道路，给排水系统，垂直运输、料具堆放场地管理，机具、机械进(退)场情况，以及施工作业区域管理等。

在工程进度网络计划的基础上形成主材、机械、劳动力的进(退)场、运输等计划，以确保工程进度、充分均衡利用平面空间为目标，制订出切合实际的平面管理实施计划。并将计划输入电脑，以便于开展有效的动态管理。

管理措施：

① 统一布局：严格按照施工平面布置图的规划进行临时设施、施工机械的布置。

② 统一调度：根据施工过程和不同施工阶段的需要，由项目经理部统一协调、调度、使用施工场地。

③ 统一标识：凡进入施工现场的材料、设备必须按平面图要求堆放、安装，并按公司程序文件的管理规定统一标识。

④ 统一悬挂标牌：现场主要入口处按要求悬挂规章制度、安全警牌、文明施工条例、工程简介等。

(5)施工平面布置图

施工平面布置图(略)。

6.1.8 各项保证体系和管理措施

6.1.8.1 质量管理组织机构与保证措施

(1)质量管理组织机构(图 6.16)

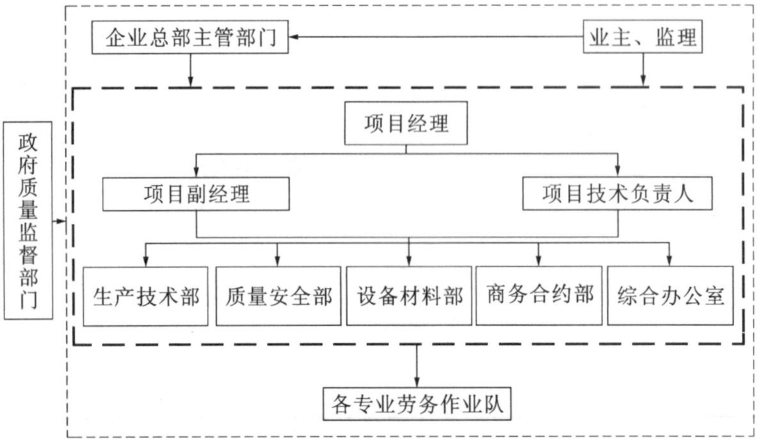

图 6.16 质量管理组织机构

(2)质量管理制度及内容、措施等(表 6.16、表 6.17、表 6.18)

表 6.16 质量管理制度

序号	制度名称	制度内容
1	工程质量承包负责制度	拟定工程质量责任状,充分调动项目经理部全体管理人员及班组成员的工作积极性
2	图纸会审技术交底制度	生产技术部组织项目相关人员进行图纸审核、做好图纸会审记录,协助建设单位、设计单位做好设计交底工作,解决图纸中存在的问题,并做好记录。 编制有针对性的施工组织设计,积极采用新工艺、新技术,针对特殊工序要编制有针对性的作业指导书。每个工种、每道工序施工前要组织开展各级技术交底,包括项目工程师对工长的技术交底,工长对班组的技术交底,班组长对作业班组的技术交底。各级交底以书面形式进行。因技术交底不清而造成质量事故的要追究有关部门和人员的责任
3	材料进场检验制度	钢筋、水泥及各类材料进场,均需具有出厂合格证,并根据国家规范要求分批进行抽检,抽检不合格的材料一律不准使用,因使用不合格材料而造成的质量事故要追究验收人员的责任
4	样板引路制度	施工操作注重工序优化、工艺改进和工序标准化操作,通过不断探索和积累必要的管理和操作经验,提高工序的操作水平,确保操作质量
5	施工挂牌制度	各工种(如钢筋、混凝土、模板、砌筑、抹灰及水电安装等)施工过程中,应在现场实行挂牌制,注明管理者、操作者、施工日期,并做相应的图文记录,作为重要的施工档案保存,因现场不按规范、规程施工而造成质量事故的要追究有关人员的责任

续表 6.16

序号	制度名称	制度内容
6	“三检”制度	实行自检、互检、交接检制度，自检要做文字记录。隐蔽工程要由工长组织项目技术负责人、质量员、班组长检查，并做出较详细的文字记录
7	质量否决制度	不合格的分项、分部和单位工程必须进行返工。不合格的分项工程若流入下道工序，则要追究班组长的责任，不合格的分部工程若流入下道工序，则要追究工长和项目经理的责任，不合格工程若流入社会则要追究单位经理和项目经理的责任，有关责任人员要针对出现不合格原因采取必要的纠正和预防措施
8	质量例会、讲评制度	由项目技术负责人组织每周质量例会和每月质量讲评。对质量好的予以表扬，对需整改的限期整改，在下次质量例会时逐项检查是否彻底整改
9	质量保证金制度	项目部配备一定数量的资金作为项目质量保证金，以保证科技进步技术攻关和施工质量奖励的实现

表 6.17 施工工序的质量控制措施

序号	项目	内　　容
1	全过程全天候跟踪监控	项目部派出责任工程师，对过程质量展开全过程、全天候的监督与认可，凡达不到质量标准的不予签证，并责成期限整改
2	抓住关键过程进行质量控制	根据施工进度节点，突出重点，抓住关键过程进行质量控制。为了控制关键过程的工程质量，编制详细的施工方案，组织质量技术交底，下达作业指导书，对施工全过程实施质量检验。加强对关键过程的检查和监督，使关键过程的施工质量始终处于受控状态
3	接受工程监督、进行督促整改	在自检的基础上，必须通过监理工程师检验签字认可后，方可进入下一道工序安装或施工。对监理单位在监理过程中开具的施工安装不符合设计要求、施工技术标准和工程合同约定，或者存在的测量、质量、安全等隐患方面的整改通知，项目部予以及时落实、跟踪和督促相关人员限时予以整改，直至监理验证签字认可为止
4	过程检验	在施工过程中首先要抓好过程检验。其次是进行分项分部工程的质量复验，在自检的基础上，对分项分部工程的质量进行复验认可；对隐蔽工程采取连续或全数的检验和试验方法，对隐蔽工程验收记录进行复验认可，并在监理核验签证后方可进入下道工序施工；组织主要分部工程质量等级的核验。项目部制订基础、结构和装饰工程质量的核验计划并报质监站，当上述分部工程分阶段完成时，经自检、复验、监理验收签证后，由质监站组织人员前来进行质量等级的检验
5	产品保护进行系统管理	对已完成并形成系统功能的产品，经项目部验收后，即组织人力、物力和相应的技术手段进行产品保护，直至形成最终产品交付建设单位使用为止

(3)施工阶段性的质量控制措施

表 6.18　施工阶段性的质量控制措施

序号	阶段	内　容
1	事前控制	① 事前控制是在正式施工活动开始前进行的质量控制，事前控制是先导。事前控制主要是建立完善的质量保证体系、质量管理体系，编制《质量保证计划》，制定现场的各种管理制度，完善计量及质量检测技术和手段。对工程项目施工所需的原材料、半成品、构配件进行质量检查和控制，并编制相应的检验计划。 ② 进行设计交底、图纸会审等工作，并根据本工程特点确定施工流程、工艺及方法。对本工程将要采用的新技术、新工艺、新材料均审核其技术可靠性及运用范围。检查现场的测量标桩、建筑物的定位线及高程水准点等。
2	事中控制	事中控制是指在施工过程中进行的质量控制，是质量控制的关键。主要有： ① 完善工序质量控制，把影响工序质量的因素都纳入管理范围。及时检查和审核质量统计分析资料和质量控制图表，抓住影响质量的关键问题进行处理和解决。 ② 严格工序间交换检查，做好各项隐蔽验收工作，加强交检制度的落实，对达不到质量要求的前道工序绝不交给下道工序施工，直至质量符合要求为止。 ③ 对已完成的分部分项工程，按相应的质量验收标准和办法进行检查、验收。 ④ 审核设计变更和图纸修改。同时，如施工中出现特殊情况，隐蔽工程未经验收而擅自封闭，掩盖或使用无合格证的工程材料，或擅自替换工程材料等，技术负责人有权向项目经理建议下达停工令
3	事后控制	事后控制是指对已施工完的产品进行质量控制，是弥补。按规定的质量验收标准和办法，对完成的单位工程、单项工程进行检查验收。整理所有的技术资料，并编目、建档。在保修期间，我方将依据保修合同与承诺，本着“对用户服务，向建设单位负责，让用户满意”的态度，采取有效的制度与措施，以优质、迅速的维修服务维护用户的利益

(4)实测实量

① 配备2套以上的测量仪器，并将实测小组名单和仪器目录报建设单位项目部备案。实测实量小组操作成员必须为专职人员，不得兼职。

② 对自身承包范围内的工程必须进行100%实测。实测数据每周上报一次，并保留原始记录，以备查验。

③ 在工程部位具备测量条件后3 d内完成实测工作，未经实测的部位不得进行隐蔽和修补，需要修补的部位需上报方案，经审批合格后方可实施。

质量检查三检制见表6.19。

表 6.19　三检制

序号	项目	内　容
1	自检	即某一工序完成后，按照施工规范及质量验评标准，首先由该工序班组长组织作业人员对本工序质量进行自查自纠，完成后填写工序自检记录，通知交接检

续表 6.19

序号	项目	内　　容
2	交接检	接交接检通知后，由工序班组长组织相关人员对即将被隐蔽覆盖的上一工序的质量进行监督检查，确认不存在影响本工序施工的不合格质量因素后，通知专检
3	专检	在完成工序自检、交接检，接到专检通知后，由项目技术质量部组织相关人员进行工序质量专项检查，发现问题并督促整改；整改复核合格后报请监理验收并完成隐蔽工程验收记录的填写、签字工作，归档妥善保存

6.1.8.2　安全管理体系与保证措施

(1)安全管理保证体系(图 6.17)

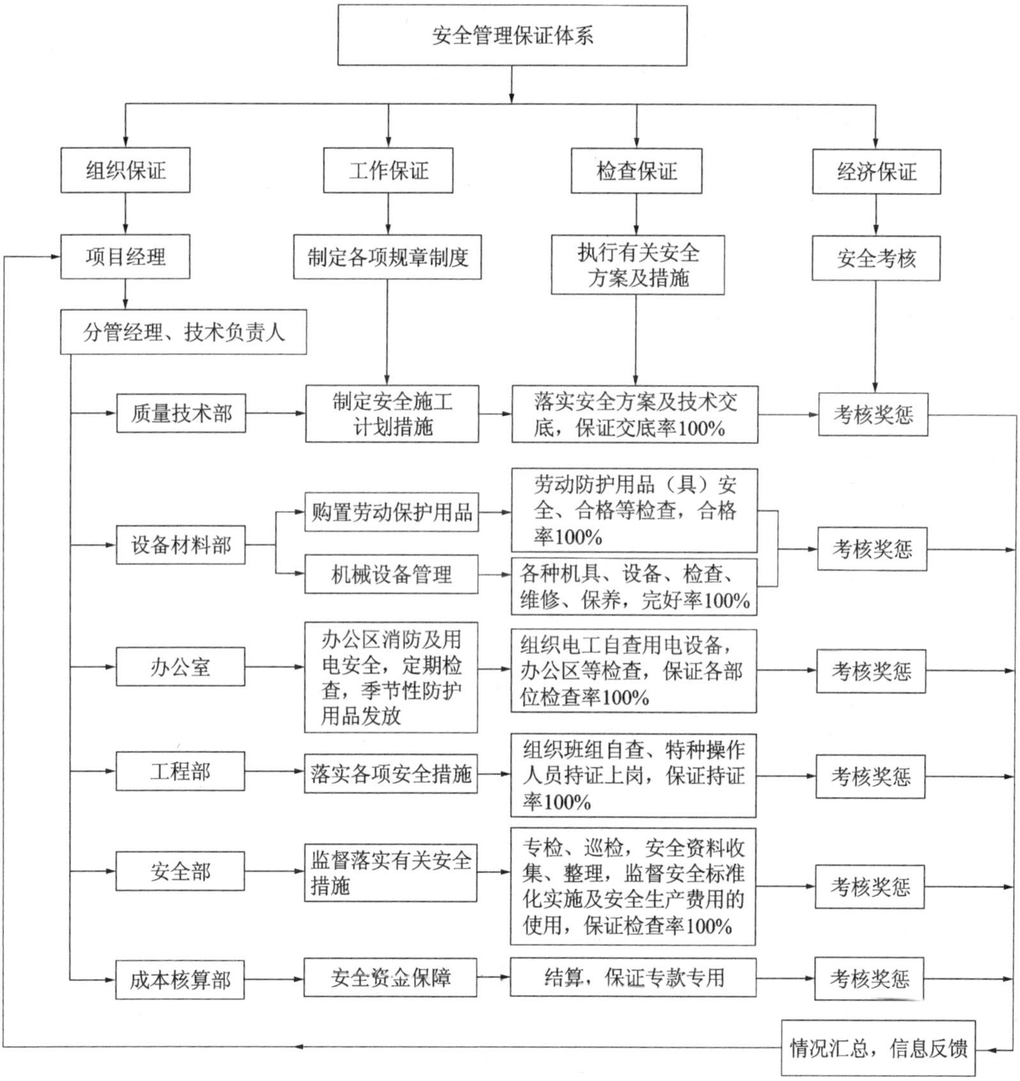

图 6.17　安全管理保证体系图

(2)安全管理措施

① 主体结构施工时,采用落地式脚手架和附着式升降脚手架,架体外侧均设钢板网防护。主体混凝土结构施工完成后,楼层临边用栏杆防护,防护栏杆采用钢管高度为 1.2 m,均涂黄黑警告标志。

② 楼梯施工中,在没有安装正式栏杆之前,必须安装临时防护栏杆,栏杆用钢管警示杆搭设,顺楼层升高而延伸。

③ 电梯井口每隔两层在井道内搭设硬质防护,各层电梯井门装铁栅门进行封闭,高度同电梯井口高度。

④ 对于新技术、新材料、新工艺、新设备的使用,在制定技术操作规程的同时,必须制定相应的安全操作规程。结构用的里(外)脚手架,使用荷载不得超过 2.6 kN/m^2。

⑤ 加强安全生产教育

建立健全安全生产教育培训制度,对施工人员加强安全教育,贯彻"安全第一"的思想,加强安全防范意识,是安全施工的第一保证。

⑥ 人员进出场防控措施

进出场人员登记全覆盖。严格进出场管理,实行实名制考勤,对进场人员进行每日登记,建立一人一档,出场去向做好登记备案工作。

⑦ 施工现场防控措施

建设单位、监理单位、施工总承包单位要从严落实疫情防控主体责任,进一步细化疫情防控方案和应急预案,明确工作职责,健全完善应急处置机制,对重点人群、重点场所、重点区域进行从严管控、全面排查,坚决阻断施工现场疫情传播扩散。

⑧ 施工现场人员都要佩戴口罩,做好个人防护措施;分散开展班前教育、技术交底等活动,减少人员聚集。

⑨ 对施工现场人员进行新型冠状病毒感染的肺炎相关知识的宣传教育。

⑩ 在施工现场显著位置张贴卫生防疫宣传标语、宣传画,提高现场人员的防控意识,自觉做好自身防护。

⑪ 每日对施工现场及其他人员活动场所消杀三次,并建立消杀记录。

⑫ 做好垃圾分类,严格按照卫生防疫要求处置废弃口罩等医用防护用品垃圾。

⑬ 巡查发现外省归来的施工人员,立即进行自我隔离不少于 14 d,无异常症状方可进行作业施工。

6.1.8.3 确保环境、文明施工的组织措施

(1)环境、文明施工管理措施

① 场区进行文明施工规划

结合现场平面布置,对场区进行合理的规划,既能满足工程需要,又能便于管理、便于交通;各种功能区域明确。场区围墙采用标准化围挡。工地进场大门必须实行人车分流,并安装人脸识别门禁系统、环境监测系统、转笼门、测温门、视频监控系统、通道管理系统、考勤系统、图像对比、LED 屏显示等设施。合理规划临时建筑物、道路及场区上下水管道,保证施工期间场区无积水,确保施工场区内整洁。现场施工用的材料要规划成区,用砌体

或警示栏杆区分开,并且要摆放整齐,明码标识。职工食堂要求宽敞明亮,有排烟口(换气扇),入门有纱门,所有窗有纱窗,有冷藏设施,生熟分开,食物有纱罩覆盖,灶台、墙裙及案板墙要求贴瓷片。同时要求保证无苍蝇、无鼠洞。在场区距宿舍一定范围内建水冲式厕所,厕所墙裙、隔墙、大小便池要求贴瓷片,厕所要求通风、照明良好,设专人对厕所进行卫生管理。保证厕所无积水,夏天无苍蝇,厕所垃圾及时得到清理。

② 建立环境保护管理体系

严格遵守文明施工有关管理规定,认真落实施工扬尘治理各项措施,做到施工现场8个100%(即工地打围100%、喷淋降尘100%、裸土(物料)覆盖100%、道路硬化100%、湿法作业100%、车辆冲洗100%、密闭运输100%、在线监测100%),全过程实现"绿色施工"。制定减少扰民、降低噪声、降低环境污染管理体系等措施。

6.1.9 进度(工期)保证措施

6.1.9.1 排除影响施工进度的因素

项目经理部的外层关系单位,对项目施工活动的密切配合与支持,是保证项目施工按期顺利进行的必要条件。若其中任何一个单位,在某一个环节上发生失误或配合不够,都可能影响施工进度。如材料供应、运输、通信、供水、供电、分包等单位没有达到合同规定的时间要求或质量数量要求,都将会使进度、工期拖后或停顿。对于这类原因,项目经理部应以合同形式明确双方协作配合要求,在法律的保护和约束下,尽量避免或减少损失。

项目经理部的活动对于施工进度起决定性作用。若其工作失误,如施工组织不合理、人力、机械设备调配不当,施工技术措施不当,质量不合格引起返工,与外层相关单位关系协调不善等都会影响施工进度。因此,应以高水平的管理人员、技术人员组建项目经理部,选择高素质的作业层进入现场。

6.1.9.2 施工进度控制的措施

① 组织措施:建立进度实施和控制的组织系统。订立进度控制的工作制度、检查时间、方法,召开协调会议的时间、参加人员等;落实各层次进度控制的人员、具体任务和工作职责;按施工项目的组成、进展、合作分工等分解总进度计划,确定其进度目标,建立进度控制目标体系。

② 技术措施:通过技术创新加快施工进度,保证在施工进度向前调整后,仍能如期竣工。

③ 经济措施:按进度计划保证资金的需求。

④ 信息管理措施:建立监测、分析、调整、反馈进度实施过程的信息流动程序和信息管理工作制度,以实现连续地、动态地全过程进度目标控制。

⑤ 加强施工进度计划的控制

进度计划是指导项目施工,实现工期目标的有效控制手段,可以采用网络计划、月计划、周计划等。计划编制要科学合理,要加强检查和调整;要加强施工准备工作,做好生产要素的合理配置;严格执行施工规范和施工组织设计;要组织高素质的施工作业队伍,并保持稳定,与劳动队伍签订的劳动合同中,要明确工期与质量、安全目标,并制定奖罚办法;要加强机具的保养,保证机具的完好率;要保证材料按时、按质、按计划进场,避免发生停工待料或因材质不合格而影响施工的情况;要加强工程质量管理,避免质量不合格造成返工而影响工期;要加强安全生产,文明施工,施工中要导入 CI 形象,按规范组织施工;要保证工程正常运行所需资金,这要求得到建设方的支持;要经常召开生产调度会,解决存在的问题,确保总目标的实现。

6.1.9.3　施工进度控制目标体系

在施工活动中,通过对分部分项工程的施工着手实行进度控制,并以此来保证单项工程(或阶段工程)进度控制目标的实现,最终实现总进度目标。因而需要将总进度目标进行一系列的、从总体到细部、由高层次到基础层次的分解,一直分解到施工现场可以直接调度控制的分部分项工程或工序的施工为止。在分解中,每一层次的进度控制目标都限定了下一级层次的进度控制目标,而较低层次的进度控制目标又是较高一级层次进度控制目标能够实现的保证,于是就形成了一个自上而下层层约束,由下而上级级保证,上下一致的多层次的进度控制目标体系。

6.1.9.4　施工进度控制过程

项目经理部建立进度实施、控制的科学组织系统和严密的工作制度,依据施工进度控制目标体系,对施工的全过程进行系统控制。进度实施系统发挥监测、分析职能并循环运行,即随着施工活动的进行,信息管理系统不断地将施工实际进度信息,按信息流动程序反馈给进度控制者,经过统计整理、比较分析后,确认进度执行无偏差,则系统继续运行;一旦发现实际进度与计划进度有偏差,系统将发挥调控职能,分析偏差产生的原因,及其对后续施工和对总工期的影响,必要时,可利用进度控制目标留有余地的弹性特点,对原计划进度做出相应的调整,提出纠正偏差方案和实施的技术、经济、合同的保证措施,以及取得相关单位支持与配合的协调措施,确认切实可行后,将调整后的新进度输入进度实施系统,施工活动继续在控制下运行。当新的偏差出现后,再重复上述过程,直到施工项目全部完成。

6.1.9.5　施工进度计划调查、整理、对比分析

采用逐日进度报表、作业状况报表、现场实地检查方法等对施工全过程进行跟踪检测、收集信息。将调查资料整理加工成与施工进度计划具有可比性的、反映实际施工进度的资料。将施工实际进度与计划进度对比,计算出计划的完成程度与存在的差距,并经常结合与计划表达方法一致的图形进行对比分析。

6.1.9.6　有效地使用施工进度计划

通过检查发现施工进度发生偏差后,判断偏差对总工期和后续工作的影响,并依据施工工期要求提出处理意见,在必要时做出调整。每次检查之后都要及时调整,力争将偏差在最短期间内,在所发生的施工阶段内自行消化、平衡,以免造成太大影响。在原网络计划的基础上,不改变工作间的逻辑关系,而是采取必要的组织措施、技术措施和经济措施,压缩后续工作的持续时间,以弥补前面工作产生的负时差。

6.1.10　节能减排、绿色施工、工艺创新

6.1.10.1　节能减排、绿色施工的意义

（略）

6.1.10.2　节能减排、绿色施工的管理目标

节能减排、绿色施工的主要控制目标见表 6.20。

表 6.20　主要控制指标

序号	名称		目　　标
1	工程质量		达到“合格”标准，争创“省优”
2	安全目标		“省级安全文明工地”
3	环境保护	扬尘控制	无风时，土方工程：目测扬尘高度低于 1.5 m；结构、安装与装饰作业：目测扬尘高度低于 0.5 m
		噪声控制	昼间低于 70 dB、夜间低于 55 dB
		光污染控制	无居民投诉
		污水控制	达到××市城市排水管理条例要求
		建筑垃圾控制	建筑垃圾进行分类管理、无害化处理
4	节材与材料资源利用		材料实际损耗率降低 30%
5	节水与水资源利用		节水器具配置比率达到 80%，实际用水量节约 30%
6	节能与能源利用		实际用电量节约 10%
7	节地与施工用地保护		临时设施占地面积有效利用率大于 90%。对临时在用土地，施工完成能恢复原貌

6.1.10.3　节能减排、绿色施工的具体措施

（1）组织机构图（图 6.18）

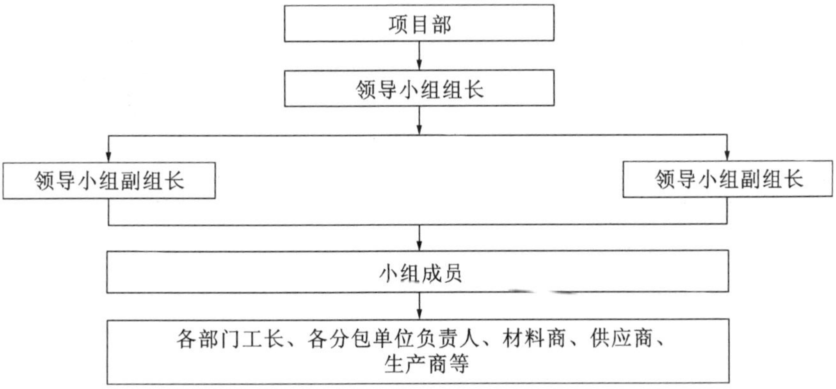

图 6.18　绿色施工组织机构图

(2)扬尘控制

① 现场内场施工道路硬化,裸露土体的地方种植草皮。

砌筑用砂子等进场后,临时用密目网进行覆盖,控制一次进场量,分批进入,减少散发面积。用完后扫清干净。运土坡道要注意覆盖,防止扬尘。

② 在现场设置封闭式垃圾站。施工垃圾用塔吊吊运至垃圾站,对垃圾按无毒无害可回收、不可回收、有毒有害可回收分类存放,并选择有垃圾消纳资质的承包商外运至规定的垃圾处理场。

③ 齿锯切割木材时,在锯机的下方设置遮挡锯末挡板,使锯末在内部沉淀后回收。用水钻进行钻孔,在下方设置疏水槽,将浆水引至容器内沉淀后处理。

④ 大直径钢筋采用直螺纹机械连接,减少焊接所产生废气对大气的污染。大口径管道采用沟槽连接技术,避免焊接释放的废气体对环境的污染。

⑤ 常温干燥气候施工期间,每天派专人洒水,将集水池内的水抽至主要淋湿路面,施工区域采用塔吊喷淋,围挡采用喷雾降尘。

⑥ 结构施工期间,采用大型吸尘器对模板内的木屑、废渣进行清理,防止灰尘的扩散,并避免影响混凝土成型质量。

⑦ 现场周边可利用大型广告牌等构筑物设置围墙围栏,既挡噪声又挡粉尘。由于有围墙在城市绿化带上,在围墙施工期间应尽量减少对绿化带的破坏,保持其原始形态。

⑧ 保证运土车、垃圾运输车、大型货物运输车辆运行状况完好,表面清洁。散装货车箱带有可开启式翻盖,装料至盖底为止,限制超载。挖土期间,在车辆出门前,在冲刷口派专人清洗泥土车轮胎;运输坡道上可设置钢筋网格或基层废旧密目网振落轮胎上的泥土。

6.1.10.4 工艺创新

本工程选用制作、安装、拆除一体化的专业队伍进行模板工程施工工艺创新,广泛应用新技术、新工艺、新产品、新材料"四新"成果,充分发挥科技在施工生产中的先导、保障作用。

6.2 高层建筑施工组织设计实例(主体部分)

6.2.1 编制说明及依据

课程思政素材

6.2.1.1 编制目的及原则

(1)编制目的

科学、严密的施工组织设计是确保工程的质量、控制施工进程以及减少工程投资的重要保证,需符合本项目相关环境、人文情况等各方面的需求,突出因地制宜,对各施工方案具有针对性的兼顾,从而使××家园高层住宅楼施工组织项目更经济、更环保、更高效,以达到多方收益的目的。

(2)编制原则

建筑施工组织设计应当按照工程建设程序进行编制,并遵守以下原则:

① 实施建筑节能与绿色建筑的技术与管理措施；

② 积极开发、应用新工艺、新材料、新设备；

③ 遵循科学的施工程序以及合理的施工顺序，合理配置资源，制定场地布置图，并采用分段流水施工以及施工进度网络图等方法，合理布置现场并注意采取冬雨季施工措施；

④ 符合施工合同或招标文件中有关工程进度的要求，满足工程进度、成本等方面的需求；

⑤ 满足质量管理体系、环境管理体系和职业健康安全管理体系这三大管理体系要求。

6.2.1.2 编制依据

(1)施工设计图纸。

(2)主要质量验收规范及施工标准

本项目主要采用最新的质量验收规范和施工标准，严格按照标准和规范的要求进行(表6.1、表6.2、表6.3)。

6.2.2 工程概况

6.2.2.1 项目主要情况

(1)工程建设概述。

① 工程名称：××家园高层住宅楼。

② 监理单位：××监理有限公司。

③ 建设单位：××房地产开发有限公司。

④ 设计单位：××建筑设计规划有限公司。

⑤ 施工单位：××建设工程集团公司××分公司。

建筑功能为住宅。地下1层，地上18层，地下层高：负1层5.30 m，地上层高：1～18层2.9 m，建筑总高度52.50 m。室内外高差0.30 m。地下建筑面积为596.90 m^2、地上建筑面积为11745.80 m^2、总建筑面积12342.70 m^2。地下室防水等级二级，4 mm厚SBS高聚物改性沥青防水卷材。地下室耐火等级为一级，主楼耐火等级为二级。

(2)工程结构概况

建筑结构形式为剪力墙结构。建筑结构安全等级：二级。CFG桩复合地基，筏板基础，特征周期值为0.45 s，抗震设防烈度为6度，设计使用年限为50年。屋面防水等级为一级。混凝土强度等级：基础顶至−0.050 m的剪力墙、柱、梁、板的混凝土强度采用C35，以上均为C30，楼梯、雨篷及装饰构架：随楼层梁板，构造柱、过梁、圈梁：C25，后浇带混凝土强度等级：C40。使用加气混凝土砌块、水泥砂浆等材料。

6.2.2.2 项目主要施工条件

(1)工程地质概况

本工程依据××工程勘察设计院提供的《××家园地质勘察报告》进行设计。拟建场地地貌类型为黄淮河冲积平原。本工程场地位于××市陇海路与解放路交汇处，拟建场地地形较平坦。场地内地层的工程地质特征见表6.21。

表 6.21　场地自上而下地层分布情况

地层编号	地层名称	层厚(m)	承载力特征值(kPa)	压缩模量(MPa)
1	粉质黏土	0.5～2.4	120	5.7
2	粉质黏土	9.0～11.4	110	5.2
3	粉土	3.2～4.8	180	12.0
4	粉质黏土	0.6～2.5	140	5.7
5	粉土	4.6～7.2	180	12.0
6	粉质黏土	2.0～6.0	170	6.8
7	粉土	最大揭露厚度 40.0 m	180	12.0

(2)工程气象概况

该区域是一个由亚热带到暖温带的过渡地带，为暖温带季风型大陆性气候。四季比较分明，降水年际变化大且夏热冬寒，降雨主要发生在夏季和秋季。

(3)项目施工区域概况

本工程位于市区，交通方便，具有良好的交通条件。通信能力良好，有供水、供热条件，是展示企业良好形象的窗口，所以在施工过程中对环保和文明施工以及传染病防控提出了更高的要求。周边居民较多，应注意噪声控制及夜间施工，加强门卫、安保及传染病防控措施。

(4)其他与施工有关的主要因素

勘探期间测得本场地地下水位埋深 3.5 m 左右，地下水位年变幅约 1.5～2.0 m，历史最高水位埋深 1.0 m，抗浮设计水位为场地自然地面以下 1.0 m。场地土属中软土，场地内不考虑土层液化影响，不会产生软土震陷，建筑场地属可进行建设的一般场地。

6.2.3　施工部署

6.2.3.1　施工目标

(1)安全管理目标

坚持“提升质量、高效管理、一流速度、优质服务”原则并层层落实责任，防止发生重大的设备事故问题和急性中毒事件。在整个施工过程中要杜绝重伤亡事故的发生，并且严格控制一般事故的发生，同时需做好疫情防控工作，认识到防疫工作的严峻性、重要性和复杂性，做好必要的安全保护与防疫应急预案，配备足量的防火器材，预防火灾。

(2)质量目标

认真组织和实施施工，严格按照合同条款和现行规范执行。

(3)工期目标

在确保质量、安全、文明施工的基础上，认真分析项目施工方案的可行性，并根据项目的具体情况，精心组织施工，确保各施工工艺的合理、有效，确保项目达到各项质量指标，确保施工周期在 498 个工作日之内，采用施工技术和安全技术手段确保项目按时竣工验收。计划开工日期是 202×年 1 月 1 日，竣工日期次年 5 月 17 日。

(4)文明工地管理目标

要切实做到利民便民,为民服务,搞好工地的文明施工,确保工地干净。建筑材料、成品、半成品和构(零)件等各施工材料应按照工程图纸进行堆放。在建筑工地进行综合整治,力争创建省级文明工地。

6.2.3.2　施工组织机构

(1)施工组织机构设置

实行分级管理并确定工程管理人员的责任,建立以工程总承包责任制为中心,以工程质量和工期为重点的工程管理体制,采用科学化管理和技术手段。在公司的牵头下,全面利用自身的资源,实行项目管理,实现项目的有效结合,优化项目施工,实现项目的最优配置。项目组织结构如图 6.19 所示。

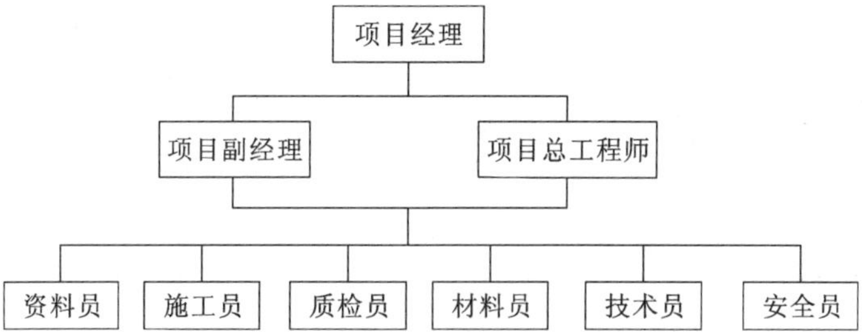

图 6.19　项目组织结构图

(2)项目经理的职责

接受公司的委托,向总公司直接负责,组织和控制工程所需的人、财、物。落实公司的品质管理政策及质量指标。负责组织工程总承包的项目实施计划的制定,并明确工程的实施目标。及时、准确地做出工程管理决策。进行全面的合同管理,包括合同的编制、审批和执行等。负责工程造价的编制,其中包括:施工造价的编制、施工经费的编制、施工造价的变更、投资的进度、进度的跟踪和控制施工造价的调整。与建设、监理单位保持密切联系,及时处理各类突发事件,为建设和监理单位排忧解惑,保障建设单位权益。负责工程质量控制工作,协调和处理工程中出现的主要问题,并根据建设单位的指示,对工程进行及时的管理。要主动协调好与各相关部门和民众之间的关系,以保证工程的正常进行。

(3)项目总工程师的职责

负责组织编制项目的质量方案及施工方案,并组织实施项目的质量监督与验收。组织工程技术数据的收集、整理。组织技术骨干进行技术攻关,研发新工艺、新技术,保证工程建设的顺利进行。在项目经理的带领下,负责对分包商的工程组织和施工计划进行审查,并对其技术和质量问题进行协调。与设计和监理单位保持良好的联系,确保设计的质量。将监理的要求和指示分解至各分包方。负责项目质量保证体系的建立,并对其进行质量责任的分配和监督执行。

6.2.3.3　本工程施工特点、难点

(1)主体工程

本项目要求总工期为 498 日历天。为了确保工期目标得以实现,则要求对施工组织设计、施工方案、施工方法等有全面的了解以确保工期的实现，做到统筹组织、详细安排、保证整体的进度计划，尽量缩短施工时间。加速建设，注重对建筑工程的组织设计进行动态管理，并对其进行持续的优化。

(2)季节施工

结合项目的施工进度和工期要求，综合考虑暖温带季风型大陆性气候和季节特征。由于降雨等因素会造成工程整体进度的延迟，因此要采取相应的对策，并在施工过程中注意气候的变化，确保施工的质量。

(3)疾病防控

传染病在施工工地的聚集性感染不仅会损害建筑施工领域工作人员的生命安全、身体健康，还会延误工期，因此要做到防疫常态化、备好防疫物资、健全施工工地防疫管理体系。积极做好疾病防控工作，对突发事件要有及时发现、分析并控制解决的能力，最大限度地减少其损害程度。

6.2.4 施工准备与资源配置计划

6.2.4.1 技术准备

(1)技术资料准备

认真学习工程图纸、规范、标准图集，熟悉建筑、结构、安装形式及特征，并对其进行规范。制定技术措施，防止出现质量问题。

(2)编制质量计划

针对项目的特殊性，制订施工计划，明确施工工艺及重点工艺，编制施工指导书，编写施工概算，编写各方材料进场计划等。

管理人员应按照有关法规，对员工进行职业操守和其他道德教育相关工作的培训，并持证上岗。

6.2.4.2 现场准备

首先进行三通一平，为建筑施工的开展提供基础。项目经理负责组织有关部门的进场准备工作，并承担相应的责任。

(1)临时场地

为创建文明规范的工地，现场临时场地采用硬化地坪。搭建施工区域封闭围墙，围墙高度为 2 m。路面强度应确保材料运输车辆以及施工设备正常行驶通过。

(2)临时设施

设立值班室、资料室、会议室、活动室、办公室、食堂、浴室、小件仓库、厕所、部分职工宿舍等设施。

(3)现场给排水

根据施工单位提供的水源，连接两条管道，一条用于消防，并根据需要配备相应的消防设备；另一条连接到生活区、作业区。在工地上设立临时的蓄水池，安装高压水泵，确保整个工地有足够的临时给水及排水。

(4)临时用电设计

注意电箱的设置。安装电源线路:在不使用塔式起重机的区域(如居住区等区域),应采用木杆、钢筋混凝土杆等进行支承,并应留意雨水的冲刷;在塔式起重机的范围内安装暗管。该工程的供电线路主要是环绕围墙布置,便于各个用电地区的电线进行搭接。

(5)施工机械

根据项目的进度和预算确定施工机械的数量,制订施工机械的计划,并起到协调、调度的作用,保证项目的正常进行。

配备的机械操作员应具备与所担负的工作职责相适应的技术能力,并严格按照持证上岗的要求,力求做到"定人、定机、定岗位"。

6.2.4.3 资源配置计划

(1)劳动力配置计划

本工程施工工期498日历天,对于劳动力使用计划,依据工程量计算并应满足施工工序对劳动力的需求处于高峰期时对人数的要求,具体劳动力使用计划见表6.22。

表6.22 劳动力使用计划

序号	工种名称	单 位	主体施工阶段数量	说明
1	木工	个	20	按工程进展组织进场并调整
2	钢筋工	个	18	
3	混凝土工	个	8	
4	瓦工	个	12	
5	普通工	个	20	
……				

(2)物资配置计划

投入本工程的施工仪器及设备以及机具设备使用计划见表6.23和表6.24。

表6.23 施工仪器及设备

序号	仪器名称	单位	数量	用途及说明
1	全站仪	台	1	施工定位放线用
2	经纬仪	台	1	施工定位放线用
3	水平仪	台	3	标高定位用
4	质量检测器	套	1	施工检测用
5	激光铅锤仪	台	2	施工测量用
6	振动台	台	1	施工检测用
……				

表 6.24　机具设备使用计划

序号	机具名称	单位	数量	用途及说明
1	塔吊	台	1	用于垂直、水平运输
2	电渣压力焊机	套	4	竖向钢筋连接
3	闪光对焊机	台	2	钢筋焊接
4	交流电焊机	台	4	钢筋、铁件等焊接
……				

6.2.5　主要分部分项施工方法

6.2.5.1　钢筋工程

(1)钢筋进场要求

① 本工程主要采用 HPB300、HRB400 级钢筋，进场钢筋由项目经理部材料员、质检员等共同检测，核对质量检查证明文件，并且均应与要求使用的型号和性能等相符。每批次钢筋要有标牌并且按照钢筋规格以及生产批号分批进行进场验收，并按规定送检。

② 对不同规格的钢筋进行取样检验，严禁使用伸长率、屈服强度等各项性能不满足《钢筋混凝土用钢　第 2 部分：热轧带肋钢筋》(GB/T 1499.2—2018)等规范要求的钢材。当施工中钢筋出现焊接困难等不正常现象时，应对钢筋实行专项送检。

③ 钢筋应标识堆高，堆放干净整齐，堆放的环境应保持干燥。避免钢筋出现污渍、铁锈等问题。

(2)钢筋连接

① 结构构件纵向受力钢筋的连接要求：钢筋直径不超过 12 mm 时采用绑扎搭接、纵向钢筋钢筋直径为 12～20 mm 时采用电渣压力焊焊接，其中水平筋用对焊，筏板中钢筋采用机械连接，楼梯中钢筋采用绑扎搭接。钢筋机械连接、绑扎搭接、焊接等均按现行相关规范进行。钢筋接头位置须在应力较小处，各钢筋接头位置须适当错开。梁上层筋在跨中 1/3 范围内搭接，梁下层筋、板底筋在支座处搭接，柱钢筋在柱高的中间 1/2 范围内搭接，同一断面的搭接不得超过主筋的 1/4，相邻钢筋不得在同一高度搭接，搭接位置应相距 600 mm 以上。

② 电渣压力焊时，首先应将钢筋待焊端的铁锈、油污等清除干净，扶直对齐竖向钢筋并用焊接夹具的上下钳将上下钢筋夹牢，避免出现偏差。在施工时要注意钢筋四周焊包沿出钢筋表面的高度。

③ 在进行机械连接时，应确保钢筋端部平整、平滑，切勿使用锯齿式刀具，避免出现斜口、扁口等问题，从而影响套丝的质量。

(3)钢筋的锚固

本建筑结构抗震等级为四级，故抗震设计时受拉钢筋基本锚固长度 $L_{abE}=L_{ab}$(表 6.25)，详见国标图集。柱、梁的箍筋必须呈封闭型，开口处设置 135°弯头，弯钩长度不小于 $10d$(d 为箍筋直径)。

表 6.25 受拉钢筋锚固长度

钢筋种类	混凝土强度等级			
	C25	C30	C35	C40
HPB300	$34d$	$30d$	$28d$	$25d$
HRB335	$33d$	$29d$	$27d$	$25d$
HRB400、HRBF400	$40d$	$35d$	$32d$	$29d$

(4)钢筋工程加工

在钢筋加工之前，施工员应认真阅读本项目的施工图纸和技术规范，并绘出详细的设计图纸，然后交由监理审批。本项目钢筋采用现场加工，加工后的钢筋制作标识牌，分类堆放，并做好防水防潮工作，钢筋加工允许偏差应符合相关规范的要求。

(5)钢筋工程施工

① 剪力墙钢筋绑扎施工

工艺流程：墙体、柱等模板控制线放线→搭设绑筋临时架→调整墙、暗柱预留插筋→暗柱钢筋搭接→画出暗柱箍筋间距线→套箍筋→立竖向梯形定位钢筋→绑扎 2～3 根水平筋→墙体竖向筋接长→绑扎水平筋及拉钩→在楼板面绑扎水平梯形筋→拉钩、铺设保护层垫块→水电预埋→隐蔽工程及预埋件检查。

a. 钢筋绑扎前，进行混凝土浮浆剔凿处理，以墙体根部混凝土被剔凿到出石子为标准。暗柱钢筋校正后，先在距混凝土楼板面 50 mm 处设置第一道箍筋，再进行暗柱钢筋的接长。用石笔在暗柱对角主筋上画出箍筋的间距分格线。从柱子顶部逐根套入箍筋，并根据画好的间距线绑扎箍筋。墙体采用焊接的方法进行钢筋的接长。施工时先立竖向梯子筋，然后于下部齐胸处绑两根水平筋固定好位置，并在横筋上画好分档标志，再绑其余竖筋，最后绑其余水平筋。

b. 根据图纸要求，内墙均为双层双向配筋，应注意扎丝的绑扎。

② 现浇钢筋混凝土梁

工艺流程：画出箍筋间距→放主次梁箍筋→穿主梁下层纵筋及弯起筋→穿次梁下层纵筋并与箍筋固定→穿主梁上层钢筋并与箍筋固定→穿次梁上层纵筋→按箍筋间距绑扎。

a. 除图中注明外梁侧面构造钢筋按照表 6.26 要求设置，纵向构造钢筋间距 a 及拉筋要求见《混凝土结构施工图平面整体表示方法制图规则和构造详图》。

表 6.26 梁侧面纵向构造钢筋示意图

梁侧面纵向构造筋示意图	b \ h_w	450	500	550	600	650	700	750	800
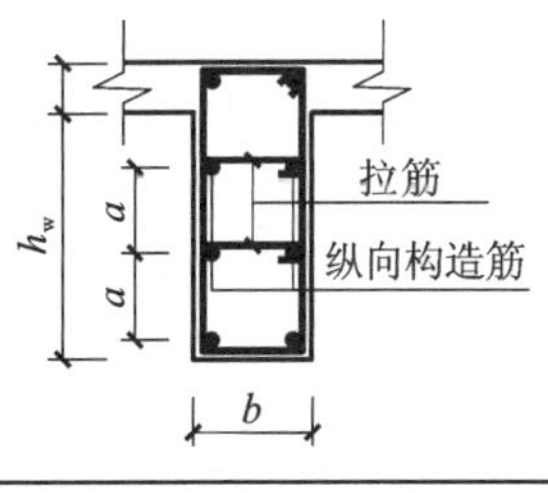	200	4Φ8	4Φ8	4Φ10	4Φ10	6Φ8	6Φ8	6Φ8	6Φ10
	250	4Φ10	4Φ10	4Φ10	4Φ10	6Φ10	6Φ10	6Φ10	6Φ10
	300	4Φ10	4Φ10	4Φ12	4Φ12	6Φ10	6Φ10	6Φ10	6Φ12
	350	4Φ12	4Φ12	4Φ12	4Φ12	6Φ12	6Φ12	6Φ12	6Φ12
	400	4Φ12	4Φ12	4Φ12	4Φ14	6Φ12	6Φ12	6Φ12	6Φ12
	450	4Φ12	4Φ12	4Φ14	4Φ14	6Φ12	6Φ12	6Φ12	6Φ12

b. 梁、柱的箍筋及拉筋构造要求详见《混凝土结构施工图平面整体表示方法制图规则和构造详图》，主次梁底平时，主梁的下部纵筋应放在次梁下部的纵筋下。梁上预留孔洞采用预埋钢管的方法，孔洞布置在梁跨的 1/3 以内，除了图纸所示的洞孔以外，梁上不可任意开洞。

c. 当梁的跨度在 4 m 以上、悬挑梁挑出的长度超过 1500 mm 时，应按技术标准进行起拱。梁跨 L 小于 7 m 时应采用 $L/250$ 的起拱高度，悬挑梁挑出的长度超过 1500 mm 时，设两道抗剪鸭筋共 4 根直径为 14 mm 的 HRB335 钢筋。

③ 现浇钢筋混凝土板

工艺流程：清理模板→模板上画线→绑板下层受力筋→垫垫块→水电等专业管线预埋→放置马凳铁→绑上层钢筋或负弯矩钢筋→预埋构造柱等的插筋。跨度超过 3600 mm 的板进行施工时应按规范的要求起拱。双向板（或异形板）的底部钢筋中下部为短向筋，在短向筋之上放长向筋。顶板的钢筋绑扎安装中，当有不同标高时，应先低后高，有梁时，先梁后板。

a. 当钢筋长度不足时，楼板、梁、面板、梁上部筋等必须在跨中进行搭设，上部、下部筋在支座处进行搭接；承台基础梁、板下部筋应在跨中搭接。

b. 在管道井内预留洞口处的钢筋不得随意切断，然后在安装完毕管道后可使用微膨胀混凝土进行补浇。对设备的预埋和预留的钻孔必须与安装单位合作。板、梁上下应留出用于构造柱插筋或连接用的预留埋件。没有经过设计者的许可，不可随意凿洞。

④ 柱钢筋施工

在施工图纸中，柱应在砌块墙的位置进行锚拉筋的预留。柱与现浇过梁、圈梁连接处进行柱内钢筋的预留，其伸出柱外的长度为 700 mm。锚入柱内的长度为 L_{aE}。

(6) 钢筋质量通病的防治措施

① 钢筋的腐蚀

在露天堆砌时，应将钢筋架空，以防止雨水和积雪腐蚀。

② 钢筋位移

负筋设置处加设马凳，尽量避免踩踏负弯矩筋；其他专业严禁随意切断钢筋、移动钢筋位置，实在无法避免时应取得技术负责人的同意并采取必要的加固措施。

③ 钢筋保护层厚度不够

保证钢筋骨架或网片绑扎位置、尺寸准确，同时按照施工组织设计的规定设置垫块数量，加设定位梯子筋、定位箍筋。

6.2.5.2 模板工程

(1) 模板设计原则

模板和支架应该根据项目构件形式、荷载要求以及项目施工的实际施工情况进行设计，目的是保证模板能承受各项荷载以及保持自身强度、受力形状稳定，既能满足项目施工过程的安全性，又能维持混凝土凝固成型。在保证模板强度合格的前提下，应使模板拆支方便、实惠便宜。

(2) 模板施工流程

本工程一层以及标准层层高皆为 2.9 m，各楼层的布局基本一致，由于混凝土的浇筑对模板的侧向压力较大，应采用稳定的模板和支承系统来确保其表面的品质。梁和板的起拱必须符合规范或设计的规定。

① 剪力墙

工艺流程：检查墙位置墨线→安装就位→安装侧墙模板（或现场组拼后安装）→钻对拉螺杆孔并装上穿墙螺杆和内套管→安装另一侧墙模板→检查（或调整竖向内木楞间距）→安装水平双钢管外楞、临时固定穿墙螺杆→检查、调整模板垂直度，安装支撑→紧固穿墙螺杆螺帽→质量检查。

墙模板采用铝模板；墙体柱连同墙体配模，墙模板支撑内侧采用满堂脚手架，外侧采用落地式及悬挑式脚手架，必要时加可调节钢支撑加固，以确保模板的强度和刚度，次楞采用双钢管。模板接缝应进行精加工，模板拼缝处粘贴透明胶条，保证不漏浆。

② 楼梯

工艺流程：检查楼梯段两端标高线→搭设楼梯段钢管排架→安放梯段楞木→铺梯段模板→绑扎钢筋→安梯段踏步侧板→标高校正→质量检查。

楼梯模板采用胶合板并设钢管支撑。楼梯混凝土施工缝应设在1/3跨距范围处，楼梯模板必须高于施工层一定水平高度，施工缝在剪力较小的部位进行留缝。

③ 梁、板

梁工艺流程：搭设钢管排架→复核标高→安装梁底模→绑扎梁钢筋→安装梁侧模→质量检查。

楼板工艺流程：搭设钢管排架→安放水平钢管→铺木楞→铺模板→校正标高→安装预留洞模板框→模板缝处理（板缝相交处粘贴海绵胶带）→质量检查。

所有平板的模板均可采用钢管作为支撑体系，并在浇筑时留出一定的间隔以设置三道水平拉杆，同时，合理设置剪刀撑，以确保支架体系具有良好的稳定性。为了方便拆卸剩余部分的模板，应将后浇带模板独立成体系。在保证模板的强度、刚度和稳定性的前提下，支撑部位必须有足够的支撑区域。

模板安装顺序为：先安装梁侧模板然后安装板底模板。梁柱节点模板在支设时要独立支撑于周围梁。梁模板与柱模板及板模板连接处的接缝，可用防水胶进行黏结或者粘贴防水条，确保不发生漏水现象，并确保轴线设置的准确性。

(3)质量保证措施

严格进行模板的轴线、标高等参数的控制；模板的支撑系统需要确保工程结构稳定，保证构件尺寸正确，具有充足的承载能力；对模板的平整度和垂直度以及模板接缝严密性进行把控；模板以及支撑的拆除必须有专人严格负责管理，对结构进行临时分析，考虑拆除过程中可能发生的意外，成立模板质量保证体系。

为确保施工质量达到要求，模板的安装误差应小于规范允许误差。

(4)模板拆除工程

① 模板拆除时遵循“先支后拆，后支先拆；先拆不承重的模板，后拆承重的模板；自上而下，先拆侧向支撑，后拆竖向支撑”的原则。

结构层模板拆除顺序：墙、柱侧模板→梁侧模板→现浇板模板及部分支撑→梁底模板→承重排架。

② 在混凝土强度能保证拆模时不粘皮、不掉角、不损坏即可。一般为 1～2.5 N/mm^2；底模：拆模时混凝土的最低强度按规范的规定考虑承重模板拆除模板的时间。在拆卸模具时，切勿过度用力，拆卸后的模板和钢管应及时搬运、整理。在拆除模板和支撑时，要对被拆除的场地周围的环境进行保护，例如：对危险的材料要及时处理，减少噪声、震动、粉尘等对环境的污染。

③ 常温施工时，柱混凝土拆模强度不应低于 1.5 MPa，墙体拆模强度不应低于 1.2 MPa；底模及其支架拆除时混凝土强度应符合设计要求；当设计无具体要求时，混凝土强度应符合规范的规定。

(5)成品保护

① 模板每一次用完后都要清洗一遍，然后涂上一层脱模剂。在拆卸模板时，应按照其支撑方式依次进行拆卸，避免由于模板拆卸而导致的模板损伤。模板要按照号码进行堆叠，并进行合理的分配。已安装好的模板及支撑系统，严禁任意拆卸或损坏，不可攀爬支撑系统。

② 模板吊起时必须系紧，在起重过程中由专门人员进行统一的指导，在没有明确的指示下，严禁任意作业。搬运、拆卸模板时，要做好保护，并采取预防模板外侧倒塌措施。

6.2.5.3 混凝土工程

本工程采用商品混凝土，由商混站负责运至施工现场，专人负责混凝土质量检查。

(1)混凝土浇筑与振捣、养护的一般要求

① 本工程混凝土采用商品混凝土，地面以上混凝土采用一台混凝土泵输送，地泵具体位置根据施工进展情况设置。

② 水平构件以后浇带作为界限，保证整个混凝土浇筑过程匀速推进，确保整体浇筑均匀，一次成型，不留下纵向的施工缝线。表 6.27 是各个部分的混凝土浇筑方式。

③ 在浇筑混凝土前，首先要将墙体上的浮浆清理干净，直到有石头裸露出来，然后用清水清洗。

表 6.27 各部位混凝土浇筑方法

浇筑部位	浇筑方法
柱	在柱体浇筑之前，基座上要先填入 50～100 mm 与混凝土浆液同成分的水泥砂浆，然后再进行分层振捣，每一层混凝土的厚度不超过 500 mm。除了上部的振捣，下一面的模板必须随时敲击，以确定混凝土的振捣是否密实
	柱高小于或等于 2 m 时，可在柱顶部直接进行灌浆，柱高在 2 m 以上时，应采取措施或在模板侧面开设孔洞继续分段浇筑。各区段的高度不可大于 2 m，在浇筑完毕后，对带有洞口的模板进行严密的密封并固定
	柱的混凝土必须一次浇筑，如果需要设置预留施工缝，最好将施工缝设在主梁下面。对梁板进行整体施工时，在柱混凝土浇筑完成并达到初步的稳定状态后再进行混凝土的浇筑
梁、柱	在梁柱连接部位钢筋密度大的情况下浇筑混凝土时，应采用同等强度的小粒径石子混凝土，并采用小型振动棒进行振动

续表 6.27

浇筑部位	浇筑方法
梁、板	梁和板要在同一时间浇灌，从一头开始采用“赶浆法”浇筑，首先浇筑梁，按梁高分层浇筑，然后与板的混凝土一同浇筑，按照阶梯状进行延伸，然后进行梁以及板的混凝土浇筑
	浇筑混凝土时，用平板振捣机在竖向方向上摆动，厚板用振动机沿浇筑的方向振捣，用测量工具量混凝土的厚度，振捣完成后进行抹平、抹面。在有预埋物和施工缝的地方，用设备进行平整。在浇筑混凝土时，禁止使用振动棒进行摊铺
	浇筑之前，在墙柱等不会发生变形、移动的物体上，用红色颜料标记+0.50 m的标高。混凝土浇筑中，应用工具寻找板的平面。找平时要按板平面标高，用铲子等工具进行平整，然后用靠尺进行精整。用水准仪检测面板的高度，检验通过后用设备抹面。板面混凝土的标高要按照工程的进度由专业人员进行检查，严禁拖延。预埋件以及施工缝处注意找平
剪力墙	在墙体浇筑时，采用泵送混凝土的方式输送，将混凝土倒入模具中。各层浇筑的厚度为500 mm，分层浇筑、振捣。混凝土的卸料位置应该是分布均匀的。分层时间不超过2 h。
	当在墙上的门窗孔内浇筑混凝土时，应在左右两边同时进行灌浆和振捣，这样才能保证洞内两边的灌浆高度均匀、对称。为此，应事先确定好搅拌点以及下料点的设置、搅拌机工作的人数和搅拌机的数目，以便满足施工需要，避免洞口的变形
	混凝土浇筑和振捣完成后，把伸出墙面以后需要连接的钢筋清理干净，用工具按照预先确定的标高进行找平抹面
楼梯	台阶部分由下往上浇筑，首先对楼梯板的混凝土进行振动，待到达台阶部位后，与台阶混凝土一同进行振捣。持续地向上施工，并且在全过程中都要用工具把踏步的顶部抹平

④ 混凝土在正常温度下养护。冬季和夏季气温较极端时，应使用合适的材料（如棉被、塑料布）覆盖混凝土表面进行保养，通过浇水来保持水泥的温度和湿度，以维持水泥硬化所需的环境条件。在混凝土浇筑过程中，试样的放置必须按照有关的技术规程进行。

(2)混凝土质量通病的防治措施

① 模板表面应彻底清洁，并涂上水泥脱模剂，避免因模板表面不平整、不干净而产生混凝土麻面问题。在浇筑平板混凝土时，每隔 2 m 设置一道标高标志，以保证平台的平整度和平台的厚度。

② 浇筑完毕后，用振动器振捣，用刮尺将其刮平，并用工具将其收光、压实。所有施工缝必须接浆。

③ 严格按照技术要求进行模具拆卸。对预留孔洞进行加固，对预留孔洞内混凝土进行振捣加强，以保证预留孔洞内的混凝土的密实。

④ 混凝土的振捣要分层进行。对施工荷载进行严格的控制，避免因施工荷载集中而引起钢筋混凝土结构裂缝。

6.2.5.4 砌体工程

(1)施工准备

① 材料

加气混凝土砌块:加气混凝土砌块的品种、强度等级必须符合设计要求,并应规格一致;用于墙面的加气混凝土砌块,应边角整齐、色泽均匀;有出厂合格证明及试验单。

水泥:品种与标号应根据砌体部位及所处环境选择,一般宜采用普通硅酸盐水泥或矿渣硅酸盐水泥;应有出厂合格证明和试验报告;不同品种的水泥不得混合使用。

砂:宜采用中砂,不得含有草根等杂物。所配制的水泥砂浆或水泥混合砂浆的强度等级等于或大于 M5 时,砂的含泥量不应超过 5%。

水:应采用不含有害物质的洁净水。

掺合料:石灰膏熟化时间不少于 7 d,严禁使用脱水硬化的石灰膏。其他掺合料应经试验室试验决定。

其他材料:拉结钢筋、预埋件等均应符合设计要求。

② 因为物料堆放区的空间比较大,所以根据施工进度,将物料分批有序地进入和堆放,堆放高度不得超过 2 m,在堆放材料时场地应该保持干燥,干净平整,注意砌块的防雨措施以及避免油渍污染问题。在搬运过程中,应遵循轻取轻放的原则,尽量降低砌块的机械损坏。水泥的选用要考虑砌块的性能和周围的环境。严禁混用各种水泥。

(2)砌筑砂浆

标高±0.000 以下室外用 MU20 蒸压粉煤灰实心砖、M7.5 水泥砂浆。标高±0.000 以下室内用 A3.5(B06)的加气混凝土块、M5.0 水泥砂浆。标高±0.000 以上用 A3.5(B06)的加气混凝土块、M5.0 混合砂浆。砂浆用预拌砂浆或专用砌筑砂浆。专用砌筑砂浆的和易性好、黏结力强,易保证灰缝饱满和墙体不开裂。砂浆采用的水不应该包含有害物质。砂浆中所使用的添加剂(如缓凝、早强剂等)应符合相关标准的要求,并结合项目施工环境和设计要求进行试配。

(3)砌筑施工

砌块砌体施工的主要工艺包括:抄平弹线→基层处理→立皮数杆→砌块砌筑→勾缝。

施工流程为先进行施工准备(即材料的进场),以及根据工程状况、砌筑要求、图纸等条件进行施工方案的制定,施工前绘制并贴好砌块排列图、做好技术交底,以便指导砌块准备和砌筑施工等,随后进行环境场地的清理,如不得存在石子、混凝土残渣、树叶等,避免影响下阶段的施工。然后进行放线,在干净的环境中进行墙体位置等弹线标识工作,各方检查完毕后进行验收,最后进行砌体施工和墙内预埋管道等工序以及进行验收处理。加气混凝土砌块在砌筑前一天应进行浇水湿润处理,含水率应该适中。加气混凝土砌块砌体应上下错缝,内外搭砌,搭接长度不宜小于砌块长度的 1/3,且不应小于 150 mm。当不能满足时,在水平灰缝中应设置 2ϕ6 钢筋或 ϕ4 钢筋网片加强,加强筋从砌块搭接的错缝部位起,每侧搭接长度不宜小于 1000 mm。以主规格砌块为主,不得与其他块体或不同强度等级的块体混砌。

① 构造柱与墙体连接处应砌成马牙槎,马牙槎应先退后进,马牙槎下口应切成斜口,避

免混凝土振捣不密实。构造柱下口应设置挤塑板，防止构造柱混凝土浇捣后改变结构梁受力结构。构造柱位置除标注外截面均为 200 mm，纵筋为 4 根直径 12 mm 的 HRB400 级钢筋，箍筋为直径 6 mm、相邻间隔为 200 mm 的光圆钢筋。构造柱纵筋锚入上下梁或板内 L_a。构造柱支模前必须清除马牙槎及根部杂物，并用水冲洗干净，同时校正钢筋位置，绑扎固定。

② 混凝土加气砌体施工时，可以采用铺浆法，其操作为随铺随砌。水平灰缝砂浆宜用铺灰器铺满下皮肋的顶面或封底面；竖向灰缝应将砌块端面朝上铺满砂浆后，就位挤紧，再灌浆捣实。一般砂浆的灰缝厚度和宽度同砖砌体，砂浆饱满度应不低于净截面面积的 90%。随砌随用砂浆勾缝，凹缝深度宜为 2 mm。也可采用三一砌加气混凝土砌块法，其操作要领是一铲灰、一块加气混凝土砌块、一挤揉，并随手将挤出的砂浆刮去。操作时加气混凝土砌块要放平、跟线，墙面砌筑操作过程中，应分段控制游丁走缝和乱缝。经常进行自检，如发现有偏差，应随时纠正，严禁事后采用撞加气混凝土砌块来纠正。墙砌筑应随砌随划缝，划缝深度按图纸尺寸要求进行；缝深浅应一致，并清扫干净。将溢出加气混凝土砌块墙面的灰迹刮除。

填充墙顶部与梁、板间应留出空（缝）隙，且在砌墙 14d 以后填补。这样做既可减少结构变形的影响，又能避免因墙体收缩、干燥、沉降而产生缝隙。常采用普通砖斜砌顶紧或用干硬性砂浆、混凝土塞紧来填补空（缝）隙。

所有预埋件和预留孔均按照各专业图纸进行预埋、预留，不得有任何疏漏。

6.2.5.5 脚手架工程

(1)材料要求

脚手架选用钢管脚手架，钢管的外观要求没有瑕疵且性能符合相关规范的规定。所用的扣件要求有质量合格证书以及检测报告等，在脚手架安装之前要进行扣件的质量检查，禁止使用质量不符合要求的扣件。

(2)脚手架搭设

支撑要有足够的性能，以确保其施工质量。因此，该项目选用了扣件式钢管脚手架，内部结构为满堂型，主体结构外脚手架为落地式和悬挑脚手架。其中木脚手架禁止使用有破损、扭纹的木板，并且在两端有紧箍固定。做好脚手架工程施工记录和质量检验，以及出现问题的处理记录。每根立杆底部设置底座（铁鞋）和垫板。立杆与大横杆必须用直角扣件扣紧，不得隔步设置或遗漏。

三层以下采用落地式脚手架，铺设顺序为：按照材料检验（合格）→施工放样（合格）→施工脚手架基础（验收合格）→施工放样（合格）→搭设立杆→搭设大横杆→搭设小横杆→安装连墙件→安装密目安全网→搭设剪刀撑→铺设脚手板→铺设挡脚板（班组自检合格）→安全员检查（合格）→综合验收（合格）→投入使用。绑扎防护及挡脚板、立挂安全网，确保工人的生命安全，脚手板上要减少混凝土浮浆、石子的溅落以及物品的附着。双排脚手架之间加横向斜撑，“之”字形布置，从底部向上铺设。单元入口处对应设置出入口并设置护头棚。

本项目地上层数为 18 层，三层以上采用型钢悬挑脚手架，脚手架只作地上结构施工时的操作架和安全防护用，不作为任何材料的堆放架，不作为模板安装的顶撑使用。

型钢悬挑脚手架的施工顺序：施工准备→确定悬挑梁预留洞的正确性并适当调整→悬挑梁安装→立杆定位→摆放扫地杆→竖立杆并与扫地杆扣紧→装扫地小横杆并与立杆及扫地杆扣紧→装第一步大横杆→装第一步小横杆→铺设脚手片→装第二步大横杆→装第二步小横杆→铺设脚手片→装第三步、第四步架子→安装拉墙杆→安装扶手杆、挡脚板→挂安全网→安装平网。

工字钢的型号、尺寸等规格必须符合相关标准的要求。禁止使用出现锈蚀、弯曲变形的钢管。钢丝绳、锚环、扣件的使用强度应符合相关规定。局部有需要调整的必须符合相关规定和设计要求，铺设脚手板，绑扎防护及挡脚板、立挂安全网，避免施工人员高空失足以及防止施工过程中出现建筑残渣的高空坠落而对地面人员造成打击伤害等安全问题。每层要搭设卸料平台。

(3)脚手架拆除

① 拆除前的准备工作

当主管检查并确认不再需要脚手架时，可拆卸脚手架。拆卸前，应对技术人员进行技术指导。拆除过程中，应设置地面围栏和警告标志，并落实施工责任。严禁非施工人员出入拆卸现场。检查脚手架的连接是否牢固。清除脚手架地面上的材料、工具和障碍物。

② 拆除的施工要求

一般拆除顺序为：栏杆→脚手板→剪刀撑→小横杆→大横杆→立杆→斜挑杆→水平挑杆。按照要求使用安全保护设备；拆卸架子时，要有专门人员在地上指挥，上下配合，相互协调，在拆卸与他人相关的接头时，要事先通知，以免跌落。拆除过程中，禁止用锤子等坚硬的物体进行敲打、撬挖。拆卸后及时搬运、清理，严禁在脚手架上堆放材料，严禁将材料抛下。拆卸物料和工具要用滑车或缆绳运输。

6.2.6 施工进度计划

6.2.6.1 施工进度时间安排

(1)施工进度总体安排

施工进度计划的考虑是综合性的，本进度安排以时间坐标网络图的方式展示，主要参考施工图纸以及设计总说明等相关技术资料，结合施工工期要求，本项目施工条件和能力，本项目重要的分部分项施工方案等情况，重点展示主体方向，包括对砌体工程、屋面防水中各工序的安排。在保证质量、安全，文明施工的前提下，确保工程按期完工。计划开工日期在 202×年 1 月 1 日开工，次年 5 月 17 日竣工并移交相关工程资料。

(2)标准层施工工期安排

根据工程量及工日等情况结合劳动力安排，将标准层分两个流水段施工，即按照剪力墙、柱钢筋绑扎分东、西两段进行施工。标准层钢筋混凝土工程每层用时 8 d，砌筑工程每个标准层计划 4 d 完成。

(3)主要进度控制节点

第一进度控制点：202×年 3 月 1 日，完成地下结构，包括施工准备、基础工程、地下室结构。

第二进度控制点:202×年12月30日,完成地上结构,主要包括主体结构施工、屋面防水、二次结构砌筑。

第三进度控制点:次年5月5日,完成装修工程。

第四进度控制点:次年5月17日,完成竣工验收及资料移交。

6.2.6.2 影响本工程施工进度的原因及应对策略

(1)影响施工进度的原因

资源因素:资源的临时短缺或者供应不足可能直接造成工期的延长,甚至更为严重的后果。

人为因素:人是进行施工的基础,劳动力短缺等都会对施工进度产生影响。

自然因素:工程项目的施工不仅会受到天气等周围自然环境的影响(如大风大雨等恶劣天气时需暂停施工),也会受防疫常态化大环境的影响。

(2)应对策略

按照天气合理规划施工工序,并做好极端天气对工期影响的缓冲,制定多级进度计划,即从施工总体目标到具体分部分项工程的编制再到施工员针对现场实际情况进行实时的编制调整,确保分部分项工程工期。提高施工人员恪尽职守的意识,对施工人员进行技术教育,提高其施工能力,实行激励机制,提高其工作积极性。进行工地封闭管理,做好物资保证及应急措施。

施工进度计划网络图(略)。

6.2.7 施工平面布置

6.2.7.1 主体施工阶段平面布置

(1)施工平面布置依据及原则

本项目施工平面布置主要依据建筑、结构等各类施工图以及现场地形图、气象地质报告等场地资料,并结合本项目各工程施工方案、进度计划及有关法律法规进行有序的规划。

施工平面布置是否合理将很大程度地影响到本工程项目能否顺利开展,更是直接关系到本工程的安全文明施工的思想是否有效体现,所以应严格遵循施工平面布置的原则进行施工平面布置。即:相同功能的建筑相对集中,不同类型的区域相互独立,场地布置时尽量做到紧凑,从而减少施工用地;材料堆放区要尽量布置在塔吊附近;场地的布置要以施工顺利进行为目的,水源、电源和水电管线的布置应满足消防、环保等安全文明施工的要求,各类材料的堆放不应影响道路的通畅。合理安排办公区,减少临时设施的布置。

(2)基本区域平面布置

施工平面布置图应随项目各阶段的开展而变动,各阶段布置兼顾有序。

① 办公区域

办公区在项目施工中起着重要的作用。办公区为施工管理员提供工作场地;能够保证施工的有序进行,提高施工效率。在布置办公室场地时不仅要考虑位置关系,更要考虑管理人数与办公室数量的协调以及办公室的类型,包括资料室、安全员办公室、技术人员办公室、施工员办公室、项目经理办公室、会议室等。

② 临时设施

a. 门口进出及围墙设置

在符合市容规定下，用围墙将施工现场围护好，围墙高 2 m。因为本项目临近小区居民楼，本着安全文明施工原则，需对围墙进行控制粉尘与噪声设施的布置，减少粉尘的扩散与噪声的输出。本项目东侧有交通道路，故在现场东侧设计一个综合大门，既有对人员通行消毒、检查的人员通行门，也有便于材料运输的钢制大门，同时设置警示标志、“七牌二图”以及公司标志等。为保证施工现场人员安全以及工地物资的安全，在综合大门旁设立保安间，保证 24 h 有人在岗以免出现紧急情况时无人响应。综合大门处布置洗车区。

b. 运输道路设置

在建筑物四周的材料运输区域布置施工道路，采用原土碾压并布设碎石块、密目网等路面材料或者采用混凝土铺设，道路的设置要连通仓库、材料堆放、材料加工区，保证材料运输车辆、垃圾运输车辆、施工车辆等设备的来往畅通，临时设施周边设人行通道。

c. 临时水电管线的设置

对于供水管线的设置：管线设置应规范化、简洁化，采用暗管敷设，尽量避免设置在道路处，如果不得不进行道路下管道铺设，则需采取管道保护措施，同时注意冬期防冻、土壤腐蚀等环境问题。水管围绕项目场地周围布置。在道路两旁挖道布置明沟进行排水设置，便于污水的导流。

对于供电管线的设置：在通往生活区等非塔吊范围内的供电管线要有木杆、钢筋混凝土杆等支撑，同时应注意雨水的侵蚀；在塔吊范围内的供电管线应进行暗管设置。本项目供电管线主要围绕围墙设置，方便各用电区域对电线的搭接。

(3)主要生产、生活设施的安排

① 生产区域

a. 加工棚与材料堆放区的设置

材料堆放区包括原料材料堆放和成品材料堆放。设立不同材料的材料堆放区，并应注意防潮防火等。对于木材的加工主要分为木方与模板的加工。本项目中钢筋、木材等材料加工棚旁都配置一个材料堆放区，便于材料的加工与运输。材料堆放区设置于塔吊一侧并靠近临时道路，一方面能减少二次搬运、缩短搬运距离，从而减少损耗；另一方面，在塔吊操作时能够有一个清晰的视野，减少安全事故的发生。钢筋加工等机械需要注意用电安全，比如设置电闸、安装零线及接地保护和避雷设施等，同时注意对材料切割的护罩保护，避免其对人员造成伤害。

b. 塔吊及仓库的设置

考虑经济性、工作效率等综合因素，本项目设立一个塔吊并且塔吊的工作范围覆盖整个施工建筑主体，还包括钢筋等重物的材料搬移位置，以减少多余的搬运。现场所有塔吊等高空垂直材料运输作业的操作人员与相关的指挥人员必须配备对讲机，保证信息的有效传递。工地仓库主要起到对材料进场验收、保管、发料的作用，其设置直接关系着材料的接收，故将其设在道路附近，并且靠近加工使用场地。在仓库等拥有易燃材料的场地周围设置消防栓、灭火器等防火设施。设置距离应符合工程防火相关规定。

② 生活区域

a.宿舍与食堂:主要布置在水电管线附近。生活区与施工区分开。宿舍位置靠近淋浴间与厕所,每间宿舍住宿人数不超过6人。并注意冬季取暖,夏季通风、降温等功能。

b.淋浴间与卫生间:淋浴间与厕所应靠近宿舍,并注意水电的搭接,便于施工人员的使用。其面积应该与使用高峰期人数相协调。

c.饮用水房:饮用水作为高强度工作人员补充的必需品,其场地的设置需靠近施工人员宿舍与食堂,便于施工人员的使用。

施工平面布置图(略)。

6.2.8 组织措施

6.2.8.1 确保工程质量的技术组织措施

(1)施工现场监督检查

建筑集团公司总工程师牵头,由项目经理、副经理、项目总工程师等组成质量管理体系。每个参与建设的施工队组建质量管理团队,并明确专业的质量自检员,专门做好本项目质量的管理工作,并形成监督检查网。

加强对建筑工人的素质培训,执行项目的品质方针,并按照质量管理制度实施严格的施工组织。在业主、工程监理单位、市质量监督所的监督下,严格遵守国家质量技术规范和标准,做好质量管理工作。

(2)施工质量的管理

制定施工阶段施工人员安全生产规定,以保证施工的质量。在工地上,所有工人都要严格按照规定中的要求去做好各项工作。新来的员工在进入工地之前,要接受安全培训。本工程的安全培训工作,应由公司安全科、项目部专职安全员和班组长负责。特殊工种人员必须经相关部门考核后持证上岗。

各分部分项工程施工前,必须对施工队进行透彻、全面、详细的技术交底。对如塔吊等各机械设备的安装需组织相关单位进行验收,同时安装漏电保护装置、限位装置和保护接零点,定期维护。

(3)质量控制的环节

明确奖励与惩罚制度。安排相关人员对项目进行质量监控,组织检验和评定等每日工作。按照质量文件和合约规定,对所有项目进行全流程的质量监控,对不符合要求的项目一律不予通过,待项目得以纠正后再次进行验收。同时做好与各部门的协调工作。

6.2.8.2 确保工程工期的保证措施

(1)施工进度检查措施

① 建立常态化例会制度,定期检查各班组施工进度情况,对施工全过程进行跟踪并研讨所发现的问题,找出解决方法并编制出合理有效的、有针对性的赶工计划。

② 对劳动力、材料、机械等施工痕迹进行数据收集整理,把实际数据与计划进行对比,及时找出可能延误工期的因素,分析其性质、来源,并通过调整计划的动态平衡,确保施工进度的有序进行。

（2）施工进度调整

① 以四个施工关键日期控制节点为重点参照指标，合理组织劳动力，比如在关键线路上若出现实际进度赶不上计划的现象，就可以增加劳动力、物资的投放量，在确保合理赶工的前提下考虑经济的节约。

② 本项目主体采用两个施工段进行流水施工，以降低资源、减少劳动力的浪费。主体结构验收完后进行屋面防水，最后才是砌体工程，砌体工程包括砌块的施工、构造柱浇筑等工序。

6.2.8.3 确保工程安全文明施工的技术组织措施

（1）安全管理措施

① 建立安全管理目标，通过强化对员工的安全教育，提高员工的安全生产观念，实现该项目顺利进行，落实好安全生产制度。

② 建立项目的安全保证管理体系，责任层层落实到具体的负责人。严格按照相关的安全生产规章制度进行施工。完善安全生产组织和管理体系，并积极开展各项安全检查工作。

③ 所有的涂料、易燃和易爆材料都要储存在专门的仓库中，易燃的材料要用密封的罐子保存，工地和仓库要有充足的空气流通，禁止燃放烟花爆竹。对于将要输送或已输送电力的变电站，要安排专人看守或上锁。在带电操作的电线或装置上，必须悬挂“有电危险”的警示标志，当电线或装置处于停电状态时，安全标志悬挂在切断电源的装置上。

（2）传染病管理措施

临时雇用施工人员时，必须仔细核对证件，留下相片进行登记，以避免外来人员混进来危害正常员工的人身安全。尽可能地减少员工独自外出。在工作时间紧张的情况下，应合理地进行换班与休息，不得出现任何的疲劳作业、带病上班等。

完善疫情应急措施。设置抗疫物资储存空间，设置疫情应急隔离房间。对在建施工人员进行日常的体温测量，周期性地组织施工人员进行健康检查。

（3）文明施工管理措施

① 注意水体污染。在仓库内的油料储藏处应采取防渗漏措施。贮存和利用时应注意防止泄漏，以免污染水质。卫生间的废水应经过化粪池的净化后按规定排放，食堂、普通的生活废水等，排放到相关排水系统中。

② 注意扬尘污染。建筑工程中的废弃物需设置密闭的、临时的专用垃圾场或用容器运输，不得在空中任意倾倒，并及时洒水、清理，减少扬尘。如水泥等细粉的散装物，要尽可能地在室内（或密闭）储存或密封，在卸货过程中要注意防止粉尘的产生。施工场地的临时路面应进行加固，以避免路面扬尘。工地中严禁燃烧木材、煤炭等。

③ 注意道路整洁。道路上不堆放杂物；房屋周边要用混凝土浇筑，并保证其周边环境干净；及时处理占用道路的材料。施工废弃物要及时收集并妥善处置。

④ 注意噪声污染。遵守文明施工的相关政策，合理组织施工。因本项目四周均有居民区，为防止打扰居民正常作息，故避免夜间施工，早上7点以前和晚上9点以后没有特别的原因禁止在未经过相关部门同意的前提下进行有噪声的施工。对需持续浇筑混凝土的，应事前申请夜间开工，并贴出安全公告。

6.2.8.4 确保季节性施工的保证措施

(1)雨季施工措施

① 组织施工:在雨季到来时,必须采取预防措施,防止造成不必要的损害。施工前要准备好污水井,并进行有计划的排水,安排专业人员清理沟渠,并配有足够的抽水机,将地面和基坑内的积水经过沉降后排放至城市排水系统。有风暴时,应停工,并要注意防水。安排相关专业人员对施工场地进行适时巡查,建立应急体系,预防问题的发生并采取相应的保护措施。临时建筑要做好防水工作,避免暴雨。注意仓库的防雨、防潮措施。完善暑期降温措施。

② 钢筋工程:钢筋堆放时其下要垫较高的垫块以防止钢筋被浸渍腐蚀。被雨水淋湿后的钢筋需要根据实际状况进行防锈,严禁使用腐蚀过深的钢材。

③ 模板施工:下雨时,拆卸后的木板必须放平,以防出现变形。模板拆除后要立即进行清理,并涂上脱模剂,暴雨过后要再涂一次。在模板组装完成后,应及时进行混凝土浇筑,避免因雨水浸湿而使模板发生变形。在模板组装完成后,如果不能在雨中及时进行浇筑而使模板被淋过后,应对模板重新进行检查和加固。

④ 混凝土施工:混凝土浇筑之前应掌握天气状况,避免在暴雨天气下进行混凝土浇筑。

⑤ 砌体施工:在砌筑之前,应对砌块或砖块进行含水量测定。对泥浆的黏结力进行严格的调控。雨天严禁进行室外施工。对于有在小雨中需要进行施工的情况,应该合理地降低砂浆的稠度,降低每日砌筑的高度。

⑥ 屋面工程及脚手架施工:屋顶施工中若遇到雨水,则必须要覆盖,特别是保温层,必须晾干后才能进行下一步的工作。在下雨之前,要对整个脚手架进行彻底的检测,支架的基部要坚固,外部的支架要和墙壁保持良好的连接。要经常检查外架的基础,如果出现塌方或发生变形,要及时进行修复。

(2)冬季施工措施

① 组织施工:冬季期间要做好气象预测工作,预防寒潮袭击,做好保温、防火等工作。对建筑工人进行冬季作业的训练。冬季作业中,为了保证冬季作业的顺利进行,需要进行大量设备的油料储存和保养。

② 钢筋施工:在冬季低温时若需进行钢筋的闪光对焊焊接,要尽可能地在房间里进行。如果需要在户外进行焊接,则要采取防风的措施。不得使焊接后还未进行冷却的接头与冰雪接触。

③ 模板施工:已形成冰块的混合料不可放进模板中。在浇筑过程中,必须保证混凝土的性能,并在确保结构构件符合要求后方可拆除模板。

④ 混凝土施工:在混凝土浇筑之前,必须将模板内部及钢筋表面的冰雪、冻块、污物等清理干净,并对接头部位的旧混凝土进行加温。在梁、柱、剪力墙上覆盖保温材料进行保温。

⑤ 砌体施工:当温度骤降时,要及时采取防冻措施。冬季施工所使用的物料,要在砌筑之前把表面的污物、冰霜等清理干净。石灰膏等必须避免受冻。冬季工程中,每天砌筑后,要在砌块的表层及时做好保温措施。在进行砌筑之前,必须先把砌块的表层清扫干净。

⑥ 屋面工程及脚手架施工:屋面工程中,在天气晴朗无风的情况下,要尽可能地利用阳

光来增加地面的温度，设置防风装置，在进行施工之前，必须清除上面的积雪、冰霜和其他杂物，使用的物料中不可包含冰块。当脚手板上有积雪时，在进行施工之前要清理干净，并经常查看支架是否有松动和沉降，以便于及时处理。

6.2.8.5 确保环保、绿色工程的保证措施

(1)环境保护措施

① 为贯彻落实绿色建筑管理条例有关政策，项目经理部成立绿色建筑节能领导小组(由项目经理为组长，副经理为副组长，项目管理人员为成员)，明确各职位任务，实行责任制，以完善环境保护管理体系。

② 保护植被，减少对施工场内外的植被损伤并及时修复。对混凝土输送泵、振捣器等可能产生较大噪声的设备进行降噪处理，并减少施工现场的粉尘，注意废水的排放以及施工车辆进出时的冲洗。加强对建筑垃圾特别是有害废弃物的处置。减少光污染对建筑工地周围居民区的影响。

(2)绿色施工管理

① 绿色施工贯穿建筑施工全过程，需要在材料、场地、管理等各个环节考虑节能环保，并坚持以人为本的人文精神，坚持绿色施工，使各方都成为受益对象。

② 本项目现场安装水表、电表，施工区域和生活区安装分水表、分电表，同时明确责任人员及时检查水、电泄漏问题，并由专人定期抄表。所有现场用水阀门均采用节水型。在现场开展节水、节电教育。沉淀后的洗车水再利用。办公室使用节能照明设备，比如走廊设置声控灯等。施工机械操作人员在使用机械时尽量减少空闲时间，夏季控制空调使用，当无人办公或气候适宜时，不要开空调。严禁在生活区使用电炉。根据现场平面布置，就近卸货，避免或减少二次搬运。对钢筋下料方案进行优化，对施工垃圾进行分类处理、再利用。

6.3 专项施工方案设计实例

6.3.1 工程编制依据和实施目标

6.3.1.1 工程编制依据

(1) 国家标准

相关的国家标准见表6.28。

表6.28 土建类相关国家标准

序号	类 别	名 称	标准编号
1	国家	《建筑地基基础设计规范》	GB 50007—2011
2	国家	《混凝土结构设计规范》	GB 50010—2010
3	国家	《混凝土结构工程施工质量验收规范》	GB 50204—2015
4	国家	《建筑地基基础工程施工质量验收标准》	GB 50202—2018

续表 6.28

序号	类别	名称	标准编号
5	国家	《建筑工程施工质量验收统一标准》	GB 50300—2013
6	国家	《建筑边坡工程技术规范》	GB 50330—2013
7	国家	《复合土钉墙基坑支护技术规范》	GB 50739—2011
8	国家	《工程测量标准》	GB 50026—2020
9	国家	《混凝土质量控制标准》	GB 50164—2011
10	国家	《建筑基坑工程监测技术标准》	GB 50497—2019

(2) 行业标准

相关的行业标准见表 6.29。

表 6.29 土建类相关行业标准

序号	类别	名称	标准编号
1	行业	《建筑基坑支护技术规程》	JGJ 120—2012
2	行业	《建筑机械使用安全技术规程》	JGJ 33—2012
3	行业	《施工现场临时用电安全技术规范》	JGJ 46—2005
4	行业	《钢筋焊接及验收规程》	JGJ 18—2012
5	行业	《钢筋焊接接头试验方法标准》	JGJ/T 27—2014
8	行业	《建筑施工安全检查标准》	JGJ 59—2011
9	行业	《岩土锚杆(索)技术规程》	CECS 22:2005
10	行业	《建筑变形测量规范》	JGJ 8—2016
11	行业	《危险性较大的分部分项工程安全管理规定》	中华人民共和国住建部令第 37 号

(3) 工程图纸及地勘资料

基础结构平面图(电子版);《岩土工程勘察报告》(电子版)。

6.3.1.2 工程实施目标

(1) 工期目标

本工程确保不因基坑支护工程施工影响工程的总体进度。

(2) 质量目标

基坑支护工程达到“合格”标准。

(3) 环境目标

最大限度地减少对周边环境及居民的影响,合理布置施工现场,实施标化式工地管理。

(4) 安全与文明施工目标

确保基坑及周边环境的安全，文明施工，杜绝伤亡及火灾、机械事故。

6.3.2 工程概况与工程地质

6.3.2.1 工程概况

工程名称：某市高层住宅；

工程地点：某路与某路交叉口西南角；

结构形式：剪力墙；

基础形式：复合地基；

基础埋深：8～9 m。

6.3.2.2 工程地质

(1) 工程地质条件

第一层杂填土：杂色。稍湿，松散。本层层位稳定，分布普遍，厚度 3.50 ～ 5.30 m。

第二层页岩：褐红色。该层主要在场地上部，在场地南部缺失，层底埋深 3.50～4.30 m，厚度 3.60 ～5.60 m。

第三层石灰岩：青灰紫红色，本层层位稳定，分布普遍，层底埋深 8.80～9.60 m，厚度 4.80～5.80 m。

第四层页岩：紫红色，本层层位稳定，分布普遍，最大揭露厚度 20.50 m。

以上几个土层层位、分布、埋深、标高、厚度等分布规律，详见工程地质剖面图(略)。

(2)水文地质条件

本次勘察期间测得场地地下初见水位埋深为地面下 5.20～5.70 m，平均 5.52 m，初见水位标高为 87.24～89.02 m；地下水稳定水位埋深为地面下 3.40～3.90 m，平均 3.72 m，水位高程为 94.00～95.60 m。稳定水位标高 89.02～89.24 m(为勘察外业结束后统一测量)。

6.3.3 基坑支护设计与施工

6.3.3.1 基坑支护设计

(1) 支护设计的原则

① 支护结构安全可靠，能保证基坑及周边建筑物与环境的安全。

② 支护结构的施工工期短。

③ 有利于土方工程开挖，土方施工工期短。

④ 支护结构造价低，经济合理。

(2) 基坑支护方案的选择

本基坑开挖深度 8～9 m，属较复杂的基坑工程。目前常用的支护形式有土钉墙、桩锚结构及土钉墙与桩锚结构联合支护，其中支护造价最低的支护形式是土钉墙或设置加强措施的复合型土钉墙，其次是土钉墙与桩锚结构联合支护，桩锚结构相对造价最高。但是，支护方案的选择除了保证经济外，还必须考虑其与实际工程的实用性。根据本场地的工程地质条件、基坑开挖深度及周边情况，结合以往类似工程施工的成功经验，本基坑支护采用预应力锚索、钢管桩加土钉墙支护方案。

(3) 基坑支护设计

1—1 剖面采用 1∶0.3 放坡，厚度 100 mm，C20 混凝土；

2—2 剖面采用 1∶0.2 放坡，预应力锚索加钢管桩支护。

6.3.3.2　支护施工

(1) 施工准备

① 技术准备。

② 材料要求。

③ 主要机具设备：

a. 成孔机具设备；

b. 灌浆机具设备；

c. 混凝土喷射机具。

④ 作业条件。

(2) 土钉墙施工工艺

土钉墙施工顺序为：边坡开挖及修整→土钉放线→成孔→土钉杆体制作安放→注浆→钢筋网片制作与安装→焊接土钉头→喷射混凝土面层。

土钉墙施工技术措施：

① 人工修坡施工作业队必须有测量放线人员，多放控制点，加强检查监督工作。

② 要做好施工原材料的质量控制工作，严格执行原材料的进货验证和检验制度，未经检验合格的材料不准使用。钢筋、水泥等材料进场必须具备出厂合格证和质量证明书，复试合格后方可使用。

③ 切实做好技术交底工作，分项工程交底技术质量部交底到专业作业队，各专业作业队必须将各工序交底到作业班组。技术交底必须现场交底，交底人和被交底人必须签字确认，以文字形式留存。

④ 严格执行报验制度，修坡、钢板网、钢筋附设等工序完成后，经自检合格后报技术质量部复检，符合相关规范要求后再报监理单位(或建设单位)检查验收。

⑤ 严格按试验配合比掺拌混合混凝土的干料，水泥、砂石等拌合料有条件时应使用机械搅拌机拌和。

⑥ 对于卵石含砂量大的层段，为防止坡面砂土滑落，应调整施工步骤。修完坡后应先预喷混凝土，然后再编钢筋网片、施工土钉。

(3) 土钉墙施工质量要求

土钉墙施工质量检验标准及保证措施见表 6.30。

表 6.30　土钉墙施工质量检验标准及保证措施

施工内容	检验标准	保证措施	检验方法
修坡	±20 mm	严格按照设计要求开挖，开挖过程中应有专人测量	经纬仪测量、靠尺测量

续表 6.30

施工内容	检验标准	保证措施	检验方法
成孔	孔深±30 mm;孔距±100 mm	成孔之前由专人验收孔位,合格后再进行成孔施工,保证孔位准确;在成孔用的洛阳铲上做长度标记,保证孔深	用钢尺量
孔径 孔倾角	孔径±5 mm 孔倾角±2°	采用直径 90～100 mm 的钻机成孔,保证孔径。成孔前测量钻机与坡面角度,合格后再进行成孔作业	用钢尺量 用靠尺测量
放钢筋	长度±30 mm,放置位置居中	对土钉钢筋全数检查,保证长度;每隔 2 m 焊定位支架,保证土钉位于孔的中心位置	用钢尺量
注浆	浆体强度符合设计要求,注浆量大于理论计算浆量	严格按照配合比制备水泥浆,保证浆体强度;全数检查土钉的注浆计量数据,保证注浆量	取样检验,检查试验报告;检查计量数据
钢筋网片 绑扎	规格符合设计要求,与土钉连接牢固,保护层厚度准确	加强过程控制与检查,发现不合格者随时纠正,提前制作保护层砂浆垫块,保证钢筋保护层	用钢尺量
喷射 混凝土	厚度±10 mm,表面平整,混凝土强度符合设计要求	喷射混凝土作业分段进行,同一分段内喷射顺序自下而上,一次喷射厚度为 50～80 mm;喷射时,喷头与受喷面应垂直,并保持 0.6～1.0 m 的距离,同时控制好配合比,保持混凝土表面平整、湿润有光泽,无干斑或流淌现象。混凝土终凝后进行 3～7 d 的喷水养护	尺量检查,符合设计厚度;喷射过程加强检查,按照配合比和施工工艺施工;混凝土强度取样检验,检查试验报告
土钉 承载力	符合设计要求		试验检测

(4) 预应力锚索施工

① 施工准备。

② 施工放样。

③ 锚索试验:

锚索施工分层进行,施工工序为:测放孔位→钻孔→清孔→锚索制作与安装→一次注浆→养护→二次注浆→安装锚索连梁→张拉锁定。

④ 钻孔,钻孔工艺流程见图 6.20。

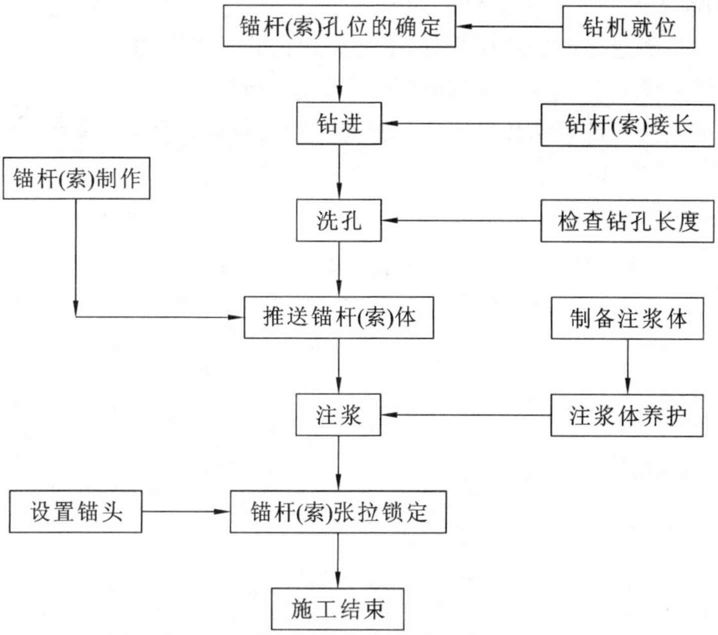

图 6.20 预应力锚杆(索)钻孔工艺流程图

⑤ 锚索制作与安装。
⑥ 注浆。
⑦ 腰梁制作与安装。
⑧ 记录。

6.3.4 施工准备

6.3.4.1 技术准备

详见第 1 章。

6.3.4.2 人、机、材料的准备

(1) 劳动力的准备

劳动力的准备计划见表 6.31。

表 6.31 劳动力的准备计划

序号	单项工程	所需人数
1	钢筋加工	4
2	成孔班	6
3	注浆班	4
4	喷射班	10
5	电工班	1

（2）材料的准备

① 材料采购既要把握现场的库容量，又要能保证施工生产的连续性。

② 把好材料进场关，严禁不合格的材料流入施工现场。

③ 从施工单位材料供应商数据库中选择有实力的材料供货商，满足生产的需要。

（3）机械设备的准备

主要机械设备需用量计划见表 6.32。

表 6.32　机械设备需用量计划

序号	机械名称	型号	数量	备注
1	空压机	—	1 台	—
2	AD-100 潜孔钻	—	2 台	—
3	注浆机	—	2 台	—
4	混凝土喷射机	—	2 台	—
5	搅拌机	—	2 台	—
6	交流电焊机	—	2 台	—

6.3.5　施工部署与施工组织

6.3.5.1　施工部署

（1）项目经理部认真贯彻施工合同的全部内容，严格执行对建设单位在工期、质量、安全等方面的承诺。

（2）认真执行公司的经营原则："开工前为用户着想，施工中对用户负责，竣工后让用户满意"。

（3）以技术质量为先导，施工前针对施工特点和结构形式、图纸及施工规范要求编制科学、合理、具体和有较强针对性的施工方案。

（4）牢记"安全第一"的思想，施工生产围绕安全生产安排部署工作，在施工的全过程中以安全为中心指导施工。

（5）在确保技术质量安全的前提下，确保施工任务按计划、按部署完成，提高工作效率、节约成本、降低消耗。

6.3.5.2　施工组织

（1）组织机构

① 项目经理部的组成(图 6.21)。

② 主要管理人员及部门职能。

(略)。

（2）组织协调

① 现场落实组织机构，由项目经理全面组织和部署施工任务，统一指挥、调度，保证生产的顺利进行。按工作量、施工人员合理安排进度计划，按进度计划的时间严格控制施工

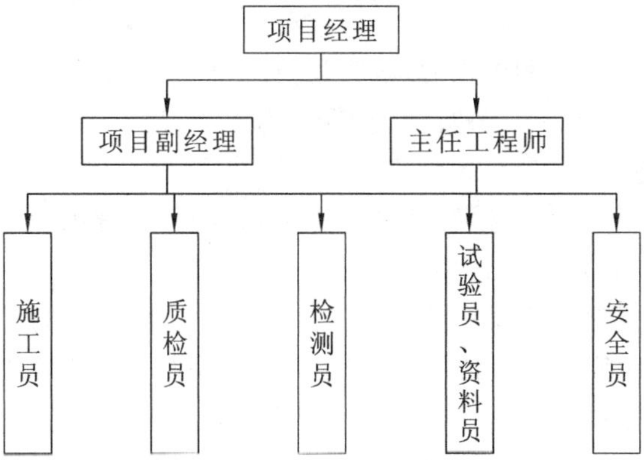

图 6.21 项目经理部的组成结构

部位，去除不利因素、合理配合。

② 加强施工班组的质量意识及劳动定额意识教育，定时、定质、定量完成任务，做到交底清晰准确、针对性强，并加强过程管理，以期做到不返工，一次成优。

③ 定期和不定期检查制度：通过定期和不定期的检查，及时发现施工中存在的问题，及时调整管理方案，及时解决诸如工期、质量、安全问题以及总分包配合协调方面的矛盾，确保整个施工过程沿着预定的目标前进。

6.3.6 施工工期和施工质量保证措施

6.3.6.1 施工工期保证措施

(1) 组织措施

① 组建的项目班组具有同类工程施工经验，可以确保指令畅通、令行禁止。

② 项目班组加强同业主及现场监理工程师的交流与沟通，对施工过程中出现的问题及时达成共识。

③ 项目班组加强对施工生产的监控与指导，保证各种生产资源及时、足量地供给。

(2) 技术措施

① 根据总工期进度计划的要求，强化节点控制，建立"以时保日、以日保周、以周保总体"的计划管理体系。

② 根据业主提出的工期，在开工前对操作工人进行详细的技术交底，为支护开挖提供技术保障，并确保每道工序一次合格，不出现返工现象。

(3) 劳动力措施

加大劳动力的投入，实行人员轮班制，保证作业人员的健康，为确保工程质量、提高工效奠定基础。

(4) 管理措施

① 每天召开各专业碰头会，及时解决生产协调中的问题，不定期召开专题会，及时解决影响进度的有关问题。

② 加强施工配合及前期施工准备工作，拟定施工准备计划，专人逐项落实，确保后勤保

障工作的优质、高效。

③ 做好专业作业队管理，明确权力，落实责任；专业工种之间严格执行持证上岗制度，杜绝无证操作，同时定期对持证人员进行现场实际操作考试，对不合格的人员取消上岗资格。

(5) 材料保证措施

① 有完善的材料供应商服务网络，拥有大批重合同、守信用、有实力的物资供应商，能保证施工所需钢筋、砂石、水泥等材料及时到场。

② 资料员及时向监理工程师呈报材料供应商资质证明、进场材料合格证等。

③ 对进场材料及时取样送检，并将检测结果及时呈报监理工程师。

(6) 机械设备保证措施

① 已对工程所需机械设备进行充足的准备，且配置的机械设备性能良好。既能根据工程需要即刻进入现场，又能提高工效，加快工程进度。

② 对产生噪声的机械设备进行封闭式管理，减少对周边环境的影响，为工程顺利进展创造有利的外围条件。

6.3.6.2 施工质量保证措施

(1) 采购物资质量保证

① 在确定合格的供应方或有信誉的商店中采购物资，所采购的材料或设备有出厂合格证、材质证明和使用说明书。对有疑问的材料禁止进货。

② 材料的运输、搬运、入库、保管要有严格的责任制，每道工序均有交接制度。材料入库后实行标化和分类管理，采取防止变形、防止受潮霉变和变质的措施。材料出库再检验并办理相关的领用手续。

(2) 技术保证

① 收到业主提供的图纸后，及时进行内部图纸会审及深化设计，并把发现的问题汇总；参与由业主、监理、设计等单位参加的图纸会审，进行会审记录的会签、发放、归档。

② 编制具有指导性、针对性、可操作性的施工方案、施工技术交底。

③ 根据工程实际情况，积极推广“四新”技术。

④ 组织管理人员学习创优经验，提高管理人员质量、技术意识。

(3) 成品保护措施

① 根据现场的实际情况合理地安排施工顺序。土方开挖时应合理安排运输路线和分层厚度，保证现场边坡支护的安全。

② 现场其他已有且需要保留的管线和构筑物，按照业主和甲方的要求制定保护方案，并严格执行。

(4) 合同保证

全面履行工程承包合同，加大合同执行力度，严把质量关。

(5) 试验保证

① 根据工程质量要求，项目经理部设置专门人员负责工程各种相关试验、见证取样试验以及配比试验。各种材料、构件需按规范要求取样试验，合格后方可使用，同时，加强计量管理。

② 混凝土的原材料要有材质证明，并送出实验室正式的混凝土配合比，施工过程中按规定留置混凝土试块进行28 d强度检测。所有材质、复试资料按规定收集整理，归入正式交工资料。

(6) 制度保证

① 质量会诊制：在项目内部分别组成基坑支护工程质量考评小组，对每个施工段进行质量会诊和总结，并填写质量会诊表，质量会诊表中着重反映发生每种质量超差点的数量，并对发生的原因进行分析说明。质量会诊小组成员在每期质量例会上对上一期中会诊出来的主要问题进行有针对性的分析和总结，提出解决措施，预控下一期不再发生同样的问题。

② 三检制度：严格执行"三检制度"(即自检、互检和交接检、专检)。

6.3.7　雨季施工措施

6.3.7.1　雨季施工准备

(1) 成立防汛抢险领导小组和防汛抢险突击队。

(2) 建立、健全雨季施工岗位责任制、技术责任制、质量责任制等管理制度。

(3) 雨季施工期间，应全面、准确地掌握天气情况。各施工点派专人坚持天天收听并记录当天和第二天的天气预报，如天气变化，应及时通知有关部门做好准备。

(4) 雨季施工所需设备、机具、材料，均要提前考虑和准备好。

(5) 做好现场场地的排水工作，排水坡度应不小于3‰，并能防止四邻地区的水流入。凡能积水的区域应填平。

(6) 加强对职工的雨季施工安全教育，提高安全意识，防止发生中暑、触电、食物中毒等事故。

(7) 现场基坑施工前准备好300 m^2 的塑料薄膜，下雨时用于覆盖刚喷射的混凝土。准备好5件雨衣、5双长筒雨鞋、1台20 m扬程水泵、10把以上铁锹、应急手电筒5把，以备下大雨场地内的雨水来不及排出时，防汛人员用于排水。

(8) 在雨季到来之前，项目经理部组织有关部门进行一次较为细致的联合大检查，范围为工地及生活区。对工程、机械、材料、房屋等的状况做全面的检查，对发现的问题采取积极有效的措施，限期整改。

(9) 对临时性建筑的稳固、漏雨、排水情况做全面的检查，不安全的要加固，漏雨的要派人修理。

(10) 临电的导线绝缘要做一次全面检查，发现问题要及时处理好。

(11) 搞好环境卫生、食堂卫生及个人卫生，合理安排工作时间，让工作人员休息好、工作好。

6.3.7.2　雨季支护工程施工技术安全措施

(略)。

6.3.8 现场安全保证措施与文明施工

6.3.8.1 现场安全保证措施

(1) 建立安全生产管理制度

① 安全生产责任制：认真贯彻"安全第一、预防为主"的方针。项目经理是安全生产、消防工作的第一责任者，安全员、消防干事是安全工作和消防工作的直接责任者，建立、健全各级各部门的安全生产责任制，责任落实到人。各项承包有明确的安全指标、奖惩办法，做到谁施工谁对安全负责。

② 所有参施人员都必须进行进场前的安全教育，考试合格后方可施工。一线工人应掌握本工种操作技能，熟悉本工种安全技术操作规程。

③ 特种作业人员必须持证上岗，该复审的必须复审，携带相应的劳动保护用品。

④ 所有进入工地的人员必须戴安全帽，高空作业人员系安全带，遵章守纪，佩戴标记。

⑤ 坚持班组施工的班前上岗交底、班后讲评和每周一次安全活动，并有检查和验收措施。

(2) 施工用电安全措施

① 现场临时用电应根据现有用电平面布置图布置，并严格执行，施工中严禁乱接、乱拉电线，各种电器设备均应配置漏电保护器，非专业人员不得接触各类电器设备，防止触电事故的发生。制定安全用电责任制，做好施工用电技术交底。

② 按 TN-S 系统设计要求设置保护接零系统，实施三相五线制，杜绝疏漏。所有接零、接地处必须保证可靠的电气连接；保护线 PE 必须采用双色线，与相线、工作零线区别，严禁混用。

③ 高低压线路旁不得搭设作业棚或堆放施工材料、架具和其他杂物。

④ 设置的总配电房，门应向外开，各级配电箱、开关箱应有防雨措施，同时加锁并设专人负责。配电装置的上部距顶棚不得小于 0.5 m，安装位置周围不得有杂物，便于操作。

⑤ 配电箱、开关箱在使用过程中的操作顺序为：总配电屏→分配电箱→开关箱→用电设备；停电操作顺序为：用电设备→开关箱→分配电箱→配电屏。

⑥ 各种电器应安装在绝缘的电器安装板上，电器和熔断器的熔丝必须与电流量相一致。

⑦ 各配电箱必须固定设置，配电箱、开关箱必须统一编号，箱底距地面不得小于 1.2 m。

⑧ 配电箱或配电线路维修时应悬挂停电标志，停(送)电必须由专业电工负责。

⑨ 设备与开关箱间距不大于 3 m，与配电箱的间距不大于 30 m；各级开关箱应安装漏电保护器，单机使用的漏电保护器的定额漏电动作电流为 30 mA，漏电动作时间应小于 0.1 s。

⑩ 做防雷接地的电气设备必须同时做重复接地，同一台电气设备的重复接地与防雷接地可共用同一接地体。

⑪ 保护零线的截面积应不小于工作零线的截面积，同时必须满足机械设备强度的要求，保护零线不得装设开关或熔断器。

⑫ 与电气设备相连接的保护零线应为截面积不小于 5 mm^2 的绝缘多股铜线，保护零线的统一标识为绿/黄双色。

⑬ 保护零线除必须在配电室或总配电箱处做重复接地外，还必须在配电线路的中间和

末端处做重复接地。

⑭ 总配电箱应装设隔离开关和分路隔离开关，总熔断器和分路熔断器（或总自动开关与分路自动开关）以及漏电保护器；若漏电保护器同时具备过负荷和短路保护功能，则可不设分路熔断器或分路自动开关；总开关电器的额定值、动作整定值应与分路开关电器的额定值、动作整定值相适应。

⑮ 配电箱、开关箱中导线的进线口和出线口应设在箱体的下底面，严禁设在箱体的上顶面、侧面、后面和门处；移动式配电箱的进、出线必须采用橡皮绝缘电缆。

⑯ 所有配电箱、开关箱应每月检修一次，维修人员必须是专业电工，检修时必须按规定穿绝缘鞋、戴手套、使用电工绝缘工具。

⑰ 手持电动工具的外壳、手柄、负荷线、插头、开关等必须完好无损，使用前必须做空载检查，运转正常后方可使用。

⑱ 使用行灯的电源电压不得超过 36V，灯体与手柄必须坚固、绝缘性能良好；灯头与灯体结合牢固，灯头无开关，灯泡的外部有保护网；潮湿和易接触电及带电体场所的照明电源电压不得大于 24V，特别在潮湿的场所、导电良好的地面的电源电压不得大于 12V。

⑲ 水泵的负荷线必须采用 YHS 型防水橡皮护套电缆，不得承受任何外力；消防水泵的负荷线必须设专门的线路。

（3）喷射混凝土作业

① 作业前检查现场环境、管路、接头、压力表及安全阀。

② 进行喷射作业时必须按安全技术交底的要求控制压力，若超压应停泵检查，排除故障。

③ 作业中应设专人指挥，采用专人操作喷射机，其他作业人员配合。

④ 喷射高度超过 1.5 m 时，应搭设作业平台。

⑤ 喷嘴在使用与放置时均不得对着人，喷射下风方向不得有人。处理堵塞管路时，喷头应有专人看护，喷嘴前方不得有人。

⑥ 人工手持喷射器作业时，应配辅助支架理顺管路，严禁碾压、踩踏管路。

6.3.8.2 现场文明施工

（1）建立文明施工体系，明确到人，施工区及生活区设专人负责卫生及文明施工工作，并设立文明施工小组。

（2）材料按规定场地码放整齐、稳固，并设有明显标志；现场存放油料必须进行防漏处理。

（3）施工期间，主要临时路及场地应经常洒水，防止扬尘，并经常进行维修养护。

（4）对于施工所影响的树木及建筑物，要用包扎草袋或搭防护栏进行保护。

（5）施工区、生活区内厕所应设专人保洁。

（6）严禁生活用品随手抛洒，保持现场环境清洁。

（7）现场内施工人员禁止抽烟、随地大小便。

（8）施工机械要经常清洗，保证外表干净。

6.3.9 现场环境保护管理措施

6.3.9.1 防止大气污染

（1）土方施工阶段，主要采取淋水降尘措施。凡遇到 4 级以上大风天气时，严禁任何土方等产生易扬尘的工序施工。

(2) 施工垃圾应及时清运，并适量洒水，减少污染。水泥和其他易飞扬物及细颗粒散体材料安排在库内存放或严密遮盖，运输时要防止遗洒、飞扬，卸运时采取码放措施，减少污染。

(3) 对使用的运输车要加强防止遗洒的管理，必须清理干净后方可开出现场。

(4) 在现场设置出场专用大门，在出场门处设置车辆清洗冲刷台或铺垫草袋、帆布或地毯。车辆经清洗或清扫后出场，严防车辆携带泥沙出场造成遗洒。

6.3.9.2 防止水污染

(1) 确保雨水管网与污水管网分开使用，严禁将非雨水类的其他水体排进市政雨水管网。

(2) 加强对现场存放油品和化学品的管理，对存放油品和化学品的库房采取有效的防渗漏处理。在储存和使用中，防止油料跑、冒、滴、漏，污染水体。

6.3.9.3 防止噪声污染

加强施工现场全体员工环保意识，采取有力措施控制人为的施工噪声，严格加强管理，最大限度地减少扰民噪声。

6.3.9.4 废弃物管理

(1) 施工现场设立专门废弃物临时贮存场地。废弃物应分类存放，对有可能造成二次污染的废弃物必须单独贮存，并设置安全防范措施且有醒目标识。

(2) 废弃物的运输确保不遗洒、不混放，送到政府批准的单位或场所进行处理、清运。

(3) 对可回收的废弃物做到再回收利用，如渣土过筛铺设路面等。

6.3.9.5 其他有关注意事项

(1) 对施工现场的施工机械安排专人定期进行全面的检查和维修保养，保证设备始终处于良好的状态，避免噪声、油泄漏等污染，并能够杜绝重大安全隐患的存在。

(2) 生活垃圾与施工垃圾分开，并及时组织清运。

(3) 施工作业人员不得在施工现场围墙以外逗留、休息，人员用餐必须在施工现场围墙以内。

6.3.10 基坑土方开挖

(1) 开挖边线确定

首先，测量人员根据业主提供的控制点，定出本工程基坑轴线；然后按基底混凝土垫层外边线每边加工作面 600 mm 定出基坑开挖下口线，再按 1∶0.3 放坡开挖，然后扣除 1000 mm 宽的中间平台放出下一级边坡开挖边线，最后继续按照开挖边线 1∶1放坡开挖至坑底设计标高。在具体基坑开挖过程中结合开挖实际深度定出开挖上口线，并撒灰线标记开挖边线及变坡位置。

(2) 开挖方法

① 采用机械分层挖土，边挖土边修整边坡。在开挖至距离坑底 500 mm 以内时，测量人员抄出 500 mm 水平线，在基槽底钉上水平标高小木桩，在基坑内抄若干个基准点，拉通线找平，预留 300 mm 土层人工清理。

② 机械开挖至最后一步时，测量人员随即放出基础承台线，由人工挖除 300 mm 预留土层，并清理整平，及时进行垫层的浇筑，防止基底土水分蒸发损失，导致土体积膨胀。

(3) 开挖注意事项

① 坑底及坡顶四周做好排水措施，在地面设置截水沟，基坑内设集水井，采用明排水的方法，沿坑底周围开挖 300 mm×300 mm 排水沟，使水流入集水井，用水泵排到业主要求的雨水沉砂池，最后排到雨水沟内。防止雨水及地下水浸泡基土，每日及雨天例行检查土壁稳定情况，在确定安全的情况下方可继续工作。

② 清底人员必须根据设计标高做好清土工作，因桩顶高出基底 200 mm，为保护桩基，坑底必须预留 300 mm 余土采用人工开挖。

③ 机械开挖过程中以及停置和进出场时应注意安全，随时配合挖运土做好现场清洁工作，做到文明施工。

(4) 异常情况处理

开挖过程中，施工人员要随时注意观察基坑土质变化及边坡稳定情况，出现异常情况时，立即报告。

① 场内如有暗浜或软弱夹层，应将淤泥全部清除干净，用砂石分层夯实至设计标高；

② 开挖过程中如遇滑坡迹象，应立即暂停施工，报告业主并主动采取应急措施，在转移工人的同时，将滑坡现场进行封锁；测量人员根据滑坡迹象设置观测点，以便观测坡体平面及竖向位移，为应急措施提供重要的原始资料。

6.3.11 基坑监测设计

6.3.11.1 监测目的与监测项目

(1) 监测目的

通过监测，可以及时掌握基坑开挖及施工过程中支护结构的实际状态及周边环境的变化情况，做到及时预报，为基坑边坡和周边环境的安全和稳定提供监控数据，防患于未然；通过监测数据与设计参数的对比，可以分析设计的正确性和合理性，科学合理地安排下一步工序，必要时及时修改设计，使设计更加合理，施工更加安全。

(2) 监测项目

基坑水平位移、沉降监测。

6.3.11.2 水平位移、沉降监测

(1) 监测目的

① 通过将监测数据与预测值作比较，判断上一步施工工艺和施工参数是否符合或达到预期要求，同时实现对下一步的施工工艺和施工进度控制，从而切实实现信息化施工。

② 通过监测确保本工程基坑开挖期间周边的建筑物、管线、道路的正常运行。

③ 将现场监测结果反馈给设计单位，使设计能根据现场情况进一步优化，达到优质安全、经济合理、施工快捷的目的。

④ 通过跟踪监测，使施工科学有序，保障基坑始终处于安全运行的状态。

(2) 监测项目

① 周边建筑、道路沉降监测。

② 支护结构顶部变形监测:主要监测对象为基坑顶部。

③ 以中误差作为衡量精度的标准。

(3) 监测点的布置

① 周边管线监测

根据现场勘测报告,对周边管线按间距 15～25 m 布置沉降监测点。

② 支护结构监测

水平位移监测点:设置在土钉墙翻边上。监测点水平间距为 15～25 m,每边监测点数目不宜少于 3 个。监测点布设具体位置与数量可根据现场实际情况做适当调整。

(4) 监测频率及报警值

① 监测初始值测定

为取得基准数据,各监测点在施工前随施工进度及时设置,并及时测得初始值,监测次数不少于 3 次,直至稳定后作为动态监测的初始测值。

测量基准点在施工前埋设,经监测确定其已稳定时方可投入使用。稳定标准为 3 次监测值不超过 2 倍监测点精度,基准点不少于 3 个,并设在施工影响范围外,监测期间定期联测以检验其稳定性,并采用有效保护措施,保证其在整个监测期间的正常使用。

② 施工监测频率

基坑工程监测频率的确定应满足能系统反映监测对象所测项目的重要变化过程而又不遗漏其变化时刻的要求。

基坑工程监测工作应贯穿于基坑工程和地下工程施工全过程。监测期应从基坑工程施工前开始,直至地下工程完成为止。对有特殊要求的基坑周边环境的监测应根据需要延续至变形趋于稳定后结束。

监测项目的监测频率应综合考虑基坑类别、基坑及地下工程的不同施工阶段以及周边环境、自然条件的变化和当地经验而确定。当监测值相对稳定时,可适当降低监测频率。

根据《建筑基坑工程监测技术标准》(GB 50497—2019),对于应测项目,在无数据异常和事故征兆的情况下,开挖后现场仪器监测频率可按表 6.33 确定(最终监测频率应与设计、建设、监理及有关部门协商后确定)。

表 6.33 本工程基坑各部位监测频率

基坑监测位置	开挖小于 5 m	开挖大于 5 m	底板浇筑 ＜7 d	底板浇筑 7～14 d	底板浇筑 14～28 d	底板浇筑 ＞28 d
基坑整体	1 次/2 d	1 次/1 d	1 次/2 d	1 次/3 d	1 次/5 d	1 次/10 d

监测时间从基坑开挖前开始,到基坑回填完毕结束。基坑支护过程中,每 1～2 d 监测一次,当相邻两次监测的位移增量大于 2.5 mm 或累计变形量大于报警值时,应缩短监测周期至每天两次甚至全天候监测,并及时向有关部门汇报,分析位移原因,以指导下一步工作。基坑支护完成后,监测周期可调整为 10 d 一次,如果位移增量很小甚至为零,可以将监

测周期再延长。

③ 监测报警值与监控值

在工程监测中，每一监测项目都应根据客观环境和设计计算书事先确定相应的报警值，以判断位移或受力状况是否会超过允许的范围，判断工程施工是否安全可靠，是否需要调整工序或优化原设计方案。报警值确定的原则是：a. 满足设计计算的要求，不可超出设计值；b. 满足测试对象的安全要求，以达到防护目的；c. 满足各防护对象的主管部门提出的要求；d. 满足现行的相关规范、规程要求；e. 在保证安全的前提下综合考虑工程质量和经济等因素，减少不必要的资金投入。

根据以上原则，并结合本工程特点，本基坑为二级基坑，水平位移报警值定为 50 mm，竖向位移报警值定为 50 mm。

④ 主要监测仪器设备(表 6.34)

表 6.34 监测仪器设备表

序号	设备仪器名称	数量	使用项目
1	电子水准仪	1	沉降监测
2	全站仪或经纬仪	1	水平位移
3	笔记本电脑	1	数据处理
4	打印机	1	输出设备

(5) 监测资料收集整理

在现场设立微机数据处理系统进行实时处理。每次监测数据经检查无误后输入微机，经过专用软件处理，自动生成报表。监测成果当天提交给建设、监理、设计及其他有关单位。

现场监测工程师分析当天监测数据及累计数据的变化规律，并经项目负责人审核无误后当天提交正式报告。如果监测结果超过设计的警戒值应立即向建设单位、设计单位、监理单位发出警报，提请有关部门关注，以便及时决策并采取措施。每个施工阶段提供监测阶段报告，监测工程结束后一周内提供监测总结报告。

6.3.11.3 造成基坑边坡位移分析

(1) 分析

① 地下管道年久失修，破损严重，在基坑土方开挖过程中地下管道断裂，地下水的集中渗漏将直接导致基坑顶部出现裂缝。

② 材料堆放(如钢筋等)造成坡顶荷载过大，导致边坡位移。

③ 边坡处瞬间受到较强的冲击荷载，土钉的延缓变形失去作用。

④ 雨季坡脚受到雨水浸泡或冲刷，造成坡脚土体松软或流失，从而造成边坡土体的倾覆、滑移以致塌落。

(2) 注意事项

① 基坑土方开挖步骤及开挖量，严格控制超挖深度；

② 基坑周边环境及各种地下管线的位置；

③ 做好路面硬化及地表排水工作；

④ 提前探测地下管道的位置及管道的状态，以便提前采取措施预防；

⑤ 做好雨季防雨排洪措施；

⑥ 在支护过程中及支护完毕后应随时做好监测工作，直至基坑回填完毕，以便及时发现情况采取相应措施进行补救；

⑦ 合理安排工作，妥善协调支护与其他施工作业的关系，避免因交叉施工造成工期拖延，给支护带来安全隐患。

总之，土钉支护无论设计与施工都应规范化、合理化、全面化，这样才能确保工程顺利施工。

6.3.12 基坑应急预案

6.3.12.1 基坑边坡支护防水措施

(1) 造成边坡出现渗水原因分析

① 地表排水不利及地面硬化不合理或不严密，造成地表水下渗，地下水饱和。

② 原有的基坑槽底以上的地下水层通过降水施工，地下水没有完全通过降水排出，导致部分地下水残留。

(2) 注意事项

① 基坑土方开挖步骤及开挖量，严格控制超挖深度。

② 做好路面硬化及地表排水工作。

③ 提前探测地下管道的位置及管道的状态，以便提前采取措施预防。

(3) 应急措施

① 在土方开挖过程中，发现局部存在因为管道或化粪池渗漏形成的地下水时，首先在此位置减少土方开挖长度及深度；设置引水管，引水管伸入坡面长度不小于 500 mm，伸出坡面不小于 300 mm，间距以 500 mm 为宜；喷射面层混凝土时，加入一定量的速凝剂，待强度达到 75%时，方可开挖附近及下部土方。

② 边坡上局部出现地下水外涌造成地面出现裂缝：这可能是由于基坑周边的管道出现大量漏水造成的；或降大雨排入地下管道时，管道不能满足排水要求，雨水从其他途径进入土体；或者下雨时大量雨水从破损的管道渗出，或者局部地层回填土较厚。

一般采取以下措施：

a. 首先寻求根源所在，找到管道漏水的地方，或堵住或疏导。

b. 把涌水处面层凿开，插入大管径排水管，把土体中的地下积水排出。

c. 在坡顶加设地锚。

在出现裂缝处，先把混凝土抗渗板内竖向压筋凿出 10～15 cm，用不小于竖向压筋的螺纹钢筋与其焊接，焊接长度不小于 $10d$（粗筋），向边坡远端延伸 5～15 m（视场地情况而定），固定在远端的竖向土钉上。竖向土钉长度 1.5～2.0 m，孔径 110～130 mm，其水平间距是支护土钉水平间距的 2 倍。

6.3.12.2 基坑开挖不可预见情况应急措施

基坑工程中，由于施工不当，不明、不良地质因素及不可抗力等原因会发生各种不可预见的情况。如基坑开挖后,支护结构位移过大或发展过快,导致基坑边坡渗漏水等现象发生,为防止造成较严重的后果,应根据监测结果仔细分析原因,针对不同情况及时采取相应措施。

(1) 支护结构水平位移突然加大

按正常间隔进行监测时,位移增量达到平时值的 3～5 倍或绝对值达到 5 mm/d 以上即界定为水平位移突然加大。具体处理措施为:

① 将监测结果上报施工项目负责人和技术负责人,要求马上停止基坑挖运土。

② 负责基坑支护施工的技术人员要立即查找事故原因,查看边坡、基坑周边地面是否有裂缝,边坡坡面是否有渗漏水,基坑周边是否有临时堆载,检查基坑周边的上下水及雨水管道是否有漏水等情况。

③ 找出形成的原因后,加密基坑监测频率,如果是堆载造成,应卸载;如果是管道漏水造成,找出漏水原因、地点,采取措施堵住漏水。

④ 如果消除隐患后,基坑位移回复正常,可继续施工;如果未找到事故原因,水平位移继续发展,则不得继续施工;如果位移加速,须及时回填基坑,防止基坑边坡垮塌。

(2) 边坡位移发生突变,地面产生较大裂缝,位移未有收敛迹象

具体处理措施为:

① 立即封锁该区路面,禁止各种车辆及无关人员通行,及时通知设计人员到现场。

② 尽快采取坡后卸荷、坡脚堆土压重或内支撑等方法减缓边坡位移。

③ 缩短边坡监测周期,同时尽快分析事故原因,找出最有效的解决方案避免事故继续恶化,保证工程顺利进行。

6.3.12.3 成立应急小组

(1) 成立应急事件处理领导小组

作为应急情况发生时的组织领导机构,选择 20 名身体健康、体格强健的工人成立应急情况处理突击队;在施工现场应始终保持 1 台挖掘机随时待命,作为抢险使用。

应急事件处理领导小组组织机构如图 6.22 所示。

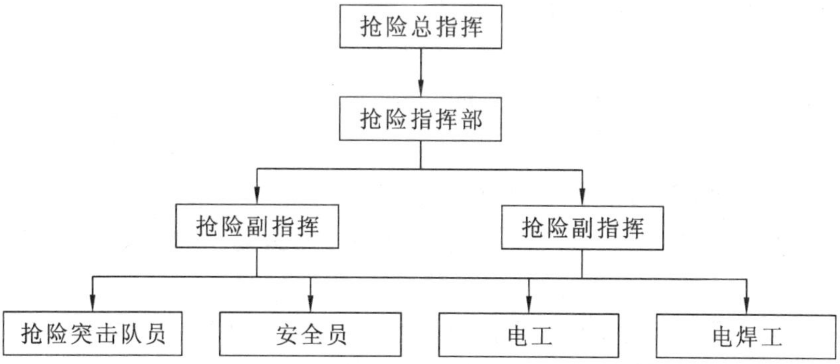

图 6.22 应急事件处理领导小组组织机构

(2) 建立信息反馈制度

监测单位每天应向业主、监理、施工单位汇报监测结果,以便发现问题,及时解决。

信息反馈程序如图 6.23 所示。

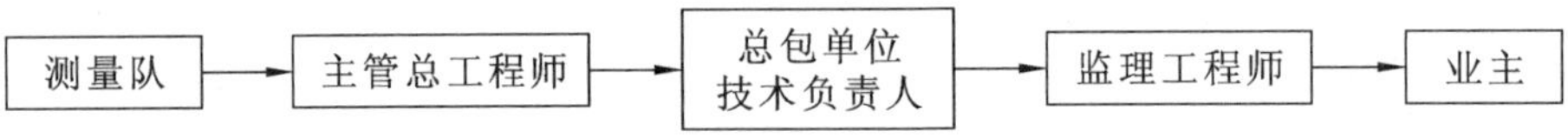

图 6.23　信息反馈程序

(3) 注意事项

① 当坡体及附近建筑物变形超过报警值或变形速率超过规定值时，应及时通知业主、监理、总包方进行会商，查找原因并采取应急措施。

② 当变形超过 21 mm 的预警值时，要求监测队每天监测 2 次；当变形超过 30 mm 的警戒值时，要求每小时测一次，并启动应急预案。

③ 边坡工程施工出现险情时，应做好边坡支护结构和边坡环境异常情况的收集、整理及汇编等工作。

④ 当边坡变形超过预警值，周边环境出现沉降、开裂等险情时应暂停施工，根据险情原因选用如下应急措施：

a. 坡脚被动区临时压重；

b. 坡顶主动区卸土减载，并严格控制卸载程序；

c. 做好临时排水、封面处理；

d. 对支护结构临时加固；

e. 对险情段加强监测。

6.4　道路工程施工组织设计实例

6.4.1　工程概况

6.4.1.1　工程简介

工程名称：××路段公路路面改造工程施工。

工程规模：工程全长 34.017 km，路基宽 12 m，路面宽 10.5 m，沥青混凝土路面。

质量要求：符合国家现行《公路工程质量检验评定标准　第一册　土建工程》(JTG F 80/1—2017)。

6.4.1.2　交通、电力、通信、生产及生活用水

(1) 交通：根据招标文件提供的资料，结合现场考察结果，本工程沿现有道路铺以临时道路运输至现场。

(2) 电力来源：场内用电可从业主指定地点接入，搭当地电网供电，同时投入 100 kW 发电机 1 台，以保持不致因停电而影响工程施工的连续作业。

(3) 通信：本合同段沿线均有手机的信号覆盖，可采用移动电话和对讲机通信，在项目经理部安装一台固定电话，以保证联络。

(4) 用水来源：路线所经过地区水源丰富，可满足工程用水和生活用水的需要。

(5) 主要材料：本工程地方材料在现场加工，水泥、沥青在大厂购买，并用汽车运输至现场。

6.4.2 施工方案及施工方法

6.4.2.1 测量放线施工

测量前的技术准备工作→施工测量控制→测量临时水准点→平面放线→纵断面水准测量→复测、定位→竣工测量。

6.4.2.2 挖除旧路面

对于损坏严重的旧水泥混凝土面板，如板块出现严重的破碎、断裂与沉陷时，需要挖除旧板后浇筑新板。

6.4.2.3 浆砌片石边沟

(1) 路基施工前要先校核全线排水系统设计是否完善，综合考虑全线临时排水设施和永久性排水设施的结合施工。

(2) 各排水工程的位置、断面尺寸、沟底纵坡均要按设计图纸施工。

(3) 基坑开挖完成并报监理工程师检查确认后方进行下道工序的施工。

(4) 砌体在砌筑时，采用挤浆法操作。砌体的砂浆强度、平面位置、断面尺寸、平整度、砌缝等均要求符合相关规范。

6.4.2.4 挡土墙

基础采用机械开挖人工捡底，砂浆现场机械拌制，人工砌筑。

(1) 施工程序

测量放线→基础开挖→挡墙砌筑→抹面→回填→接缝处理。

(2) 施工方法

(略)。

6.4.2.5 透层及黏层施工

(1) 工作面准备；

(2) 沥青材料加热；

(3) 沥青喷洒作业；

(4) 养护；

(5) 注意事项。

6.4.2.6 沥青混凝土路面面层施工

其施工方案拟采用集中拌和，汽车运输至摊铺现场，采用摊铺机摊铺，轮胎及光轮压路机碾压密实。

在施工前应铺筑试验段，试验段的长度宜为100～200 m，试验段宜在直线段上铺筑；如在其他道路上铺筑时，路面结构等条件应相同。铺筑结束后，施工单位应就各项试验内容提出试验总结报告，并取得主管部门的批复作为施工依据。

6.4.2.7 沥青混凝土下面层施工方法

施工程序为：工前技术准备 →拌和→ 运输→ 摊铺→ 压实→接缝处理→开放交通。

6.4.2.8 沥青混凝土上面层施工方法

下面层经监理工程师验收合格洒布黏层后，进行上面层的施工作业。上面层高程按 10 m 一个桩进行控制，其中竖曲线凹凸点附近按 5 m 一个桩加密控制，放出路面顶面幅宽的边缘线，挂线控制层厚，从平、纵、横三个断面上确保路面的平顺整齐。

在施工过程中，要注意上面层混合料的级配色泽、颗粒、质量和试验检测，严格掌握混合料的碾压温度、平整度，做到表面平整密实、无碾压轮迹、接缝紧密且与分隔带缘石衔接平顺，路面范围内无积水。

6.4.2.9 安全设施

(1) 警告标志牌；

(2) 波形护栏；

(3) 路面标线。

6.4.3 进度计划

工程施工进度计划的具体安排及施工关键日期如图 6.24 所示。

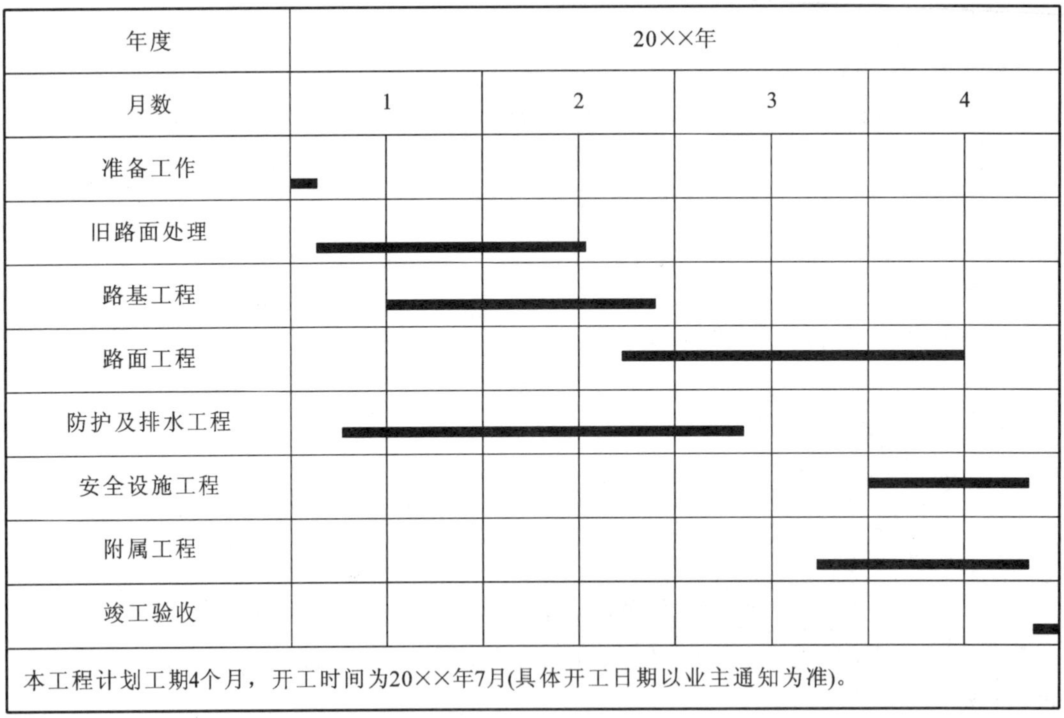

图 6.24 计划开、竣工日期和施工进度图

6.4.4 施工准备

施工准备工作包括施工准备阶段和全面施工阶段。

施工准备工作包括现场准备、技术准备和物资准备。施工准备工作流程框图如图 6.25 所示。

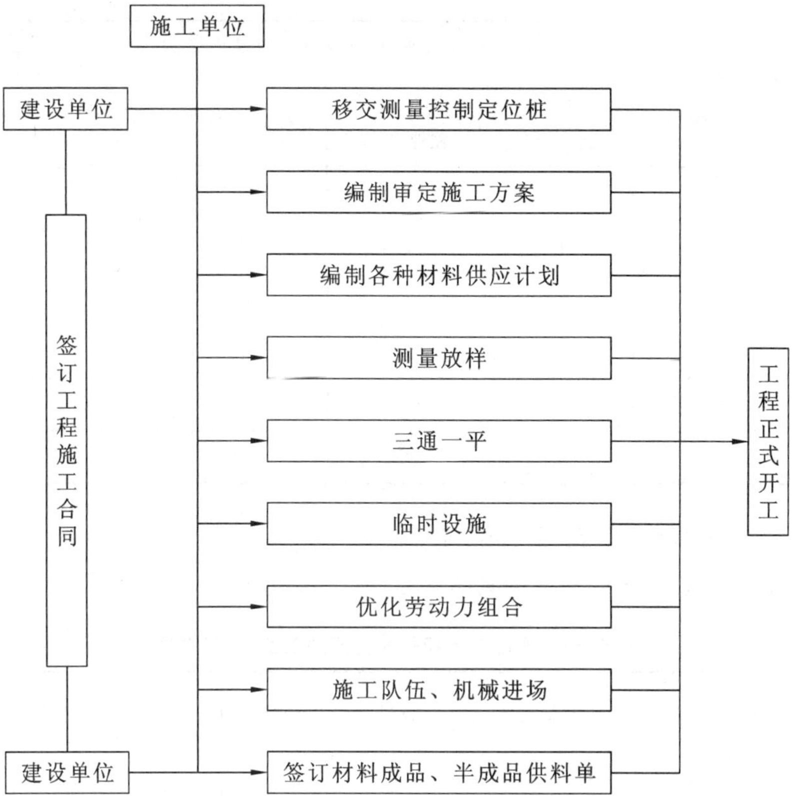

图 6.25 施工准备工作流程框图

6.4.4.1 劳动力安排计划

具体劳动力分配详见表 6.35。

表 6.35 劳动力安排计划表 （单位:人）

工种	按工程施工阶段投入劳动力情况					
	准备阶段	防护及排水工程	旧路面处理、路基工程	路面工程	安全设施工程	竣工阶段
测量人员	4	6	6	6	6	4
材料人员	2	6	6	6	6	2
试验人员	2	6	6	6	6	2
机修人员	4	8	8	8	8	2
机操人员	5	20	20	20	10	4
后勤人员	2	12	12	12	12	2
电 工	2	6	6	6	6	2

续表 6.35

工种	按工程施工阶段投入劳动力情况					
	准备阶段	防护及排水工程	旧路面处理、路基工程	路面工程	安全设施工程	竣工阶段
模板工	4	40	15	20	15	4
钢筋工	4	10	10	10	10	4
混凝土工	4	45	20	35	25	4
道路技工	4	30	30	30	30	4
砌筑工	4	80	30	35	35	4
资料员	6	6	6	6	6	6

6.4.4.2 施工机械、设备的配置

本工程施工机械、设备的配置情况详见表 6.36、表 6.37。

表 6.36 拟投入本标段的主要施工机械、设备表

序号	设备名称	型号规格	数量	生产能力	用于施工部位	备注
1	挖掘机	—	5 台	1 m^3	土石方施工	—
2	装载机	—	5 台	3 m^3	土石方施工	—
3	6-10T 钢筒式压路机	—	4 台	8 t	现场确定	—
4	双钢轮压路机	—	4 台	20 t	现场确定	—
5	胶轮压路机	—	4 台	26 t	现场确定	—
6	砂浆搅拌机	—	4 台	0.35 m^3	搅拌砂浆	—
7	水泥混凝土强制式搅拌机	—	4 台	0.35 m^3	搅拌混凝土	—
8	沥青混凝土拌和机	—	1 套	240 t/h	搅拌沥青混凝土	—
9	自动找平沥青混凝土摊铺机	—	2 台	9 m	道路施工	—
10	沥青洒布车	—	2 台	6 m^3	道路施工	—
11	稳定土拌和机	—	1 套	200 t/h	道路施工	—
12	自卸汽车	—	20 台	8 t	材料运输	—
13	电焊机	—	3 台	—	焊接	—
14	发电机	—	3 台	—	备用	—

表 6.37 拟配备本标段的试验和检测仪器设备表

序号	仪器设备名称	型号规格	数量	已使用台时数	用途	备注
1	全站仪	—	1 台	600	测量	—
2	经纬仪	—	2 台	450	测量	—
3	水准仪	—	6 台	450	测量	—
4	钢尺	—	12 把	0	测量	—
5	案秤	—	4 台	0	试验	—
6	台秤	—	4 台	0	试验	—
7	灌沙筒	—	2 套	450	试验	—
8	电子天平	—	2 台	450	试验	—
9	液塑限联合测定仪	—	2 台	450	试验	—
10	烘箱(中型)	—	2 台	450	试验	—
11	含水率测定仪	—	2 台	450	试验	—
12	重型击实仪	—	2 台	600	试验	—
13	石子压碎测定仪	—	2 台	600	试验	—
14	万能压力机	—	2 台	600	试验	—
15	负压筛分仪	—	2 台	600	试验	—
16	水泥快速养护箱	—	2 台	600	试验	—
17	水胶比测定仪	—	2 台	400	试验	—
18	环刀	—	4 套	400	试验	—
19	坍落筒	—	2 套	350	试验	—
20	锚杆、锚索拉拔仪	—	2 套	200	试验	—
21	土样盒	—	5 套	500	试验	—
22	弯沉仪	—	2 套	500	试验	—
23	沥青常规试验仪	—	1 套	500	试验	—
24	马歇尔试验仪	—	1 套	500	试验	—
25	无侧限抗压试模	—	2 套	300	试验	—
26	砂浆试模	—	8 联	0	试验	—
27	混凝土试模	—	8 联	0	试验	—
28	办公设备(电脑、打印机)	—	2 套	0	办公	—

6.4.4.3 材料供应计划

严格管理好材料，做好材料的进出厂计划；并根据工程的进度情况及现场施工情况及时调整各种材料的供补，使工程不因材料短缺而出现拖延工期的现象。

附　　录

附录 1　单位工程施工组织课程设计任务书

一、设计题目

某大学综合楼施工组织设计。

二、设计条件

（1）建筑物概况

项目名称：某大学综合楼；

建筑地点：沿海某市主干道路北；

建筑结构安全等级：二级；

建筑抗震设防类别：丙类；

地震基本烈度：6 度；

结构类型：四层框架结构；

建筑耐火等级：一级；

屋面防水等级：Ⅱ级；

建筑设计使用年限：50 年。

（2）建筑设计概况

该工程是一个单体楼座，建筑全长 57.7 m，宽 19.6 m，建筑总面积约为 4569 m^2；一层层高为 4.5 m，二至四层层高为 3.6 m，总高 18.75 m（附图 1.1）。

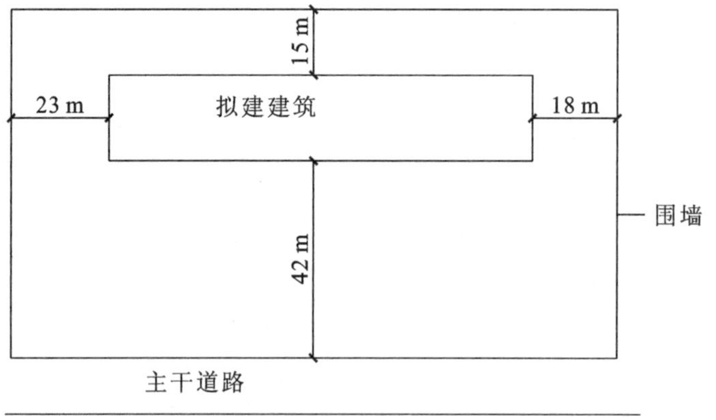

附图 1.1　拟建建筑场地图

室内墙面采用混合砂浆普通抹灰，卫生间采用瓷砖墙面；门厅、走道、楼梯间采用花岗岩地面，办公室、实验室采用铺地砖地面，卫生间采用防滑地砖防水地面，卫生间采用 TS 高分子复合卷材防水；外墙用乳胶漆刷涂，铝合金幕墙；门采用铝合金弹簧门、木夹板门、全玻门、防盗门，窗采用塑钢推拉窗；屋面水泥砂浆找平层上做 SBS 改性沥青卷材防水。

（3）结构设计概况

结构形式为框架结构，筏板基础，C15 级混凝土垫层，C30 级混凝土结构，200 mm 厚加气混凝土砌块（规格 600 mm×300 mm×200 mm）填充墙，外墙均做外保温。

（4）地质及环境条件

根据勘测报告：土壤为普通黏土，天然地基承载力为 200 kPa，地下水位在 7～8 m 处。本地区土壤最大冻结深度为 0.6 m。

（5）工程开竣工时间

工期开工日期：20××年 3 月 25 日；工程竣工日期：20××年 10 月 1 日，工期共计 248 d。

（6）施工技术经济条件

本工程所有工种，包括瓦工、木工、钢筋工等均统一从劳动力市场中调遣，合同已经签订，人力资源充足。主要的施工机械也都从机械租赁市场中租赁，可选择范围广。主要施工项目工程量如附表 1.1 所示。

附表 1.1　主要施工项目工程量（工日或台班）

序号	分项工程名称	工程量	劳动量（工日或台班）
基础工程			
1	挖土方	1817.35 m^3	9（台班）
2	原土打夯	1190.28 m^3	17
3	浇筑混凝土垫层	60.45 m^3	25
4	扎基础钢筋	13.687 t	31
5	基础模板	252.81 m^2	19
6	浇筑基础混凝土	256.25 m^3	77
7	地梁模板	509.81 m^2	54
	地梁钢筋	15.488 t	50
8	地梁混凝土	63.5 m^3	19
9	土方回填	2444.38 m^3	87
主体工程			
10	扎主体柱钢筋	30.989 t	119(8)
11	支主体柱模板	1530 m^2	187(12)
12	浇筑柱混凝土	242.88(14.26) m^3	313(16)
13	扎主体梁板钢筋	—	668(31)
14	主体梁板模板	8525.42 m^2	830(39)
15	浇筑主体梁板混凝土	1027 m^3	544(25)
16	拆模	10060 m^2	339

续附表 1.1

序号	分项工程名称	工程量	劳动量(工日或台班)
		砌筑工程	
17	砌外墙	358.357 m^3	391(32)
18	砌内墙	968.476 m^3	913(65)
		屋面及防水保温工程	
19	屋面找平层(水泥砂浆)	1115.29 m^2	48
20	SBS 改性沥青防水	1266.7 m^2	18
21	屋面找坡	1056.83 m^2	92
22	屋面保温	1266.7 m^2	96
23	外墙保温	2100.14 m^2	433(71)
24	屋面面层	1115.29 m^2	182
		装饰工程	
25	门窗安装	(111+163)m^2	169
26	外墙抹灰	2298.60 m^2	287(47)
27	顶棚抹灰	5898.11 m^2	654(22)
28	内墙抹灰	10589.79 m^2	1186(33)
29	楼地面面砖工程	1265.73 m^2	206
30	楼地面抹灰工程	3845.86 m^2	400(16)
31	幕墙	608.48 m^2	1556(227)
32	外墙涂料工程	2298.56 m^2	149(25)
33	内墙涂料工程	10589.79 m^2	529(15)
34	外脚手架	324.461 m^2	170
35	内脚手架	1817.07 m^2	527
36	水落管	106.2 m	4
37	混凝土散水	95.44 m^2	3
38	踢脚线	54.75 m	12
39	扶手、护栏	376.4 m	143
40	防滑条	1268.12 m	25
41	台阶混凝土浇筑	50.21 m^3	53
42	内墙装饰脚手架	—	158

三、设计内容

(1) 编制说明

① 工程概况:建设地点,建筑面积,结构类型,周围环境,建筑、结构、装饰、设备要求;

② 施工目标(工期、质量、安全);

③ 施工条件;

④ 主要技术经济指标;

⑤ 编制依据。

(2) 施工方案

主要内容:施工程序,施工流向;主要分部分项工程的施工方法;主要施工机械的选用;施工新技术、新方法、新材料的运用。

(3) 施工进度计划及资源计划

① 各项资源需要量计划表。主要内容包括水泥、砂、石、砖、钢材以及各构配件的需要量计划表。

② 施工进度计划。a. 编制说明;b. 单位工程施工进度计划;c. 绘制施工进度计划表。

(4) 施工平面图

主要内容包括:水平及垂直运输机械的布置;主要材料及构配件的堆放;仓库、搅拌站的布置,临时设施的布置,施工现场道路、给排水、供电管网布置。

(5) 保证质量、安全文明、环境保护、节约材料等措施。

(6) 现场管理体系及组织协调

①现场组织结构;②岗位职责及分工;③总包及分包组织协调管理(合同结构、管理制度等)。

(7) 各项技术经济指标。

四、成果要求

(1) 写出详细的单位工程施工组织设计说明书。

(2) 根据施工进度计划图(双代号网络图或双代号时间坐标网络图)(2# 图纸一张)绘出施工平面图(2# 图纸一张)。

五、参考资料

(1) 专著:顺序号　著者　书名　版本　其他责任者　出版地:出版者　出版年　文献数量

(2) 技术标准 :顺序号　标准代号　标准顺序号—发布年标准名称

六、时间分配(根据课程设计周数安排,格式见附表 1.2)

附表 1.2　时间分配计划

序号	内容	时间(d)
1		
2		
3		

七、成绩考核

课程设计成绩分为优秀、良好、中等、及格、不及格几个等级。

八、评分标准

(1) 按期完成规定任务占　　%；

(2) 内容翔实，数据来源有依据、可靠占　　%；

(3) 文字条理清楚，表达明确，图表清晰占　　%；

(4) 内容是否齐全，是否达到一定深度占　　%；

(5) 进度计算等是否合理，资源安排是否得当，平面图布置是否合理占　　%；

(6) 其他占　　%。

计算各材料的堆场面积方法：

材料和半成品的堆放是指水泥、砂、石、砖、砌块、石灰及预制构件等。这些材料和半成品堆放位置在施工平面图中很重要，应根据施工现场条件、工期、施工方法、施工阶段、运输道路、垂直运输机械和搅拌站的位置以及材料储备量综合考虑。其堆场和库房的面积可按下式计算：

$$F=\frac{q}{p}$$

式中　F——堆场或仓库面积(m^2)，包括通道面积；

p——每平方米堆场或仓库面积上存放材料的数量；

q——材料贮备量，按下式计算，即：

$$q=\frac{nQ}{T}$$

式中　n——储备天数，见附表1.3；

Q——计划期内材料需要的数量；

T——需用该项材料的施工天数，大于n。

其中，堆场存放材料的数量及现场作业棚面积计算指标和临时设施建筑面积指标见附表1.3～附表1.5。

附表1.3　每平方米堆场或仓库面积上存放材料数量

序号	材料名称	单位	储备天数 n(d)	每平方米储存量 p	堆置高度(m)	仓库类型	备注
1	水泥	t	20～40	1.4	1.5	库房	
2	砂、石(人工堆放)	m^3	10～30	1.2	1.5	露天	
3	砂、石(机械堆放)	m^3	10～30	2.4	3.0	露天	
4	石膏	t	10～20	1.2～1.7	2.0	棚	
5	砖	千块	10～30	0.5～0.7	1.5	露天	
6	卷材	卷	20～30	0.8	1.2	库	
7	钢管	t	30～50	0.5～0.7	1.2	露天	
8	钢筋成品	t	3～7	0.36～0.72	—	露天	

续附表 1.3

序号	材料名称	单位	储备天数 n(d)	每平方米储存量 p	堆置高度(m)	仓库类型	备注
9	钢筋骨架	t	3～7	0.28～0.36	—	露天	
10	钢筋混凝土板	m^2	3～7	0.14～0.24	2.0	露天	
11	钢模板	m^2	3～7	12～20	1.8	露天或棚	
12	钢筋混凝土梁	m^3	3～7	0.3	1～1.5	露天	
13	钢筋混凝土柱	m^3	3～7	1.2	1.2～1.5	露天	
14	大型砌块	m^3	3～7	0.9	1.5	露天	
15	轻质混凝土制品	m^3	3～7	1.1	2.0	露天	

附表 1.4　现场作业棚面积计算技术和计算指标

序号	名　　称	面　　积
1	木工作业棚	2 m^2/人
2	电锯房	40～80 m^2
3	钢筋作业棚	3 m^2/人
4	搅拌棚	10～18 m^2/台
5	卷扬机棚	6～12 m^2/台
6	电工房	15 m^2
7	焊工房	20～40 m^2
8	综合仓库	50 m^2
9	土建库房	15 m^2
10	油漆涂料工房	15 m^2
11	水暖器材库房	30 m^2

附表 1.5　行政、生活临时设施建筑面积参考指标

临时房屋名称		参考指标(m^2/人)
办公室		3～4
宿舍	双层床	2.0～2.5
	单层床	3.5～4.5
食堂		3.5～4
浴室		0.5～0.8
活动室		0.07～0.1
开水房		0.01～0.04
厕所		0.02～0.07

附录2　编制某公路的施工组织设计

一、课程设计的目标、意义

本课程的设计是土木工程专业道路与桥梁方向的主要教学环节之一。通过课程设计使学生掌握对某一公路工程项目的施工组织设计的能力。

培养学生通过了解施工工艺过程的施工程序，提高科学安排施工顺序的能力；培养学生熟悉和采用先进的施工技术和设备，应用科学的计划方法制定最合理的施工组织方案的能力；培养学生通过制定合理的施工组织方案、缩短工期来节约基建费用，降低工程成本的意识；加强学生文字表达能力，绘制工程工艺图、流程图和进度图等计算机应用能力的训练，为以后的专业课及毕业设计或毕业后从事相关方面的工作打下良好的基础。

二、课程设计的主要内容、技术要求（包括原始数据、技术参数、设计要求、工作量要求等）

（1）设计内容

某中桥施工组织设计，相关工程进度图（网络图）以及劳动力资源优化内容设计包括：

① 拟定可行的施工方案。

② 绘制初始工程进度图（网络图），并绘制资源需要量表，计算初始网络图的工作时间参数，并根据计算的结果绘制初始时标网络图。

③ 按要求对劳动力资源进行优化，要有详细的优化计算过程（优化过程不少于三步），并绘制最终的工程进度图（时间坐标网络图）。

④ 施工平面图设计。

⑤ 其他计划安排（如劳动力需要量计划，主要机具需要量计划）。

（2）设计资料（具体数据见附录，每个同学的数据取不同值）

某高等级公路一级，中心桩号为K431＋345，水深约为2 m，流速平缓小于1.5 m/s；本桥为4孔13 m钢筋混凝土空心板，重力式墩、U形桥台简支梁桥。桥梁所处地区为温带大陆季风性气候，施工现场有公路直达、贯通。人员、材料、设备均可以通过S209运到施工现场。

本桥的工程项目数量、工日数量等详见附表2.1。桥面净宽为2× 6.75 m，地震基本烈度为Ⅳ度。本设计附表所列引道总工日中，其中A台引道为2023工日，B台引道为2970工日。本工程施工期限为8个月，施工期限从201×年3月20日至201×年11月20日，其中施工准备时间不少于35个工作日，施工结束时间不少于20个工作日。桥头引道路基土石方工程待桥台回填后方能进行。

本工程主要为人工施工，默认主导劳动量为人工。水电以及外购材料供应及现场施工条件良好。

（3）设计要求

① 独立设计完成，字迹工整，图表整洁、清晰。

② 时间坐标网络图应表示出关键路线，网络图的优化要求有详细的调整计算过程（优化过程不少于三步）。

附表 2.1　4 孔 13 m 钢筋混凝土空心板简支梁桥工程项目数量、工日数量一览表

工程项目＼工程细目所在部位			单位	A 台	1 号墩	2 号墩	3 号墩	B 台	预制加工	全桥合计
1	全桥准备工作		工日							900
2	基础工程	围堰	工日		65	131	65			261
3		人工挖硬土	工日	733	722	715	722	733		3625
4		人工回填基坑	工日	262	262	262	262	262		1310
5		5 号浆砌块石基坑	工日	50	75	75	75	50		325
6	下部工程	5 号浆砌块石台身	工日	394				394		788
7		20 号混凝土台帽	工日	20				20		40
8		5 号浆砌块石墩身	工日		217	217	217			651
9		20 号混凝土墩帽	工日		23	23	23			69
10	上部工程	人工安装空心板	工日							533
11		人工安装栏杆、路缘石	工日							28
12		桥面铺装水泥混凝土	工日							193
13	预制	预制 25 号钢筋混凝土空心板	工日						1974	1974
14		预制栏杆柱、扶手、路缘石	工日						1318	1318
15	导流工程	锥坡挖基硬土	工日	85				85		170
16		5 号浆砌块锥坡挡墙	工日	57				57		114
17		5 号浆砌片石锥坡	工日	57				57		114
18		人工回填锥坡填心	工日	89				89		178
19		人工回填锥坡基坑	工日	17				17		34
20	桥头引道路基土石方		工日	2023				2970		4993
21	全桥结束工作		工日							450
总计			工日	3787	1364	1423	1364	4734	3292	

③ 网络图绘于坐标纸上，并应有工程项目、工程日期、进度线、劳动力需要量图、图例、说明等内容。

④ 说明书应简述施工组织及方法，施工班制、工期、劳动力不均衡系数等。

⑤ 本施工期内应考虑法定节假日，每月的雨天 5、9 月按 2 d 考虑，4、6、8 月按 3 d 考虑。

⑥ 劳动力总人数最多为 210 人（如不满足此要求时需要进行工期规定、资源优化），专业技术工人最多为 100 人，普工最多为 110 人（注意工作面人数的控制）。

⑦ 施工准备时间结束后 5 d 能投入总劳动力的 40%，10 d 后劳动力即能全部到位。至于工种、材料、机具均可按计划保证供应。

⑧ 桥头引道路基土石方工程待桥台回填后方能进行。

⑨ 在规定设计时间内独立完成全部设计成果。

三、课程设计完成后应提交的成果

(1) 设计说明

含工程概况,施工组织方法,建立施工班组个数,作业班制,总工期、不均衡系数、劳动力不均衡系数,计算书等。

(2) 施工组织计划图表

① 施工网络图及时间参数计算过程资料(不少于三步优化步骤);

② 劳动力需要量图(优化初终);

③ 主要机具需要量计划;

④ 施工平面设计图。

四、课程设计的进度安排

本设计时间为×周,具体安排如下:

(1) 文献资料调研,方案论证;

(2) 施工方案确定;

(3) 进度计划的安排;

(4) 施工平面布置;

(5) 编写课程设计文件。

五、主要参考资料

(1) 专著:顺序号　著者　书名　版本　其他责任者　出版地:出版者　出版年　文献数量

(2) 技术标准 :顺序号　标准代号　标准顺序号—发布年标准名称

六、成绩考核

课程设计成绩分为优秀、良好、中等、及格、不及格几个等级。

七、评分标准

(1) 按期独立完成规定任务占　　%;

(2) 设计方案可行,内容翔实,数据来源有依据、可靠占　　%;

(3) 提交的成果资料齐全,文字条理清楚,表达明确,图表清晰占　　%;

(4) 内容是否齐全,是否达到一定深度占　　%;

(5) 进度计算等是否合理,资源安排是否得当,平面图布置是否合理占　　%;

(6) 其他占　　%。

参考文献

[1] 蔡雪峰.建筑工程施工管理[M].4版.北京:高等教育出版社,2020.

[2] 董颇,王俊,原胜利.高层建筑施工[M].郑州:黄河水利出版社,2013.

[3] 全国一级建造师执业资格考试用书编写委员会.建筑工程管理与实务[M].北京:中国建筑工业出版社,2022.

[4] 牛季收.土木工程施工[M].郑州:郑州大学出版社,2013.

[5] 穆静波,孙震.土木工程施工[M].北京:中国建筑工业出版社,2014.

[6] 邓学才.建筑工程施工组织设计的编制与实施[M].北京:中国建材工业出版社,2006.

[7] 郭学明.装配式混凝土建筑制作与施工[M].北京:机械工业出版社,2018.